KB116900

제주

허준성 지음

생애 첫
여행친구

프렌즈
Travel Guide

Jeju Island

중앙books

Prologue
저자의 말

전 세계를 휩쓴 바이러스로 당연하게 누리고 소비했던 우리의 일상이, 얼마나 깨지기 쉬운 건지 얼마나 소중했었는지 알게 되었습니다. 언제나 마음만 먹으면 떠날 수 있을 것 같았던 해외여행은 기약 없는 바람이 되었지만, 그래도 우리에게 제주도가 있어 얼마나 다행인지 모르겠습니다.

『프렌즈 제주』 초판을 3년간 준비하면서 고르고 고른 관광지와 식당을 담았지만, 출간 후에도 쉼 없이 취재를 다녔습니다. 하루만 지나도 새로운 카페와 식당이 생기는 변화무쌍한 제주. 새로운 여행지를 발견할 때마다 독자들에게 빨리 알려드리고 싶은 욕구가 넘쳐, 출간 후 1년도 되지 않아 개정판을 준비하게 되었습니다.

이 책에 소개된 모든 명소의 99.9%는 필자가 다녀간 지도 몰랐을 겁니다. 먼저 찾아가서 직접 먹어보고 경험해 본 후 스스로 판단해서 선택한 곳들입니다. 갔다 왔던 곳 중에서도 스스로 되물어 보고 다시 가고 싶은 곳인지 아닌지, 친한 지인들에게 소개하고 싶은 곳인지 아닌지를 판단해 그 물음에 살아남은 곳들만 추리고 추렸습니다. 반짝 유행하고 말 것이 아니라 제주의 맛과 색을 잘 담고 있어 오랫동안 사랑받을 곳들만을 고르려고 애를 많이 썼습니다.

짧은 일정에도 불구하고 동선 고려 없이 이동하다가 길에서 더 많은 시간을 보내는 경우도 있습니다. 제주는 생각보다 큰 섬입니다. 한 번에 제주를 모두 보려 하지 말고 하나의 지역을 깊이 들여다보는 것도 상당히 매력적입니다. 『프렌즈 제주』에서는 다양한 제주 여행 정보 중 테마별로 절반을 묶고, 나머지 절반은 지역별로 나누어 제주를 소개했습니다. 끌리는 테마를 수집하듯 모두 가보는 것도 좋고, 테마편과 지역편을 버무려 골라 가보는 것도 방법입니다.

가장 최신의 정보를 담으려 했습니다만, 유행에 민감하고 우리나라 그 어떤 관광지에 비해서도 치열한 경쟁이 벌어지는 곳이다 보니 변화가 심합니다. 분명 지난주에도 먹었던 메뉴인데, 갑자기 없어지기도 하고 인기가 좀 있다 싶으면 가격이 스멀스멀 올라가기도 합니다. SNS에 공지만 하고 쉬는 가게들도 많고 재료 소진으로 일찍 문을 닫기도 하니 반드시 미리 전화하고 방문하는 것이 좋습니다.

지면의 한계로 책에 미처 담지 못한 나머지 제주 여행 이야기와 신상 여행 정보는 저희 유튜브 '달려라 우리집 TV' 채널을 통해서 계속 독자님들과 소통하겠습니다. 제주를 여행하고 더 깊이 알아가는 여정에 『프렌즈 제주』가 든든한 길잡이가 되길 바랍니다.

모두가 다시 일상으로 돌아가길 바라며

여행작가 허준성

Foreword
일러두기

이 책에 실린 정보는 2022년 7월까지 수집한 정보를 바탕으로 하고 있습니다. 현지 교통·볼거리·레스토랑·쇼핑센터의 요금과 운영 시간, 숙소 정보 등이 수시로 바뀔 수 있음을 말씀드립니다. 때로는 공사 중이라 입장이 불가능하거나 출구가 막히는 경우도 있습니다. 저자가 발빠르게 움직이며 바뀐 정보를 수집해 반영하고 있지만 예고 없이 현지 요금이 인상되는 경우가 비일비재합니다. 이 점을 감안하여 여행 계획을 세우시기 바랍니다. 혹여 여행의 불편이 있더라도 양해 부탁드립니다. 새로운 정보나 변경된 정보가 있다면 아래로 연락 주시기 바랍니다. 더 나은 정보를 위해 귀 기울이겠습니다.

저자 이메일 parapilot@naver.com
편집부 전화 02-2031-1124

테마 여행 vs 지역별 여행

뻔한 여행은 싫다! 난 나만의 여행을 떠나고 싶다 테마 여행
뭐니 뭐니 해도 지역별로 움직이는 것이 효율적! 지역별 여행

이 책에서는 제주를 크게 테마 여행과 지역별 여행으로 나누어 소개한다. 효율적인 동선을 위해 지역별로 여행지를 보고 싶다면, 파트3 지역별 여행을 참고하고 '남들 다 가는 여행지는 질린다' 나만의 테마를 정해 여행하고 싶다면 총 24가지의 다양한 테마로 제주를 여행할 수 있는 방법을 소개한 파트2 제주 테마 여행을 참고한다. 테마 여행과 지역별 여행을 적절하게 섞어서 읽은 후 2/3는 지역별 여행을, 1/3은 테마를 정해 여행을 즐겨 보는 것도 방법이다.

드넓게 펼쳐진 바다처럼 제주는 무궁무진한 매력을 담은 여행지다. 그만큼 여행을 즐기는 방법도 각양각색이다. 나에게 맞는 여행 방법에 맞추어 제주를 즐겨보자.

제주를 6개 지역으로 나누어서 소개

이 책에서는 제주를 총 6개의 지역권으로 나누어서 소개한다. 제주를 크게 절반으로 나누어 위는 제주시, 아래는 서귀포시로 구분한다. 제주국제공항과 제주항연안여객터미널이 위치해 제주 여행의 시작과 끝이 되는 제주시 중심을 시작으로 시계 방향(해안도로를 따라 달릴 때 운전자가 바다 가까이에 있는 방향)으로 제주시 동부, 서귀포시 동부, 서귀포시 중심, 서귀포시 서부, 제주시 서부 순서로 여행지를 소개한다.

지역 구분이 없이 테마에 맞추어 여행지를 소개하는 '파트2 테마 여행'에서 소개하는 여행지들은 '노란색 말머리'를 참고해보자. 해당 여행지가 6개의 지역 중 **어느 지역에 위치하는지 알 수 있도록 표시**해 두었다. 또는 지도 P.000-00 을 참고하면, 본문에 삽입된 지도를 통해 어디쯤 위치하는지 보다 정확히 이해할 수 있다.

3 더 효율적으로 책 이용하는 방법, 인덱스

'파트5 여행 준비&실전 여행' 뒤쪽과 휴대지도 뒷면에는 책을 더 효율적으로 활용할 수 있는 인덱스를 삽입했다. 책 속 인덱스(P.412~P.418)에서는 지역별 관광명소, 식당&카페, 숙소를 가나다 순으로 정리했다. 해당 명소에 적힌 페이지는 책 속에 명소가 소개된 부분이다.

휴대지도 뒷면 인덱스에서는 책에서 소개하는 6개 지역권별 관광명소를 가나다순으로 정리했다. 제주 전도가 삽입된 휴대지도 앞면과 함께 연계하여 해당 관광명소가 어디쯤 위치하는지 쉽게 파악할 수 있도록 했다. 마찬가지로 각 명소에 적힌 페이지(P.000)는 책 속에 명소가 소개된 부분이다.

4 길 찾기도 척척! 지역별 지도 & 주요 노선도

책 속에는 총 16개의 상세 지도와 3개의 노선도가 삽입돼 있다. 제주 전도를 비롯하여 6개의 지역을 세분화하여 여행지의 위치를 쉽게 파악할 수 있도록 했다. 지도에는 책에서 소개하는 모든 관광명소, 식당, 카페, 숙소, 공항이나 버스터미널, 항구 등과 같은 교통명소까지 빠짐없이 표시돼 있다. 본문 속 지도 P.000-00 는 해당 명소가 표시된 페이지와 구역번호를 의미한다.

휴대지도 앞면에는 책 속에서 소개하는 모든 제주 관광명소를 표시한 제주 전도가 있다. 뒷면 인덱스를 함께 참고하면 더욱 효율적인 제주 여행을 즐길 수 있다 (※식당 및 카페는 책 속 지역별 지도를 참고한다).

카카오맵 또는 네이버 지도 같은 지도 애플리케이션을 이용할 때는 본문 하단의 주소를 확인한다. 명확한 주소가 있는 식당, 카페, 숙소, 교통명소 등은 기재된 주소를 애플리케이션에 기입하면 해당 위치를 찍는다. 해변이나 산, 오름, 숲과 같은 명확한 주소가 없는 자연명소의 경우, 주차장을 기준으로 주소를 기재했다.

지도에 사용한 기호

● 관광	● 식당&카페	● 숙소	⚓ 항구	1131 국도

Contents
제주

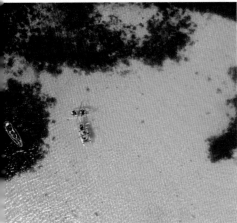

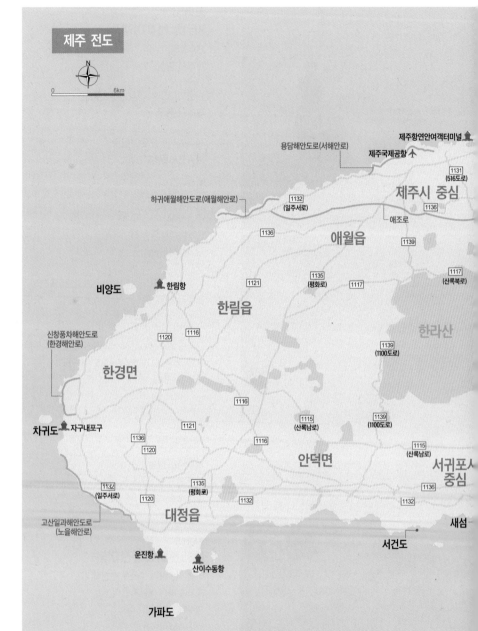

제주 전도

N

0   6km

제주항연안여객터미널

용담해안도로(서해로)   제주국제공항

1131
(516도로)

하귀애월해안도로(애월해안로)   제주시 중심

1132
(일주서로)   1136

애조로

1136   애월읍   1139

비양도   한림항   1121   1135
(평화로)   1117   1117
(산록북로)

한림읍

신창풍차해안도로
(한경해안로)   1120   1116   한라산

한경면   1139
(1100도로)

1116

차귀도   자구내포구   1121   1115
(산록남로)   1139
(1100도로)

1136   1116   1115
(산록남로)

1120   안덕면   서귀포시
중심

1132
(일주서로)   1135
(평화로)   1136

고산일과해안도로
(노을해안로)   1120   1132   1132

대정읍   새섬

서건도

운진항

산이수동항

가파도

마파도

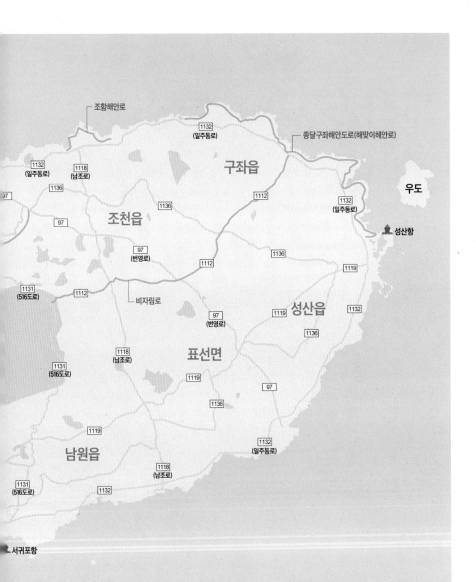

PART 1

제주 ☁ 알아가기

Things to know about JEJU Island

지금 당장 제주로 가야 하는 이유

복잡한 도심을 떠나 자연을 마주하고 싶은 순간 우리는 제주도를 떠올린다. 수만 년 전 화산활동으로 만들어진 화산섬 제주도는 지역별로 각기 다른 매력을 뽐내는 매력의 여행지다. 태초의 자연을 그대로 간직한 자연 경관부터 제철 식재료를 사용해 본연의 맛을 최대한 살린 제주만의 특별한 요리까지, 365일 색다른 매력으로 어서 오라 손짓하는 제주로 떠나보자.

그림 같은 바다 풍경이 내 앞에!

검은 화산암과 에메랄드빛 바다의 어울림은 제주가 아니면 만나 보기 힘든 명품 그림이다. 거친 듯 부드러운 해안선에 청정 제주의 바닷바람이 더해지면 가슴속 답답함이 시원하게 날라간다.

피톤치드 가득한
숲&오름

제주 숲의 허파 '곶자왈'을 걸으
며 가슴속을 비우고, 작은 오름
하나 올라 신선한 공기로 가득
채워보자. 화산이 만들어낸 제
주만의 진정한 힐링 여행 코스
가 된다.

해외 유명 여행지 부럽지 않은
휴양지

해외여행이 어려워진 요즘, 우리에게 제주도가 있어서 얼마나 다행인지 모른다. 말이 통해 편하고 치안 걱정이 필요 없어 더욱 좋다. 입맛에 맞는 음식도 있으면서, 야자수와 온화한 날씨 덕에 해외여행 느낌까지 물씬 난다.

요즘 필요한
언택트
여행 의 최고봉

한적한 올레길을 걷거나 오름을 하나씩 정복한다. 한라산 둘레길이나 바다를 끼고 산책한다. 사람 없는 한적한 해변 모래사장에 누워 오롯이 바다를 만끽한다. 제주에선 이 모든 것이 가능하다. 언택트 여행을 지향하는 최근 여행 트렌드에 가장 부합하는 곳.

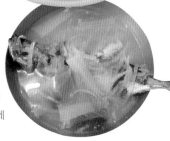

어디서도 맛볼 수 없는 개성 강한
제주 음식

신선한 해산물과 육지와 떨어져 있어 한정적인 식재료는 제주
만의 개성 강한 음식으로 거듭났다. 접짝뼈국, 몸국, 고사리육
개장, 갈칫국, 멜국 등 혀끝을 자극할 특별한 식도락 여행지로 제
격이다.

남녀노소 모두 즐길 수 있는 풍부한
액티비티

에메랄드빛 바다에서 카약을 타고, 열대 바다를 탐험하는
스킨스쿠버와 스노클링, 자전거를 빌려 제주 한 바퀴를 돌
거나 손맛, 입맛을 자극하는 선상 낚시까지. 제주라서 가
능한 다양한 액티비티가 모두 모여 있다.

키워드로 보는 제주

전세? 월세? 아니,

연세!

제주에는 육지의 흔한 전세나 월세보다는 연세가 보편화되어 있다. 연세는 1년 치 월세를 한 번에 선불로 지불하는 제주도에만 있는 특이한 주택 임대 방식이다. 1년 임대료를 미리 받고 중간에 사용하지 않아도 돈을 돌려주는 경우가 별로 없기 때문에 월세 12개월 치보다는 대체로 저렴한 편이다. 연세는 제주만의 독특한 문화인 '신구간' 때문에 생겨났다. 신구간은 섬에 내려와 있던 여러 신이 하늘로 올라가 임무 교대를 하는 기간을 말한다. 입춘 전 약 1주일간으로 이때 이사와 집수리 등을 해야 신들의 노여움을 사지 않는다고 믿었다. '손 없는 날'처럼 이사를 하는 기간이 1년에 한 번이었기에 연세라는 문화가 정착된 것이 아닌가 한다. 최근 제주 주택 공급이 과잉 상태가 되어서 전세도 제법 생기긴 했다.

자연의 신비함을 간직한,

화산섬

약 180만 년 전부터 발생한 화산 활동을 시작으로 제주도의 기반이 되는 서귀포 층이, 약 20만 년 전부터 시작된 화산 활동으로 한라산이 만들어졌다. 제주는 섬 전체가 화산지형이고 지질공원이나 다름없다. 이에 2010년 유네스코 세계지질공원으로 등재되었다. 제주의 상징인 한라산을 비롯하여 성산일출봉과 같은 오름들, 용암이 흘러내려 만들어진 만장굴, 용암이 굳어 생긴 주상절리 등 13곳의 지질 명소가 있다.

정겨움과 따스함이 공존하는 곳,

우리나라 고유의 시장 문화로 5일에 한 번씩 서는 시장이다. 상설시장과 대형마트가 생기면서 우리나라의 오일장 문화가 많이 사라지고 있는 추세인데, 제주에는 아직도 오일장 문화가 남아 있다.

현지에서 나고 자란 신선한 제철 식재료와 상인들의 활기찬 소리, 그리고 그 사이에서 느껴지는 따스한 온기와 정, 우리가 오일장을 가는 이유다. 제주에는 총 9곳의 오일장이 있다. 오일장마다 매월 열리는 날짜가 다르니 확인 후 방문해야 한다.

제주 오일장 리스트

오일장	날짜
제주 함덕민속오일시장, 서귀포 성산오일시장/대정오일시장	1일, 6일
제주 민속오일시장, 서귀포 표선민속오일시장	2일, 7일
서귀포 중문향토오일시장	3일, 8일
제주 한림오일시장, 서귀포 향토오일시장, 고성오일시장	4일, 9일
제주 세화민속오일시장	5일, 10일

은하수를 잡아당길 만큼 높은 산,

제주 어디서나 고개를 돌리면 마주하게 되는 한라산. 대한민국에서 최고 높은 한라산은 1,950m의 높이를 자랑한다. 지리적 위치는 대한민국 남단에 있으면서도 높은 고도를 가지고 있어, 아열대에서 한대까지 이어지는 기후 차이로 인해 다양한 식물이 공존한다. 겨울에도 푸르름을 가지고 있는 상록수부터 산을 오르면서 낙엽수로 이어짐은 한라산만이 지닌 특징이 아닐까 한다. 정상에 오르면 국내 최고 높이의 산정호수 백록담의 아름다운 자태가 선물로 주어진다.

삼다도?

예전부터 제주도는 돌, 바람, 여자가 많다고 해서 삼다도(三多島)라 불렸다. 화산의 산물인 제주에서 돌이 많은 것은 어쩌면 당연한 부분이다. 돌은 집의 '울담'이 되고 밭을 나누는 '밭담'이 되고 무덤을 지키는 '산담'이 되었다. 얼기설기 돌담 사이로는 바람이 수도 없이 들락거린다. 돌과 바람과 달리 여자가 많은 것엔 여러 이유가 있다. 옛날에는 남자들이 바다에 나가 돌아오지 못하는 경우가 많았고 일제의 지배와 전쟁, 4·3사건으로도 많은 남자들이 목숨을 잃었기 때문이다. 또한 해녀를 중심으로 여자가 경제활동에 적극적으로 임하기 때문에 붙여진 별명이기도 하다. 요즘은 삼다도와 더불어 삼무도(三無島)라고도 한다. 거지와 대문 그리고 도둑이 없다고 해서 붙여진 이름이다. 역사적으로 고통을 많이 받았던 제주였기에 지역 공동체 문화가 강했다. 어려우면 서로 도와서 거지가 없고 도둑이 적었다. 도둑이 없기에 대문도 없고 가축들이 집에 들어오는 것을 막기 위한 '정낭'만 있었을 뿐이다. 요즘식 집에는 정낭은 없고 대문이 있긴 하지만 시내를 벗어나면 항시 열려 있는 대문들이 아직 많다.

☑ **TRAVEL TIP**
정낭
전통가옥 입구 정주석 사이에 가로로 걸쳐 있는 3개의 기둥을 말한다. 3개가 모두 걸려 있으면 주인이 멀리 있다는 이야기이며, 모두 내려가 있으면 집에 사람이 있다는 이야기다. 두 개가 걸쳐 있거나 하나만 걸쳐 있으면 늦게 들어오거나 금방 돌아온다는 의미이기도 했다.

제주 하면 가장 먼저 생각나는 과일, 감귤. 과도한 진상으로 인해 제주도민들에게 고통을 주는 나무이기도 하였다가, '대학나무'라고 불리며 가정 경제를 일으키는 원동력이 되기도 했던 감귤나무는 아직도 제주의 한 축을 이루고 있는 특산물이다. 10월 노지 귤을 시작으로 다음 해 12월부터는 한라봉과 레드향이 나온다. 여름에는 하우스 감귤과 하귤이 나오다가 가을부터는 황금향이 바통을 이어받는다. 직접 귤을 따고 가져갈 수 있는 귤 따기 체험은 노지 감귤이 익는 11월부터 시작된다.

일 년 내내 귤향 가득,

제주 감귤

유네스코 인류무형문화유산,

제주 해녀

해녀는 '숨을 참고 잠수하여, 해산물이나 해조류를 채취하여 생계를 유지하는 사람들'을 말한다. 차가운 바다와 파도를 뚫고 자신의 숨이 허락하는 시간 내에서 물질을 하는 해녀. 양손에 담아낼 수 있는 만큼 만으로 생계를 꾸리며 가족을 부양해 왔다. 어쩌면 한라산만큼이나 제주를 떠받치고 있는 제주의 기둥과 같다. 제주에서 시작된 해녀는 육지 곳곳은 물론 멀리 일본까지 전해졌다. 여성이 중심이 되어 세대에 이어 전해지며 공동 작업을 통해 수확물을 나누는 공동체 문화는 유네스코도 인정한 지켜나가야 할 문화다.

한눈에 보는 제주

위치 ▶ 대한민국 서남단 남해에 위치(북위 33°10'~33°34', 동경 126°10'~127°)

행정구역 ▶ 제주특별자치도에 속하는 섬. 제주특별자치도는 제주도 본섬을 비롯해
우도, 마라도, 가파도 등의 유인도 8개와 무인도 55개로 구성돼 있다.

면적 ▶ 1,849km² (대한민국에서 가장 큰 섬으로 대한민국 면적의 1.8%에 해당)

인구 ▶ 69만 명(2021년 5월 기준)

기후 ▶ 온대 기후, 아열대 기후

지리 ▶ 화산 활동으로 만들어진 화산섬으로 섬 곳곳에 화산 활동의 흔적
(오름, 주상절리, 현무암 지대 등)이 남아 있다. 섬 한가운데 자리한 한라산
(해발 1,947.06m)은 휴화산으로 대한민국에서 가장 높은 산이다.

제주시 서부

애월읍부터 한림읍을 지나 한경면까지 이어진
다. 해안도로가 잘 되어 있어 제주에 도착한 후
가장 먼저 향하는 지역이기도 하다. 애월읍은
SNS를 주름잡는 인기 카페와 맛집들이 즐비
하고, 한림읍에서는 최고 인기 여행지인 협재,
금능해수욕장이 관광객을 유혹한다. 한경면은
해넘이가 아름답기로 최고다.

제주시 중심

제주시 서부

서귀포시 중심

서귀포시 서부

서귀포시 서부

대정읍과 안덕면을 포함하고 제주 6개 권역 중
가장 작은 지역이다. 인기 관광지는 아니지만,
항구 중심의 서귀포 시내와 중문 관광지보다
더 역사가 길고, 정의현(현 성읍민속마을)과 더
불어 대정현은 제주 서쪽의 중심이기도 했다.
덕분에 오래된 맛집들이 많다. 일제 만행의 흔
적도 많이 남아 있어 다크투어의 중심이 되기
도 한다. 안덕면은 볼거리가 많고 대정읍은 노
포 식당을 찾는 재미가 있다.

제주시 중심

제주에서 가장 많은 사람이 모여 사는 곳이다. 제주시청을 중심으로 한 '구제주(원도심)'에는 오래된 도민 맛집들이 많고, 제주특별자치도청을 중심으로 한 '신제주'에는 새로 생긴 맛집과 숙소가 많다. 제주 유일의 국제공항이 있고 가성비 넘치는 숙소들이 많이 있어 제주 여행의 시작과 끝을 장식하는 곳이기도 하다.

제주시 동부

조천읍과 구좌읍으로 나눠진다. 함덕, 김녕, 월정리로 이어지는 제주에서 가장 핫한 바다와 최고 인기 있는 오름들을 보유한 지역이다. 제주 숲의 숨구멍 곶자왈과 국내 최초 세계자연유산에 빛나는 거문오름 용암동굴계까지 제주의 특징을 담은 여행지들이 많다.

제주시 동부

서귀포시 동부

서귀포시 동부

동부 지역 관광 중심인 성산읍에 표선면, 남원읍을 묶어 서귀포시 동부권이라 한다. 성산일출봉에서 광치기해변을 따라 섭지코지로 이어지는 코스가 핵심 라인이다. 화산의 산물 오름과 바다, 그리고 해안 절경까지, 제주의 색을 모두 담고 있다. 덕분에 표선면과 남원읍이 그늘에 가려지기도 하지만 거기도 깊이 들여다보면 숨겨진 맛집과 볼거리가 많다.

서귀포시 중심

크게 서귀포 시내와 중문권으로 나뉜다. 시내권에는 도민 맛집과 폭포, 개성 강한 카페들이 있고, 중문권에는 관광에 특화된 박물관들이 많다. 제주 관광의 일번지인 서귀포 중심권을 지나치고는 제주를 다녀왔다고 할 수 없을 정도로 다양한 볼거리가 모여 있다.

알고 가면 재미있는 제주 설화

제주를 만든,
설문대할망

제주에는 옥황상제의 셋째 딸인 '설문대할망'에 관한 설화가 전해져온다. 몸이 엄청나게 큰 여신으로, 커다란 치마에 흙을 담아 옮겨 제주도를 만들었다고 전해진다. 가장 높게 쌓은 곳이 한라산이고 흙을 옮기다가 곳곳에 흘린 것이 작은 오름이 되었다고 믿었다. 높은 한라산의 봉우리를 깎아 바닷가로 던졌는데 그게 산방산이 되었다고. 한라산 정상의 둘레와 산방산의 아래 둘레가 거의 같은 크기이다 보니 이런 상상력이 더해진 것 같다. 설문대할망이 한라산에 앉아 빨래판으로 쓰던 것이 우도요, 빨래 바구니는 성산일출봉이었다고 전해진다.

산방산

제주에 사람이 살기 시작한,
삼성혈 & 혼인지

삼성혈은 제주도의 기원 설화가 깃든 곳이다. 고을나, 양을나, 부을나 세 명의 삼신인이 땅에서 솟아나 지금의 제주의 시초가 되었다는 전설이다. 수렵 생활을 하던 삼신인은 벽랑국에서 온 삼공주와 혼인지에서 결혼을 하였다. 가축과 씨앗을 가져온 삼공주 덕분에 수렵 생활에서 농경 생활로 바뀌면서 본격적으로 '탐라국'으로 발전하였다고 전해진다. 삼신인이 결혼 후 화살을 쏘아 각자의 땅을 정하기로 했는데, 이때 화살이 떨어진 곳을 일도, 이도, 삼도라 하였다. 지금의 제주시의 일도동, 이도동, 삼도동은 여기서 유래했다. 제주 성씨 중에 고씨, 부씨, 양씨가 특히나 많다. 자세한 내용은 P.162~163를 참고한다.

계절별 다른 매력, 제주의 사계

봄

제주는 우리나라에서 가장 먼저 봄이 찾아오는 곳이다. 제주의 봄은 각종 꽃들이 화려함을 뽐내며 여행객들의 시선을 빼앗는다. 밤과 낮의 일교차가 아직 심하고 바람 또한 차기 때문에 바람막이 같은 겉옷을 준비하는 것이 좋다.

추천 여행지 가시리 녹산로 유채꽃길(P.54), 전농로 왕벚꽃길(P.56), 산방산(P.55, P.159, P.335), 가파도/마라도(P.388~389), 한담해안산책로(P.358)

여름

제주 바다를 한껏 즐길 수 있는 계절이다. 바다, 용천수, 폭포, 숲 등 어디를 가든 행복이 따라다닌다. 햇볕이 강해 조금만 방심해도 피부가 쉽게 탈 수 있다. 자주 비가 오고 습도도 높아 빨래가 잘 마르지 않는 시기다.

추천 여행지 함덕해수욕장(P.46), 금능·협재해수욕장(P.47), 원앙폭포(P.73), 판포포구(P.75), 선녀탕(P.72), 사려니숲길(P.152), 비자림(P.152), 머체왓숲길(P.154, P.282), 새연교 야경(P.392)

제주 주요 축제 캘린더

1월   2월   3월   4월   5월   6월

제주들불축제
새별오름 일원에서 3월 초 진행되는 축제. 마지막 날 밤 새별오름 전체에 불을 놓고 불꽃놀이가 진행된다.

한라산 청정고사리축제
고사리 꺾기 무료 체험을 즐길 수 있다.

제주유채꽃축제
가시리 유채꽃길 위로 벚꽃이 만개한다.

제주왕벚꽃축제
전농로와 장전리 일대에서 진행된다. 차도를 막고 벚꽃길을 걸을 수 있다.

가파도 청보리축제
푸른 청보리 물결이 노랗게 익어가며 황금 물결로 이어진다. 축제 기간 전후로 한달 이상 청보리를 볼 수 있다.

가을 秋

습도가 낮아져 쾌적해지고 기온도 선선하여 제주를 여행하기에 최적인 계절이다. 곳곳에 억새가 흐드러져 여행자의 마음을 술렁이게 한다. 특히 오름을 여행하기 좋은 시기이다.
추천 여행지 따라비오름(P.145), 용눈이오름(P.144), 산굼부리(P.146), 오라동 메밀꽃밭(P.61), 거문오름(P.241), 차귀도(P.391), 안덕계곡(P.334), 새별오름(P.147)

겨울 冬

제주 중산간 지역에는 눈이 많이 오기도 하지만, 전체적으로 기온이 영하로 떨어지는 날이 없이 육지에 비해 포근한 겨울날이 이어진다. 서귀포 지역은 겨울인가 싶은 따뜻한 날씨가 계속 되기도 한다.
추천 여행지 한라산 눈꽃산행(P.136), 동백포레스트(P.53), 감귤박물관(P.296, P.306), 만장굴(P.157), 빛의 벙커(P.276), 중문관광단지(P.299-하단), 신천목장(P.67)

7월 8월 9월 10월 11월 12월

곶자왈 반딧불이축제
청수리 곶자왈에서 매일 밤 진행된다. 전문 가이드의 안내에 따라 안전하게 밤 산책을 즐길 수 있다.

최남단 방어축제
모슬포항에서 진행되며 저렴하게 방어를 맛볼 수 있는 기회. 맨손 방어잡기는 방어축제 최고 인기 즐길거리다.

제주감귤박람회
서귀포농업기술센터에서 진행하는 박람회. 다양한 감귤 품종을 전시하고 감귤 따기 체험도 진행된다.

성산일출축제
매년 12월 말 성산일출봉 일원에서 진행된다. 12월 31일 밤 12시에 시작되는 불꽃놀이가 압권이다.

오직 제주에서만 만날 수 있는 것들

안 먹고 오면 섭섭한 제주 대표 음식

◀ 몸국

돼지를 삶아낸 육수에 해초인 모자반을 넣고 푹 끓여 만든다. 국물에 메밀가루를 풀어 걸쭉하게 끓여내고 고기와 함께 담아낸 제주식 보양 음식이다.

고사리육개장 ▶

돼지고기 삶은 육수에 고사리와 돼지고기 그리고 메밀가루를 넣고 걸쭉하게 끓이는 것이 특징이다. 돼지고기 육개장이라고 부르기도 한다.

◀ 접짝뼈국

돼지 앞다리와 몸이 만나는 사이뼈인 '접짝뼈'를 하루 동안 끓여 진하게 우려낸 탕이다. 맛은 진한 곰탕과 비슷한데 제주 스타일로 메밀가루나 쌀가루를 넣어 더 걸쭉하다.

물회 ▶

제주의 전통 물회는 된장과 식초 그리고 산초와 비슷한 '제피(초피)'가 들어간다. 물회에 들어가는 재료는 시즌에 따라 달라진다. 봄 시즌 자리돔이 맛있을 때는 자리돔 물회, 여름에는 한치 물회가 최고 인기다.

갈칫국 ▶

신선한 갈치와 호박을 넣고 맑게 끓여낸다.
비릴 것 같지만 갈치가 신선하면 비리지 않고
깔끔한 맛이 난다. 매운 고추를 송송 썰어
넣으면 속풀이 음식으로 이만한 것이 없다.

◀ **각재기국**

각재기는 전갱이를 제주에서 부르는 말이다.
각재기국은 된장을 풀고 한소끔, 각재기와
배추를 넣고 또 한소끔 끓여 시원한 맛이
일품인 국이다. 해장국으로 제격.

옥돔국 ▶

옥돔은 주로 구이로 많이 먹지만,
제주에서는 국으로도 즐겨 먹는다.
무와 함께 맑게 끓여 만드는데,
부드러우면서도 시원한 맛이 강하다.
국물이 심심하다 싶으면 매운 고추를
조금 넣으면 금세 맛이 살아난다.

◀ **돔베고기**

'돔베'는 제주 방언으로 도마라는 뜻이다. 도마에
올려 나오는 고기로 돼지 수육이 올라간다.
삶은 돼지고기가 뜨거울 때 도마에 올리고 바로
썰어서 먹는 데서 유래했다.

고기국수 ▶

돼지 육수에 모자반 대신 국수를
말고 식감과 영양을 위해 고기를
고명으로 올리면서 지금의
고기국수의 형태가 되었다.

◀ 흑돼지구이

제주에서는 '돗통시'라고 화장실을 겸한
돼지우리에서 흑돼지를 길렀다. 사람의
인분을 먹고 큰다고 해서 '똥돼지'라고도
불렀다. 제주 흑돼지는 일반 돼지고기보다
쫄깃한 맛이 특징이다. 주로 불에 구워
멜젓(멸치젓의 제주 방언)에 찍어 먹는다.

제주 흑우 ▶

천연기념물 제546호 지정되어 있는 제주
흑우는 제주 밖으로 반출이 불가해서
제주에서만 먹을 수 있다. 일반 한우보다
콜레스테롤이 낮으며 불포화지방산
함량이 높다.

◀ 말고기

완전히 익히지 않고 먹기도 하고 육회로도
즐기는 것이 소고기와 닮았다. 기름이
상당히 적으면서도 부드럽고 고소한 맛이
특징이다. 말고기 특유의 풍미 때문에
호불호가 갈리는 음식이기도 하다.

◀ 뿔소라회, 뿔소라구이
제주 해녀가 직접 잡은 자연산 뿔소라는
제주에서 먹어야 제맛이다. 소라는 회로는
물론 구이로도 즐기고 해물탕이나 제주식 퓨전
요리 등 빠지는 곳이 없을 정도다.

해물뚝배기 ▶
제주산 해물이 듬뿍 들어간 된장국.
예전에는 '바릇국'이라고 했는데, 바릇은
제주 방언으로 바다를 뜻한다. 해물
육수가 만들어낸 마법으로 속이 확
풀리는 시원함이 특징이다.

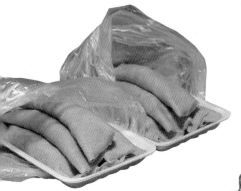

◀ 빙떡
메밀이 흔한 제주에서 간식으로 많이 먹던
음식이다. 메밀 반죽을 넓게 부쳐 전병을 만들고
그 속에 익힌 무채를 양념하여 말아 먹는다.
제주 오일장에 가면 맛볼 수 있다.

오메기떡 ▶
차조 가루를 익반죽하고 삶은 뒤
삶은 팥을 묻힌 제주 전통 떡이다.
요즘은 팥 대신 땅콩, 아몬드 같은
견과류를 묻히기도 하고 안에 팥소
대신 과일을 넣기도 한다.

제주에서만 살 수 있어요!
제주 한정 쇼핑 아이템

카카오프렌즈 제주 한정판 굿즈

전국적으로 전문 숍도 많고 인터넷으로도 얼마든지 살 수 있는 카카오프렌즈 굿즈이지만, 제주가 아니면 살 수 없는 한정판 굿즈가 있다. 해녀 어피치, 한라봉 옷을 입은 라이언은 제주 여행에서 꼭 사야 할 아이템 중 하나. 제주국제공항 면세점에서 살 수 있다.

흑돼지 & 말고기 육포

소고기로 만든 육포가 아니라 흑돼지와 말고기로 만든 육포다. 흑돼지 육포는 돼지고기 맛이라고는 절대 믿기지 않을 정도로 부드럽고 감칠맛이 난다. 말고기 육포는 다른 육류보다 훨씬 부드러운 식감을 자랑하며, 고단백저칼로리 간식으로 인기가 높다. 여행이 끝난 후 맥주 안주로 먹다 보면 더 많이 사 오지 못한 것을 후회할지도 모른다.

감귤칩

제주 여행이 끝나고 지인들에게 감귤초콜릿을 돌리던 시대는 지났다. 요즘은 감귤칩이 대세. 감귤을 그대로 말린 기본 칩이 가장 인기가 높고, 기본 칩에 초콜릿을 입힌 것도 많이 팔린다.

우도 땅콩 초코찰떡파이

쫀득쫀득한 찰떡에 초콜릿을 입히고 그 위에
우도의 특산물인 우도 땅콩을 듬뿍 뿌렸다.
땅콩의 진한 고소함과 초콜릿의 달콤함이
찰떡궁합.

돗멘

제주 흑돼지를 넣은 라면이다. 컵라면 형태도 있고
봉지라면도 있다. 진한 국물 맛이 일품으로 신라면
블랙과 비슷한 맛이기도 하다.

© 2020 Starbucks
Coffee Company

스타벅스 제주 한정판 MD

스타벅스 본사에서도 우리나라 MD를
역수입할 정도로 퀄리티를 인정하는데
제주에서만 판매하는 MD라니, 눈이 번쩍 뜨이지
않을 수가 없다. 평소 스타벅스를 애정하는
마니아들이라면 지갑 단속을 잘 해야 할 정도.

제주마음샌드

우도 땅콩의 고소함과 달콤한 캐러멜,
짭짤한 천일염이 들어간 한정판 땅콩샌드다.
파리바게트 제주국제공항점에서만 판매한다.
파리바게트 앱에서 미리 예약도 가능하고 현장
구매도 가능하다.

술맛도 남다른 **제주 술**

맥주

제주 위트 에일
코리엔더와 감귤 껍질이 들어간 과일 향의 밀맥주로, 벨기에 맥주인 호가든과 비슷한데 추가로 제주 감귤 껍질이 들어간다. 향긋한 과일 향이 훨씬 진한 것이 특징. 제주맥주의 대표 상품으로 육지에서도 어렵지 않게 만날 수 있다.

제주 펠롱 에일
제주맥주에서 만든 페일 에일(Pale Ale)이다. 다양한 홉을 섞어 인디아 페일 에일 만큼이나 강한 향과 맛을 선사한다. '펠롱'은 반짝이라는 뜻의 제주 방언이다. 펠롱이라는 뜻과는 달리 쓴맛이 강하다.

제주 백록담 에일
제주맥주와 편의점에서 손잡고 만든 제품이다. 제주 위트 에일과 비슷한데 감귤 껍질이 아니라 한라봉을 넣었다. 시트러스 향이 강하면서도 가볍게 즐길 수 있는 에일 맥주.

성산일출봉 에일
제주 백록담 에일과 같이 편의점에서 만나볼 수 있다. 제주의 맑은 물과 밝은 계열의 맥아, 그리고 홉만으로 만들었다. 부드러운 에일 맥주를 좋아하는 여행객에게 딱이다.

탐라 WEIZEN
탐라에일에서 만든 밀맥주다. 상면발효 맥주인 에일 계열에 밀이 들어가서 부드러우면서도 과일 향이 향기로운 것이 특징.

곶자왈 IPA
제주 최남단 브루어리에서 만든 인디아 페일 에일. 강한 홉의 향으로 쓴맛이 세기 때문에, 강한 맥주를 선호한다면 도전해 보자.

곶자왈 PALE ALE
탐라에일에서 만든 명작 페일 에일로 홉이 향기로우면서도 강단이 있는 맛이다. 제주 펠롱 에일과 비슷한데 약간 더 부드러운 맛.

막걸리

제주 막걸리

제주에서 생산되는 생막걸리로 제주 음식점 어디서나 쉽게 접하게 되는 대중적인 막걸리다. 인공 감미료가 적게 들어간 편이다. 마시다 보면 점점 빠져드는 정직한 맛을 자랑한다.

우도 땅콩 막걸리

우도의 특산품인 우도 땅콩으로 만든다. 다른 땅콩보다 크기가 작고 더 고소한 것이 특징인 우도 땅콩을 넣어서 막걸리도 고소한 맛이 난다.

가파도 청보리 막걸리

가파도산 보리가 들어간 막걸리. 걸쭉하고 진한 목넘김이 특징이다. 단맛이 강한 막걸리보다 진한 탁주 본연의 맛을 좋아하는 사람들에게 잘 어울린다.

톡 쏘는 제주감귤 막걸리

여자들에게 인기가 높은 막걸리. 감귤 주스가 들어가 달달한 맛이 강해 술이 아니라 음료 같다. 맛있다고 홀짝홀짝 마시다 보면 어느새 취해버리는 앉은뱅이 술.

천혜향 막걸리

요즘 뜨는 막걸리. 감귤에 천혜향 착해액이 더해져 약 2%가량 들어간다. 막걸리 중에서 가장 많은 양의 주스가 들어간다.

톡 쏘는 한라봉 막걸리

톡 쏘는 제주감귤 막걸리와 같은 양조장에서 만들어진다. 감귤 주스에 한라봉 퓌레가 추가로 들어가는데, 감귤 막걸리보다 덜 달고 새콤한 맛이 더해졌다.

제주 전통주

오메기술

제주 전통 떡인 오메기떡을 누룩과 함께 발효시킨 술이다. 좁쌀로 만들어서 그런지 제주를 닮아 그런지 연한 유채꽃처럼 노란색이 특징이다.

고소리술

오메기술을 '고소리'라 부르는 소줏고리에 증류하여 만든 술. 안동소주, 개성소주와 어깨를 나란히 하던 명술이다. 은은한 향과 깊은 맛이 특징.

알면 알수록 재미있는 제주 방언

육지와 떨어져 있는 제주는 언어에도 많은 차이를 보인다. 생소한 단어들도 많고 문장의 어말어미도 다르다. '~했수다'는 마치 반말 같이 짧지만 '~했습니다'라는 존대의 의미다. '와줍서'는 '와주세요', '밥 먹언?'은 '밥 먹었어?'라는 의미로 대체적으로 어말어미가 간단하고 짧다. 덕분에 다소 말투가 불친절하다고 느끼는 경우도 왕왕 있다. 자주 쓰이는 제주 방언만 알아두어도 제주 여행이 한결 흥미롭고 부드러워진다.

단어

제주 방언	표준어	제주 방언	표준어
아방	아버지	어멍	어머니
하르방	할아버지	할망	할머니
가시어멍	장모	가시아방	장인어른
곤밥	흰밥	감저	고구마
지실	감자	구젱기	뿔소라
도새기	돼지	세우리	부추
각재기	전갱이	게우	전복 내장
둠비	두부	바당	바다
물들다, 물싸다	밀물, 썰물	잠녀	해녀
멜	멸치	보말	고동
뭉게, 물꾸럭	문어	겡이(깅이)	작은 게
드르	들	모멀	메밀
놈삐	무	도채비	도깨비
망사리	바구니	톨	톳
암빗, 수빗	암전복, 수진복	꿩마농	달래
마농	마늘	몸	모자반
독	닭	독세기	달걀
괸당	친척	요망진	다부진, 똑똑한
미깡	감귤	아즈망	아주머니
펠롱펠롱	반짝반짝	오고생이	고스란히
느영나영	너랑나랑	아꼽다	귀엽다
소랑	사랑	물허벅	물동이

문장

제주방언	표준어
폭삭 속았수다.	수고 많으셨습니다.
도르멍 옵서.	빨리 오세요.
놀당 갑서.	놀다가 가세요.
어디 감수강?	어디 가시나요?
무싱거 하미꽈?	무엇을 하시나요?
호꼼 있당 와줍서.	잠시 후에 와주세요.
똥 뀐 놈이 성 냄쩌.	방귀 뀐 놈이 성 낸다.
잘 먹으쿠다.	잘 먹겠습니다.
계십서예.	안녕히 계세요.
혼저옵서예.	어서오세요.
호꼼 미안하우다.	잠시 실례합니다.
왕 봅서.	와서 보세요.
어떵 살아 점수꽈?	어떻게 살고 있나요?
제주 바당은 소랑이우다.	제주 바다는 사랑입니다.
바당에 강 봅서.	바다에 가보세요.
사롬 있수꽈?	사람 있나요?
말 호꼼 물으쿠다.	말 좀 묻겠습니다.
잘 갑서예.	잘 가세요.

궁금해요, 제주 여행 Q&A

Q 제주를 여행하면서 여행자보험에 가입해야 할까요?

해외와 달리 국내에 보유한 각종 보험 혜택을 함께 적용 받는 국내 여행지라 해외만큼 필수는 아닙니다. 다만, 자전거 일주를 계획하고 있거나 운전에 익숙하지 않은 경우는 여행자보험에 별도로 가입하거나 렌터카보험에 가입할 때 보장 범위가 넓게 설계하는 것이 좋습니다.

Q 제주에서 전기차 렌트는 어떤가요? 배터리 충전이 어렵지는 않나요?

육지보다 제주는 전기차 인프라가 잘 갖추어져 있습니다. 대부분의 공공기관은 물론, 주차장에도 급속/완속 충전기가 넉넉하게 배치되어 있어 제주도민들도 전기차를 선호하는 추세입니다. 렌터카도 전기차로 빌리면 기름값보다 전기 충전비가 더 적게 나오기 때문에 효율적입니다. 그러나 운전이 약간 서툴다면 전기차 렌트는 추천하지 않습니다. 차량 가격이 비싸기 때문에 만약 사고가 나게 되면 수리비가 많이 나오게 됩니다.

Q 프라이빗하면서도 개성 있는 숙소를 찾다 보니 숙박 공유 서비스를 이용할 때가 많습니다. 유의해야 할 점이 있나요?

제주 투자 열풍에 기대어 빌라, 타운하우스, 독채 펜션 등 숙박시설들이 많이 생겼습니다. 그중에 제주에서 거주하지 않으면서 주변 사람을 고용하여 임대를 돌리는 경우가 제법 많습니다. 아무래도 주인이 인근에 있지 않은 경우에는 숙소 관리가 완벽하지 않은 경우가 있으니 이런 점들을 유의해야할 필요가 있습니다.

Q 제주는 렌터카 없이는 여행이 힘들까요?

대중교통 시스템이 거미줄처럼 잘 짜여있진 않지만, 나름 꼭 필요한 구간은 버스로 모두 연결되어 있습니다. 때에 따라 걷기도 하고 잠시 기다리는 시간도 여행으로 생각하는 마음의 여유만 있다면 제주 버스 여행도 나름의 매력이 있습니다. 버스 여행을 계획하신다면 가급적 짐을 줄이고 일정을 여유롭게 짜는 것이 좋습니다.

Q 아이 또는 연세가 많으신 부모님과 여행할 때는 계단이 많거나 경사진 여행지는 거르게 됩니다. 혹시 제주에 무장애 산책로 같은 것이 있나요?

제주 주요 명소를 연결하는 22개의 올레길 중 10개가 휠체어 구간을 가지고 있습니다. 더불어 일부 숲길을 세외하고는 유모차와 교통약자에 대한 배려가 충분한 제주입니다. 오름만 빼고는 크게 어려움 없이 여행이 가능합니다.

Q 제주에서 쇼핑을 제대로 하려면 어디로 가야 하나요? 대표적으로 몇 군데 꼽아 주세요.

365일 열려 있는 제주동문시장과 서귀포매일올레시장에 가면 제주에서 살 수 있는 모든 것이 다 있습니다. 가깝게는 지역마다 있는 하나로마트에서 제주산 농산물과 가공식품도 손쉽게 구할 수 있어

요. 플리마켓도 점점 늘어나고 있지만, 유행만큼이나 쉽게 생기고 금방 사라지기도 해서 그리 추천하지 않습니다.

Q '이 음식만은 꼭 먹어봐라!' 하는 제주 음식 베스트3는 무엇인가요?

해장국, 몸국, 한치 이 세 가지는 꼭 먹어보세요! 모자반으로 끓인 몸국은 이미 제주를 조금 안다는 여행객들은 대부분 아는 제주 토속음식이죠. 5월에서 7월까지 나오는 한치는 제주에서 가장 인기인 해산물 중 하나입니다. 회로도 먹고 물회와 덮밥으로도 많이 먹지요. 냉동했다가 1년 내내 먹기도 하지만 어디 생물만 할까요. 시즌이 되면 제주 앞 바다는 밤새 불이 꺼지지 않는 한치 잡이 배들로 가득합니다. 그리고 의외로 제주의 다양한 브랜드의 해장국도 계속 생각날 정도로 맛있는 맛집이 많습니다.

Q 제주에는 핫플레이스가 많은데요. 방문 전 특별히 유의해야 할 점이 있을까요?

식당에 따라 쉬는 요일이 다르고 브레이크타임이 있는 경우도 많습니다. 제주에서 쉽게 구하는 재료가 아니라면 주문을 해도 육지에서 오려면 2~3일은 기본으로 걸리다 보니 재료가 소진되거나 개인적인 사정으로 인한 비정기 휴무가 잦은 편입니다. 심지어 SNS에만 공지를 올리고 문을 열지 않는 경우도 상당히 많습니다. 음식점은 항상 미리 전화를 하고 출발해야 일정이 꼬이지 않는답니다.

Q 제주도는 육지보다 운전하기 쉽다고 잘못 알려져 있는데, 운전 시 주의해야 할 점이 있나요?

운전할 때는 운전에만 집중해야 하지만 주변 풍경에도 시선을 쉽게 빼앗기기 때문에 렌터카 사고가 생각보다 많습니다. 다음 여행지로 이동하는 것도 여행의 일부이지만 운전자에게만은 해당되지 않

는 이야기입니다. 해안도로는 꼬불꼬불 길이 많은 편이라 특히 조심해야 합니다.

Q 현명하게 일정을 짜려면 어느 방향으로 여행하는 게 좋은가요?

우측 통행이 기본이고 운전자가 왼쪽에 있기 때문에 바다 풍경을 조금이라도 가까이 보기 위해 반시계 방향으로 도는 것이 제주 여행의 상식이 되어 왔습니다. 어느 방향이 좋다고 할 수는 없지만 한 번 반시계로 돌았으면 다음에는 시계 방향으로 도는 등 변화를 주는 것이 좋을 것 같습니다. 예전에는 무조건 한 바퀴를 돌아야 제주를 다 봤다고 생각했던 시기가 있었는데, 이제는 한 지역을 깊게 보고 테마를 정해 선택과 집중을 하는 여행이 더 인기랍니다.

Q 제주에서 살아보는 것과 여행하는 것은 다르다고 알고 있습니다. 한 달 살기, 일 년 살기를 희망하는 사람들에게 전하고 싶은 말은 무엇인가요?

장기 여행은 느긋하게 한 곳에 머물며 하루를 보내는 '일상 같은 여행'을 즐길 수 있습니다. 여행자, 이방인의 눈에서 현지인의 시선으로 제주도를 바라보는 것은 생각했던 것보다 더 매력적이랍니다. 한 달이라는 시간은 단순히 일정이 길어진 차이만 있는 것이 아닙니다. 여행자에서 현지인으로 갈아타는 기준선이 되지요. 여유가 생긴 마음에는 생각보다 더 많은 것들이 보인답니다.

제주 추천 여행 일정

지역별 & 일정별

동부 2박 3일 코스

DAY 1
용담해안도로
P.187

제주민속
자연사박물관
P.165

함덕해수욕장
P.46, P.240

만장굴
P.157, P.246

월정리해수욕장
P.46, P.245

DAY 2
지미봉
P.145

새섬
P.392

천지연폭포
P.158, P.303

쇠소깍
P.277

DAY 3
제주민속촌
P.163

표선해수욕장
P.278

광치기해변
P.65, P.273

성산일출봉
P.157, P.272

서부 2박 3일 코스

DAY 1
이호테우
해수욕장
P.66, P.204

한담
해안산책로
P.358

협재해수욕장
P.47, P.363

신창풍차
해안도로
P.188

차귀도
P.391

DAY 2
송악산
P.167, P.338

천제연폭포
P.311

중문색달해수욕장
P.312

DAY 3
박수기정
P.334

안덕계곡
P.334

산방산
P.159, P.335

용머리해안
P.159, P.336

3박 4일 제주 일주 코스

DAY 1
함덕해수욕장
P.16, P.240

비자림
P.152, P.248

성산일출봉
P.157, P.272

우노
P.384

DAY 2
광치기해변
P.65, P.273

빛의 벙커
P.276

외돌개
P.302

정방폭포&
소정방폭포
P.300

돈내코
원앙폭포
P.73

DAY 3
표선해수욕장
P.278

섭지코지
P.274

엉또폭포
P.304

DAY 4
화순곶자왈
생태탐방숲길
P.155

금능해수욕장
P.47, P.363

한담해안산책로
P.358

항파두리 항몽유적지
P.164

제주동문시장
P.205

동부 중산간 주요 추천 코스

동부 중산간 지역의 주요 여행지를 둘러보는 여행 코스이며, 자신의 여행 일정에 맞추어 선택하면 된다.

한라생태숲
P.209

절물자연휴양림
P.153, P.208

제주돌문화공원
P.242

에코랜드
P.242

교래
자연휴양림
P.153

안돌오름
P.246

거문오름
P.241

사려니숲길
P.60, P.152

렛츠런팜
P.70

산굼부리
P.146

유진팡
P.278

다랑쉬오름
P.144, P.247

용눈이오름
P.144, P.247

따라비오름
P.145

머체왓숲길
P.154, P.282

돈내코
원앙폭포
P.73

서부 중산간 주요 추천 코스

서부 중산간 지역의 주요 여행지를 둘러보는 여행 코스이며, 자신의 여행 일정에 맞추어 선택하면 된다.

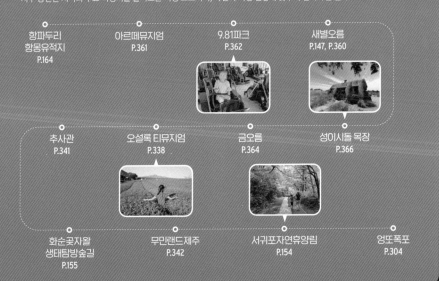

항파두리
항몽유적지
P.164

아르떼뮤지엄
P.361

9.81파크
P.362

새별오름
P.147, P.360

추사관
P.341

오설록 티뮤지엄
P.338

금오름
P.364

성이시돌 목장
P.366

화순곶자왈
생태탐방숲길
P.155

무민랜드제주
P.342

서귀포자연휴양림
P.154

엉또폭포
P.304

동반 여행자별

같은 여행지도 누구와 함께하느냐에 따라 다르게 여행할 수 있다. 아이와 함께하는 여행이라면 체험과 놀이 위주의 여행지를, 연세가 있으신 부모님과 함께라면 걷기 좋은 길과 멋진 풍광이 펼쳐지는 여행지를, 연인이 함께하는 여행이라면 로맨틱하면서도 둘만의 오붓한 시간을 만끽할 수 있는 여행지를, 친구들과 함께라면 여러 명이 함께 즐길 수 있는 프로그램이나 멋진 배경을 벗삼아 우정사진을 남길 수 있는 제주만의 이색 여행지를 위주로 코스를 짜 보았다.

아이와 함께

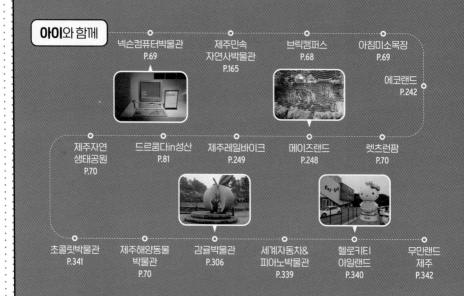

넥슨컴퓨터박물관
P.69

제주민속
자연사박물관
P.165

브릭캠퍼스
P.68

아침미소목장
P.69

에코랜드
P.242

제주자연
생태공원
P.70

드르쿰다in성산
P.81

제주레일바이크
P.249

메이즈랜드
P.248

렛츠런팜
P.70

초콜릿박물관
P.341

제주해양동물
박물관
P.70

감귤박물관
P.306

세계자동차&
피아노박물관
P.339

헬로키티
아일랜드
P.340

무민랜드
제주
P.342

연인과 함께

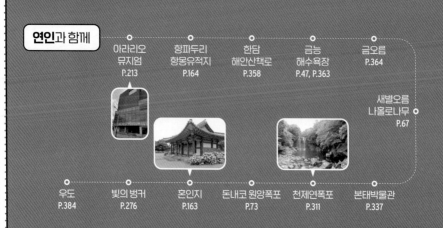

아라리오
뮤지엄
P.213

항파두리
항몽유적지
P.164

한담
해안산책로
P.358

금능
해수욕장
P.47, P.363

금오름
P.364

새별오름
나홀로나무
P.67

우도
P.384

빛의 벙커
P.276

혼인지
P.163

돈내코 원앙폭포
P.73

천제연폭포
P.311

본태박물관
P.337

부모님과 함께

용두암
P.207

절물자연휴양림
P.153, P.208

에코랜드
P.242

산굼부리
P.146

거문오름
P.241

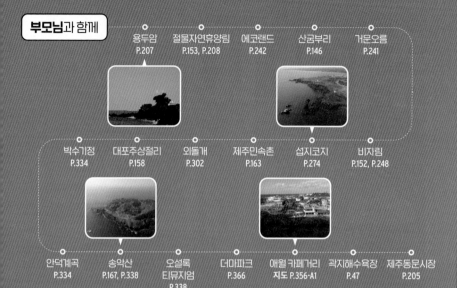

박수기정
P.334

대포주상절리
P.158

외돌개
P.302

제주민속촌
P.163

섭지코지
P.274

비자림
P.152, P.248

안덕계곡
P.334

송악산
P.167, P.338

오설록
티뮤지엄
P.338

더마파크
P.366

애월 카페거리
지도 P.356-A1

곽지해수욕장
P.47

제주동문시장
P.205

친구들과 함께

이호테우등대
P.66, P.204

새별오름
P.147, P.360

9.81파크
P.362

한림공원
P.365

정방폭포
P.300

새섬
P.392

용머리해안
P.159, P.336

오설록 티뮤지엄
P.338

협재해수욕장
P.47, P.363

광치기해변
P.65, P.273

우도
P.384

월정리해수욕장
P.46, P.245

함덕해수욕장
P.46, P.240

PART 2

취향 따라

떠나는

바라만 보아도 절로 힐링이 되는 에메랄드빛 제주 바다,
일 년 열두 달 새로운 꽃들, 화보 같은 인생사진을 남길 수 있는
히든 스폿까지! 취향에 따라 골라 즐길 수 있는 다양한 테마 여행을
소개한다. 지금 당장 제주로 달려가고 싶어질 다양한 테마 여행을 알아보자.

제주 테마 여행

관광

THEME 01

에메랄드빛 제주 바당을 그대 품안에

➡ **바당** 바다를 의미하는 제주도 방언

우리나라에서 가장 큰 섬인 제주도에서 바다를 빼고 이야기할 수 없다. 제주 바다는 먼 옛날부터 제주도민의 삶의 터전이었고, 시간이 흐른 지금까지도 바다를 통해 얻은 풍부한 수산자원이 제주 경제를 책임지는 중요한 자원이 되고 있다. 사방이 바다로 둘러싸인 섬인 만큼 제주에서는 어디에서나 바다를 볼 수 있다. 쪽빛 바다색과 새하얀 모래사장, 그리고 검은색 현무암이 어우러진 아름다운 조화는 제주가 아니면 어디서도 볼 수 없는 명품 풍경을 선사한다. 젊은이에게는 인생사진을 얻을 수 있는 배경이 되어주고, 아이들에게는 천연 놀이터가 되어주는 소중한 곳이다.

요즘 SNS에서 가장 핫한
함덕해수욕장(함덕서우봉해변) 제주시 동부

금능해수욕장과 협재해수욕장에 이어 요즘 관광객들 사이에서 인기가 높은 해수욕장. 하늘 높이 쭉 뻗은 야자수와 하얀 백사장과 대조를 이루는 에메랄드빛 바다색 덕분에 사진으로만 보면 해외 휴양지에서 찍었다고 해도 믿을 정도로 이국적인 풍경을 자랑한다. 해수욕장 옆으로 서우봉이라는 오름이 있어 '함덕서우봉해변'으로 불리기도 한다. 올레길 19코스의 메인 구간인 만큼 서우봉과 해변을 따라 산책로가 잘 갖춰져 있다. **P.240**

지도 P.238-A1 **주소** 제주시 조천읍 함덕리 1004-5(해수욕장 주차장)

TRAVEL INFO

협재·이호테우·삼양·함덕해수욕장은 7월 중순부터 8월 중순까지 야간개장(~21:00)을 한다. 석양과 함께 제주 바다를 즐기는 색다른 즐거움이 있다.

달도 반해 머물다 간
월정리해수욕장 제주시 동부

'달이 머물다 간 곳(月停)'이라는 감성적인 이름처럼 아름다운 풍광을 자랑하는 곳. SNS에서 한 번쯤 보았을 법한 알록달록한 의자와 푸른 바다, 하얀 풍력발전기를 배경으로 한 사진으로 유명한 포토 스폿이다. 특히 해변가를 따라 감성 카페들이 줄지어 있는 카페거리가 유명해 늘 많은 인파로 북적인다. 해수욕을 즐기는 사람들보다는 바다가 보이는 카페나 식당에 앉아 즐기는 사람들이 더 많다. **P.245**

지도 P.239-C1 **주소** 제주시 구좌읍 월정리 33-3

한갓진 해변을 찾는다면
김녕해수욕장(김녕성세기해변) 제주시 동부
함덕해수욕장과 월정리해수욕장에 비해 상대적으로 덜 알려
진 해수욕장이다. 사람이 비교적 적은 한갓진 해수욕장을 찾
는 사람에게 최적이다. 모래가 곱고 수심도 적당하여 가족 단
위 여행객들이 프라이빗한 느낌으로 물놀이를 즐길 수 있다.
해변을 따라 넓은 야영장도 있어 캠핑을 즐겨 보는 것도 추천
한다. 인근에 편의시설이 거의 없는 점이 아쉽지만 주차장 쪽
에 있는 휴게소에서 간단한 먹거리 정도는 살 수 있다. P.245

지도 P.238-B1 주소 제주시 구좌읍 해맞이해안로 7-6(해수욕장 주차장)

용천수가 솟아나는
곽지해수욕장(곽지과물해수욕장) 제주시 서부
애월 카페거리에서 한담해안산책로를 따라가면 만나는
해변이다. 이용객이 다른 해수욕장에 비해 적은 편이라 하
얀 모래사장에서 비치파라솔을 꽂아 두고 온종일 바다만
바라보아도 행복해지는 곳이다. 해변 한가운데에 '과물'이
라 불리는 용천수가 뿜어 나오는 곳이 있어서 곽지과물해
수욕장이라고도 불린다. '괴물'이 아니니 안심하길. 남탕과
여탕으로 구분된 일종의 노천탕으로 옛사람들은 이곳에
서 목욕은 물론 채소를 씻고 빨래도 했다. P.359

지도 P.357-하단 주소 제주시 애월읍 곽지리 1565

쌍둥이처럼 닮은 해변
협재해수욕장 & 금능해수욕장 제주시 서부
제주시 서부의 인기 명소인 협재해수욕장은 제주 해변하면 흔히 떠
올리는 대표 해수욕장이다. 그에 비해 다소 낯선 이름의 금능해수욕
장은 협재해수욕장 바로 옆에 있는 해변으로 마치 쌍둥이처럼 닮아
있다. 이국적인 야자수 숲과 물속이 훤히 보이는 에메랄드빛 바다,
해변 맞은편으로 보이는 비양도가 화룡점정이 되어 한 폭의 그림 같
은 풍광을 선사한다. 제주의 해변 중 가장 동남아 휴양지 느낌이 드
는 곳이 아닐까 싶다. 수심이 얕아 물놀이를 즐기는 사람들과 야영
장에서 캠핑을 즐기는 사람들로 늘 북적인다. P.363

지도 P.357-상단 주소 [협재해수욕장] 제주시 한림읍 협재리 2447-22(주차장), [금
능해수욕장] 제주시 한림읍 협재리 2696-1(주차장)

바다에서 보물찾기, 바릇잡이

바다에서 수영을 즐길 수 있는 것은 사실 여름 한철뿐이지만, 제주에는
연중 즐길 수 있는 물놀이가 있다. 바다에서 조개나 문어 등을 잡는 것을 육지에서는
'해루질'이라고도 하는데, 제주에서는 이 해루질을 '바릇잡이'라고 부른다. 옛날 제주도민들은 물때에 맞춰
횃불을 들고 바다에서 조개나 보말, 문어, 깅이(작은 게)를 잡아 반찬으로 삼아 먹었다. 제주도는 대부분의
바다가 어촌계에서 관리하는 마을어장이다. 마을어장에서는 함부로 해산물을 잡으면 안 된다. 하지만 아
쉬워하지 말자. 여행객들도 바릇잡이를 즐길 수 있는 개방된 마을어장이 있으니. 아이들과 함께 조개와 보
말을 잡으며 놀 수 있는 대표적인 제주 바릇잡이 명소를 알아보자.

☑ TRAVEL TIP
바릇잡이는 장소만큼 물때가 중요하다. 물때는 하루 두 번 만조와 간조의 시간차를
말한다. 물이 빠지는 간조 전후로 바릇잡이를 하기에 좋기 때문에 물때표를 미리
확인해야 한다. 그리고 조류의 속도에 따라 1물부터 15물까지 반복되는데,
물이 많이, 멀리 빠지는 6~10물 사이에 조과가 좋다.

바릇잡이로 잡을 수 있는 것들

빛조개

바지락

해감은 첫가락을 이용하세요!

수두리보말과 메옹이

바롯잡이를 즐길 수 있는 추천 명소

SPOT 1 성산읍 오조리 조개 체험장 〔서귀포시 동부〕

성산읍 오조리에서 성산일출봉으로 넘어가는 길 옆에 오조리 조개 체험장이 있다. 물이 빠지는 시간이면 어김없이 사람들이 몰려와 바지락을 캐는 모습이 보인다. 제주 동부 쪽에서 바지락이 많이 나오는 곳으로 그만큼 체험을 위해 많은 사람이 찾는다. 여기는 제주에서 드문 '뻘'밭이어서 잡히는 바지락도 색이 거무튀튀하다. 뻘이 거친 편이라 맨손보다는 호미로 땅을 파고 손으로 잡으면 된다. 뻘에서 잡은 만큼 해감을 확실해 해줄 것. 호미를 준비하지 못했더라도 근처 편의점에서 살 수 있다. 바로 앞 공영주차장에 화장실과 수도시설이 있어 마무리도 편하다. 광치기해변 건너편에서도 접근 가능하다.

〔지도 P.271-상단〕 **주소** 서귀포시 성산읍 오조리 2-4(공영주차장)

SPOT 2 김녕해수욕장 야영장 앞 〔제주시 동부〕

김녕해수욕장 야영장 앞 모래사장은 아는 사람만 아는 조개밭이다. 물이 적당히 빠진 모래사장에 손을 넣고 휘휘 저으면 손에 바지락이 우수수 걸려 나온다. 오조리 바지락과는 달리 김녕의 바지락은 바다색을 닮아서인지 색이 곱다. 여기는 바지락도 많지만 빛조개도 잡힌다. 빛조개는 백합의 일종으로 도민들은 껍질을 깨고 모래를 씻어서 날것으로 즐겼다고 한다. 잡은 조개는 바닷물이나 소금물에 담가 젓가락을 같이 넣은 뒤 어둡게 하면 해감이 된다. 물이 따뜻해지면 조개가 상할 수 있으니 서늘한 곳에 보관한다.

〔지도 P.238-B1〕 **주소** 제주시 구좌읍 해맞이해안로 7-6(해수욕장 주차장)

SPOT 3 함덕어촌계 마을어장 〔제주시 동부〕

제주도 37개의 개방 어장 중에서 해산물 종류에 상관없이 잡아도 되는 유일한 어장이다. 보통은 보말이나 조개, 게 등 만 허용하는 해산물이 정해진 반면 함덕 개방 어장은 소라, 미역, 톳도 잡을 수 있다. 함덕해수욕장과 서우봉이 만나는 데크길부터 서우봉을 따라 어장이 이어진다. 뿔소라도 잡을 수 있는 어장으로 7cm가 넘는 소라는 얼마든지 가져갈 수 있다(6~8월 금어기 제외). 늦여름부터 초겨울까지는 문어도 제법 잡힌다. 참고로 문어는 제주도 전역에서 잡아도 되는데, 갈고리가 하나인 외갈고리만 법적으로 허용된다.

〔지도 P.238-A1〕 **주소** 제주시 조천읍 함덕리 산 1

THEME 02

365일 꽃길만 걸어요

관광

일 년 내내 꽃이 피는 곳 제주. 겨울에도 좀처럼 영하로 떨어지지 않는 날씨 덕분에 제주에는 1월부터 12월까지 계절마다 꽃이 핀다. 겨울이 한창 시작되는 12월부터 제주 곳곳은 붉은 동백꽃으로 물드는데, 길가에 붉은 물감을 칠한 듯 동백 꽃잎이 떨어져 바닥을 붉게 만들 때면, 유채꽃을 시작으로 왕벚꽃이 제주에 완연한 봄이 왔음을 알린다. 만개한 벚꽃이 바람에 날려 꽃비가 되어 내리면 붉은 겹벚꽃이 바통을 이어받는다. 이른 여름이 시작되는 6월에는 제주가 수국으로 풍성해진다. 그렇게 여름을 보내고 나면 제주의 밭은 온통 하얀 메밀꽃이 이어지다가 최근 유명해진 핑크뮬리가 잠시 인기를 끈다. 그러고는 다시 붉은 동백과 함께 겨울이 찾아온다. 언제 찾아도 제주는 화사한 꽃으로 우리를 맞이한다.

무슨 꽃이 피나, **제주 꽃 캘린더**

애기동백꽃   1월

   2월

벚꽃   3월

   4월

겹벚꽃   5월   유채

   6월

수국   7월

   8월

   9월   메밀꽃

핑크뮬리   10월

   11월

애기동백꽃   12월

12월 ~1월 흰 눈 사이로 수줍게 피어나는 붉은색의 꽃

애기동백꽃

모든 꽃이 다 지는 추운 겨울, 소복하게 쌓인 흰 눈을 뚫고 피어나는 붉은색의 꽃 동백. 제주도를 포함한 남해 위주로 군락을 이루어 핀다. 바람이 많은 제주에는 방풍 나무로, 그리고 열매로 만드는 동백기름을 채취하기 위해 제주 전역에서 키웠다. 짙은 녹색의 잎 사이로 붉은 꽃은 언제 봐도 매력적이다. 요즘 제주에는 동백꽃의 개량종인 애기동백꽃이 제주 겨울 여행의 꽃이 되고 있다. 애기동백은 동백과 약간의 차이가 있다. 동백은 꽃이 질 때 꽃잎이 전부 붙은 채로 송이송이 떨어진다. 애기동백은 일반적인 꽃들처럼 꽃잎이 하나씩 떨어지는 반면, 붉은 꽃잎이 하나둘씩 떨어지면 애기동백나무 아래는 마치 붉은 양탄자를 깔아 놓은 듯 겨울 분위기를 한층 따뜻하게 해 준다.

#제주동백수목원 `서귀포시 동부`

수령이 40년이 넘은 애기동백나무 사이로 인생사진을 건질 수 있는 곳이다. 사유지로 점점 관광객들이 많이 찾게 되어 입장료를 받고 운영 중이다. 위미동백나무군락으로 알려져 있었는데 최근 제주동백수목원으로 정식 이름을 알리기 시작했다. 길가 주차를 해야 하는 점이 아쉽다.

`지도 P.270-A2` **주소** 서귀포시 남원읍 위미리 927 **전화** 064-764-4473 **요금** 4,000원 ※겨울에만 운영함.

#동백포레스트 `서귀포시 동부`

넓게 낸 창으로 동백숲을 그림처럼 담았다. 꽃이 피고 짐에 따라 항상 변하는 풍경이 배경이 된다. 인생사진 한 장을 남기기 위해 동백이 피는 시즌이면 언제나 장사진을 이루는데, 다행히 스마트한 대기 시스템을 도입해서 기다림에 불편함은 없다. 전화번호를 등록하고 동백숲을 거닐다 보면 순서가 다가오고 있음을 알려준다. 동백 시즌이 지나도 동백크림모카와 동백밀크티를 판매하는 카페는 계속 운영한다.

`지도 P.270-A2` **주소** 서귀포시 남원읍 생기악로 53-38 **영업** [카페] 10:00~18:00, 월·화요일 휴무 **전화** 010-5481-2102 **요금** 4,000원

#카멜리아 힐 `서귀포시 서부`

제주에서 가장 큰 동백 수목원. 6만여 평의 부지에 동백나무 6,000 그루가 아기자기 이어진다. 동백나무 품종만 해도 500종이 넘는다 하니 동백꽃이 피는 시기에는 꼭 한 번 가볼 만한 곳이다. 수목원에는 총 21가지의 산책 코스가 있는데, 전체를 다 보기 위해서는 2시간 가까이 걸릴 정도로 넓고 볼거리가 많다. 250여 종의 제주 자생식물을 비롯해서 사계절 꽃을 피우는 카멜리아 힐은 6월에서 7월 사이 수국을 보기 위해서도 많이 찾는다.

`지도 P.333-D1` **주소** 서귀포시 안덕면 병악로 166 **전화** 064-792-0088 **운영** 08:30~19:00(동절기 ~18:00) **요금** 성인 8,000원, 어린이 5,000원

2~4월

똑똑똑! 제주에 봄이 왔음을 알려드립니다
유채꽃

요즘같이 어렵지 않게 제주도를 오갈 수 있던 시절이 아닌 옛날에는 노란 유채꽃밭을 배경으로 찍은 사진 하나쯤은 남기고 가야 제주를 다녀왔다 자랑할 수 있었다. 그 때문인가? 전국적으로 피는 꽃이긴 하지만 유채꽃을 생각하면 제주가 가장 먼저 떠오른다. 유채는 주로 기름을 짜기 위해 심었지만 어째 요즘은 관광객을 대상으로 입장료 1,000~2,000원씩을 받기 위한 밭들이 더 많아진 듯도 하다. 딱히 시즌 없이 심는 시기에 따라 일 년 내내 피기도 하는데, 지난해 늦가을에 뿌리내리고 겨울을 보낸 후 봄에 피어난 유채꽃이 가장 샛노란색을 보여준다.

제주에서 만나는 유채꽃 명소

#가시리 녹산로 서귀포시 동부

유채꽃 명소 중에서 가장 추천하는 곳이다. 매년 4월이면 가시리 녹산로는 노란 유채꽃을 피워내고 그걸 축하라도 하듯 벚꽃이 눈꽃처럼 날린다. 7km 길이의 도로를 따라 아래는 유채꽃, 위에는 벚꽃이 끝도 없이 펼쳐진다. 꽃길을 걷는다는 말이 가장 잘 어울리는 길이 아닐 수 없다. 같은 시기 녹산로 중간쯤 있는 조랑말 체험공원 일대에선 제주 유채꽃 축제가 열린다. 3만 평쯤 되는 유채꽃밭은 제주에서도 가장 큰 크기를 자랑한다. 축제 기간에는 녹산로를 막아 안전하게 꽃길을 걸을 수도 있다. 한국의 아름다운 길 100선에 드는 곳이기도 하다.

지도 P.270-A1 **주소** 서귀포시 표선면 녹산로 381-15

#산방산, 광치기해변 주변 서귀포시 서부·동부

매년 2월쯤이면 산방산 근처 관광객들을 맞이하기 위해 심었던 유채꽃들이 하나둘 피어난다. 샛노란 유채꽃밭 속에서 산방산이 든든한 배경이 된 사진을 남길 수 있다. 보통 1,000원 정도의 입장료를 받는다. 근처 식당에서 식사한 경우 무료로 찍을 수 있는 곳도 있다. 밭을 가꾸고 포토존을 만든 수고라 생각하면 이해가 가는 수준이긴 하다. 이때쯤 2차선 도로들이 복잡해지니, 용머리 해안 주차장에 차를 두고 걸어가는 것을 추천한다. 비슷한 시기에 성산일출봉 근처 광치기해변에서도 유채꽃밭들이 관광객들을 맞이한다. 규모는 조금 더 작아도 아기자기한 포토존을 꾸며 놓아 인기가 높다.

지도 P.333-C1, P.271-상단 주소 서귀포시 안덕면 사계남로216번길 28(산방산), 서귀포시 성산읍 고성리 253-3(광치기해변 부근)

#엉덩물계곡 서귀포시 중심

중문 쪽에 있는 유채꽃 명소. 졸졸 흐르는 계곡 주변으로 야생 유채꽃이 매년 봄바람과 함께 찾아온다. 산방산 유채밭이나 광치기해변처럼 포토존이 준비돼 있지는 않지만, 무료인 데다가 자연스러운 배경으로 사진을 찍을 수 있어 좋다. 한국콘도 주차장에서 가장 가깝고 테디베어 뮤지엄이나 퍼시픽랜드에서도 산책로가 이어져 있다.

지도 P.299-하단 주소 서귀포시 색달동 3384-4

#서우봉 제주시 동부

함덕해수욕장 옆에 있는 작은 오름이다. 핫한 인기를 누리는 해변인 함덕해변의 비취색 바다를 한눈에 내려다볼 수 있는 곳으로 유명하다. 매년 3월이면 서우봉 산책로를 따라 유채꽃이 만개한다. 올레길 19코스의 핵심 구역인 이곳은 올레길을 따라 걷기에도 좋고 서우봉 둘레길만 걸어도 좋다. 가을에는 유채꽃의 바통을 이어받아 코스모스가 서우봉 전체를 뒤덮는다.

지도 P.238-A1 주소 제주시 조천읍 함덕리 169-1

 3월 말~ 4월 초

봄의 절정을 담은 꽃
벚꽃

4월이면 전국을 벚꽃 향으로 물들이며 사람들의 마음 속에 봄기운을 북돋아 주는 벚나무. 흔히 일본이 고향 이라고 알고 있는 벚나무도 여러 종류가 있지만, 가로수 로 많이 심는 '왕벚나무'의 고향이 바로 제주도다. 1908 년 프랑스인 '따게신부'에 의해 처음 발견되어 제주도가 왕벚나무 자생지임이 알려지게 되었다. 일본의 왕벚나 무보다 수령이 더 오래되어 한국의 왕벚나무는 일본에 서부터 왔다는 주장을 뒤집을 수 있게 되었다.

제주에서 만나는 **벚꽃 명소**

#봉개동 왕벚나무 자생지
제주시 중심

제주 왕벚나무 자생지 중 가장 접근하 기 편한 곳이다. 봉개동 자생지에는 세 그루의 왕벚나무가 천연기념물 제159 호로 지정되어 보호받고 있다. 제주 시 내에서 서귀포로 넘어가는 주요 도로인 516도로를 따라가다 보면 나온다. 상상 도 못 할 수령이지만 3월 말이면 어김없 이 풍성한 벚꽃을 피워낸다.

지도 P.200-B2 **주소** 제주시 용강동 산 14-2

#전농로 왕벚꽃길 & 장전리 왕벚꽃축제 제주시 중심·서부

KAL사거리에서 남성로까지 이어지는 전농로 전체를 따라 굵은 왕벚나무가 터 널을 만드는 곳이다. 매년 3월 말이 다가 오면 2차선 도로를 막고 벚꽃 향기 그득 한 제주 왕벚꽃축제가 열린다. 팝콘처럼 팡팡 터진 벚꽃 터널 사이로 볼거리, 먹 거리가 펼쳐진다. 같은 시기에 애월읍 장 전리에서도 동시에 왕벚꽃축제가 열린 다. 장전마을회관을 찾아가면 된다.

지도 P.201-A2·B2 **주소** 제주시 전농로 주변(전 농로 왕벚꽃길), 제주시 애월읍 장전로 106(장전 마을회관)

#제주대학로 제주시 중심
제주대 사거리에서부터 제주대학교 입구까지 이어지는 도로 양쪽에 제주 왕벚나무가 꽃 터널을 만들어 준다. 수령이 오래 되어서 제주 왕벚꽃의 풍성함도 대단하고, 쭉 뻗은 길을 배경 으로 사진을 찍으면 깊이감이 더해져 풍성한 사진이 나온다.

지도 P.200-B2 **주소** 제주시 아라일동 359-5(제주대학로 주변)

#신산공원 제주시 중심
평소 한적한 제주 원도심 안에 있는 작 은 공원이지만 벚꽃 시즌만 되면 인기를 누린다. 공원 전체를 채우는 왕벚꽃에 취해 봄을 만끽할 수 있는 곳. 제주 국수 거리 바로 앞에 있어, 든든하게 국수 한 그릇을 먹고 한적하게 산책하기 좋다. 벚 꽃이 질 때면 공원 바닥이 온통 하얀 벚 꽃잎으로 뒤덮여 장관을 이룬다.

지도 P.201-B2 **주소** 제주시 일도이동 830

> **4월 중순 ~4월 말**
>
> 겹겹이 둘러싸인 꽃잎 사이로 퍼지는 아름다움
> ## 겹벚꽃
>
> 제주 여행 일정이 벚꽃 개화 시기보다 살짝 늦었다면 제주 겹벚꽃을 찾아보는 것도 추천할 만하다. 벚꽃이 지면 찾아오는 겹벚꽃은 5장의 꽃잎을 피우는 벚꽃과 달리 여러 잎이 겹쳐서 핀다. 분홍색이 겹꽃으로 몽실몽실 피어 풍성함이 벚꽃과는 비교가 되지 않을 정도다.

제주에서 만나는 겹벚꽃 명소

#감사공묘역 제주시 동부

신천 강씨 선조들이 쉬고 계신 묘역이다. 묘소를 둘러싸고 있는 공적비와 돌담을 따라 겹벚꽃이 풍성하게 핀다. 후손들이 곱게 관리해 놓은 잔디의 색과 진분홍 겹벚꽃이 만들어내는 분위기가 최고의 사진 배경이 되어 준다. 겹벚꽃의 꽃말은 단아함과 정숙. 분위기와도 잘 어울리는 듯하다. 사유지이니 온 듯 안 온 듯 조용히 사진만 찍고 가자.

지도 P.238-A1 **주소** 제주시 조천읍 함대로 362

#골프존카운티 오라 제주시 중심

골프장으로 들어가는 입구 도로에 겹벚꽃이 분홍 터널을 이루며 상춘객을 맞이한다. 꽃이 피는 4월이면 웨딩 스냅을 찍기 위해 많은 예비 부부가 찾는 포토 스폿이기도 하다. 자동차가 제법 많이 다니는 곳이니 조심하자.

지도 P.200-A2 **주소** 제주시 오라남로 81(근방)

5~6월

다채로운 색채의 향연
수국

봄을 마무리하고 여름을 부르는 꽃 수국은 풍성하고 은은한 색감에 많은 사랑을 받는다. 6월이면 제주 곳곳이 복실한 푸르름에 물들고 그걸 보기 위해 젊은 남녀들이 홀린 듯 모여든다. 수국은 토양이 산성이면 푸른색 수국꽃이 피고 알칼리성이 備하면 붉은색을 띤다. 어쩌면 '변덕'이라는 꽃말이 어울리는 것 같기도 하다. 하늘하늘한 푸른색이었다가 첨가제 조금으로 붉은색으로 바뀌기도 한다니 말이다. 실제 꽃처럼 보이는 것은 수국의 잎이고 속에 암술 수술이 없어 열매를 맺지 못해 삽목으로 개체를 늘린다.

제주에서 만나는 **수국 명소**

#안덕면사무소 서귀포시 서부

1년 내내 조용한 면사무소가 6월만 되면 관광객들로 북적인다. 안덕면사무소는 매년 수국이 피는 시즌이면 소박한 수국 축제를 연다. 면사무소 앞 도로를 따라 색색의 수국이 길게 이어진다. 면사무소 안에서는 수국으로 만든 다양한 포토존이 순서를 기다린다.

지도 P.333-C1 **주소** 서귀포시 안덕면 화순서서로 74

#종달리수국길 제주시 동부

하도 해변과 종달항 사이의 해변 도로를 따라 1km가량 길게 이어진 수국길. 제주에서도 수국길로는 가장 풍성하고 긴 코스 중 하나다. 풍성하게 피어난 하늘색 수국 뒤로 바다의 푸르름이 어우러져 환상의 조화를 이룬다. 봄이 끝나고 여름이 시작되는 제주에 왔다면, 종달리 수국길 산책은 그 무엇보다 만족감을 주는 곳이 될 것이다. 수국길 중간에 주차할 만한 곳이 없으니, 종달리 전망대 근처에 차를 대고 천천히 바다를 따라 걷는 것이 좋다.

지도 P.239-D1 **주소** 제주시 구좌읍 종달리 451-3(종달리 전망대)

#마노르블랑 　서귀포시 서부

꽃에 진심인 주인장의 손길 하나하나로 만들어낸 정원 카페. 어지간한 수목원급 정원 규모에 7,000여 본의 다양한 수국 정원이 펼쳐진다. 겨울에는 동백, 가을에는 핑크뮬리 정원도 매력적이지만 6월~7월 사이 마노르블랑의 수국 정원은 제주에서도 독보적인 규모를 자랑한다. 멀리 보이는 산방산과 수국을 배경으로 인생샷을 남기기 최적이다. 음료를 구매하거나 소정의 입장료를 내면 입장이 가능하다. 생각보다 면적이 넓어 제법 시간적 여유를 가지고 방문해야 한다.

지도 P.333-C1 　**주소** 서귀포시 안덕면 일주서로 2100번길 46 **전화** 064-794-0999 **영업** 09:30~18:30 **예산** 아메리카노 6,000원, 음료 미주문 시 입장료 3,500원

#윈드1947 다락정원 　서귀포시 중심

윈드1947은 전동 카트 테마파크로 제주에서 가장 긴 1,947m 길이의 코스를 제공한다. 경주 코스 중간에 다락이라는 무인 카페가 있는데, 그 주변이 모두 수국으로 둘러싸여 있다. 짙은 보라색 수국과 검은 돌담을 배경으로 사진을 찍으면, 주인공이 돋보여지게 사진이 나온다. 카트 체험을 하지 않아도 다락정원만 보는 것은 무료라 부담 없이 들러볼 만하다. 무료 관람이 맞나 싶을 정도로 넓은 수국 정원이 준비되어 있다.

지도 P.298 　**주소** 서귀포시 토평공단로 78-27 **전화** 064-733-3500 **예산** 다락정원 무료 입장

#이스틀리 　서귀포시 동부

카페라기보다 수국을 주제로 한 작은 식물원이라고 보는 것이 맞을 정도로 실내외 정원에 공을 많이 들였다. 굽이굽이 생각보다 넓은 정원은 대부분 다양한 색상의 수국으로 채워져 있다. 아이들 머리 크기만큼이나 풍성하게 피어난 수국에 연신 카메라를 누르며 순간을 갈무리하게 된다. 야자수와 수국이 한데 어우러져 피어나며 이국적인 분위기를 한껏 만들어 낸다. 입장료가 포함돼 있다고 생각하면 비슷한 형식의 카페와 달리 음료 가격도 부담 없고 맛에도 최선을 다한 느낌이 든다.

지도 P.271-상단 　**주소** 서귀포시 성산읍 산성효자로 114번길 131-1 **전화** 010-4447-4583 **운영** 10:30~19:00 **예산** 쑥크림라떼 6,500원, 이스틀리 브라운 8,500원

#사려니숲길 서귀포시 동부

제주에서 가장 인기있는 숲길인 사려니숲길에도 6월이면 '산수국'
이 빼곡히 핀다. 수국보다 화려하지는 않지만, 하늘까지 올라간 나
무 틈 사이로 상큼한 여름이 느껴진다. 무리 지어 핀 산수국은 언
뜻 보면 연파랑의 작은 나비들이 조용히 앉아 있는 듯한 착각을 일
으킨다. 밤이면 파란 가짜 꽃이 일렁이며 마치 도깨비불 같다 하여
제주에서는 '도체비꽃(도깨비꽃)'이라고도 불린다. 일반 수국보다
사려니숲길의 산수국은 1~2주 정도 뒤에 만개한다.

지도 P.270-A1　**주소** 서귀포시 표선면 가시리 산 158-4

TRAVEL INFO

제주에는 일본에서 개량한 수국 외
에 산수국이 있다. 무성화로만 개량
되어 씨를 맺을 수 없는 일반 수국과
는 달리 산수국은 가운데 수술, 암
술을 가진 꽃 주변으로 곤충들을 유
인하는 무성화(가짜 꽃)가 듬성듬성
핀다. 물을 좋아하고 그늘진 곳을 좋
아하는 덕에 제주의 숲과 오름에서
어렵지 않게 만날 수 있다.

#세미오름(삼의악오름) 제주시 중심

제주시에서 서귀포로 넘어가는 516도로 초입에 있는 작은 오
름. 20분이면 정상에 오를 정도로 낮은 오름인데 정상에서 샘
이 솟아오른다 해서 '세미오름'이라고 부른다. 조용하고 찾는
이 적은 오름이 6월이 되면 온통 산수국으로 물든다. 한적함
을 즐기고 손때 묻지 않은 산수국이 보고 싶다면 여행 동선을
고려해 한 번쯤 찾을 만하다.

지도 P.200-B2　**주소** 제주시 아라일동 6-72

6·10월

달빛을 머금은 아름다움
메밀꽃

제주는 국내 최대 메밀 산지다. 돌이 반, 흙이 반인 제주 땅은 논농사는 고사하고 일반적인 밭작물 하나도 쉽게 키워낼 수가 없다. 이 척박한 환경에서 메밀은 넉넉한 수확을 안겨주는 작물이다. 보통 9월을 지나 10월로 접어들면서 온통 붉은 옷으로 갈아입는 나무들 사이로 쓸쓸함이 짙어지지만, 제주의 가을이 쓸쓸하지 않은 건 소복이 눈이 내린 듯한 메밀꽃이 포근함을 더해 주기 때문이 아닐까.

제주에서 만나는 **메밀꽃 명소**

#오라동 메밀꽃밭 제주시 중심

제주에서 흔한 메밀꽃이지만 오라동 메밀꽃밭은 규모 면에서 제주에서 가장 넓다. 봄에는 청보리와 유채꽃을 경작하고 가을에 메밀꽃을 피워 축제를 연다. 보통 9월 중순에서 10월 중순까지 메밀꽃을 볼 수 있으니 일정이 맞으면 하얀 꽃에 어울릴 만한 화려한 옷을 준비해서 찾아가면 좋다. 날씨가 좋으면 메밀꽃밭 너머로 제주 시내와 제주 앞바다까지 내려다보인다. 소정의 관람료를 내면 포토존에 들어갈 수 있다.

지도 P.200-A2 **주소** 제주시 오라2동 산 76

#와흘 메밀마을 제주시 동부

조천읍 중산간에 있는 와흘리는 소와 말을 기르고 감귤 농사가 마을의 주 수입원이 되었지만, 원래 메밀 농사를 주로 지었다. 체험센터와 숙박시설을 겸하고 있는 와흘 메밀마을 농촌체험 휴양센터 주변에는 10만 평가량의 넓은 부지에 매년 메밀꽃이 피어난다. 메밀꽃 소복이 피는 계절에 가기 제격이다.

지도 P.238-A2 **주소** 제주시 조천읍 남조로 2455
전화 064-783-1688

10월 하늘거리는 핑크색 물결
핑크뮬리

제주에도 핑크뮬리가 인기를 끌고 있다. 벼목 벼과 여러해살이풀로 쥐꼬리새속에 속해 털쥐꼬리새라고도 한다. 분홍색이 모여 연한 자주색으로 보이기도 하고 빛을 받는 방향에 따라 다양한 색감을 연출한다. 육지보다는 규모가 작긴 하지만 카페를 중심으로 핑크뮬리를 키우는 곳이 늘어나고 있다. 제주 바람을 맞아 일렁이는 핑크 물결이 멋진 사진 배경이 되어 준다.

제주에서 만나는 **핑크뮬리 명소**

#카페 글렌코 제주시 동부

제주에서 가장 큰 규모로 핑크뮬리를 키우는 카페다. 거침없이 펼쳐진 핑크빛 물결 뒤로 녹색의 오름과 푸른 하늘이 대비되어 극적인 분위기를 연출한다. 글렌코의 정원은 카페 음료 구매 시 입장 가능하고 음료 대신 소정의 입장료(핑크뮬리 시즌에는 4,000원)를 내고 사진만 찍을 수도 있다. 야외 테이블에서 바라보는 정원의 여유로움이 특별한 곳.

지도 P.238-B2 **주소** 제주시 구좌읍 송당리 2635-8 **전화** 010-9587-3555 **영업** 하절기 09:00~20:00(동절기 10:00~)

#새빌카페 제주시 서부

리조트 호텔을 리모델링한 새빌카페도 10월이면 핑크
뮬리를 보기 위해 관광객들로 북새통이 된다. 카페 앞
새별오름에도 같은 시기에 억새가 만발하는데, 분홍의
핑크뮬리와 금빛의 억새가 만드는 풍경이 환상적이다.

지도 P.356-B2 **주소** 제주시 애월읍 평화로 1529 **영업** 09:00~
19:30 **전화** 064-794-0073

#제주허브동산 서귀포시 동부

매년 10월부터 핑크뮬리 축제가 열린다. 허브동산 가운데 자리 잡은 작은 동산 전체를 핑크뮬리가 감싸고,
마치 불이 붙은 오름 것처럼 붉은빛으로 가득해진다. 언덕 위에 있는 하얀 종탑을 배경으로 핑크뮬리와 함
께 SNS용 사진을 남겨 보자.

지도 P.270-B2 **주소** 서귀포시 표선면 돈오름로 170 **전화** 064-787-7362 **운영** 매일 09:00~22:00 **요금** 성인 12,000원, 어린이
9,000원

THEME 03

관광

SNS 업로드 각!
알려줄게 포토 스폿

SNS가 활성화되면서 여행 트렌드도 변하고 있다. 블링블링 감성이 가득 담긴 사진 한 장, 하트(좋아요)를 연발하게 만드는 인생사진 한 장을 찍기 위해 모든 여행 일정을 조율하는 시대다. 사진 하나로 디지털 친구들의 부러움을 한껏 받을 만한 제주 인.생.사.진. 포인트를 소개한다.

#SNS핫플

#포토스팟

#나도자랑해보자

#성읍녹차마을 서귀포시 동부

제주 토박이들도 사진을 보여주면 모르는 사람이 태반인 은밀한(?) 곳. 최근 SNS에서 뜨고 있지만 어디인지 누구도 쉬이 알려주지 않는 '나만 알고 싶은 히든 스폿'이다. 용암이 조각한 동굴들이 많은 제주이지만, 개발의 손길을 피해 원형 그대로를 유지하는 곳이 거의 없을 정도다. 성읍녹차마을의 녹차 밭 한가운데에는 제주가 만들어지던 그 시간 그대로를 담고 있는 동굴이 있다.

동굴을 찾기 위해 마을을 거닐며 녹차 밭을 배경으로 인생사진을 얻을 수 있다. 과연 동굴이 있을까 하는 노파심에 걷다 보면 작은 나무들 틈 사이로 내려가는 길이 하나 보인다. 습한 기운과 함께 왠지 모를 으스스한 기분이 드는 동굴 안으로 들어가 보면 탄성이 절로 나온다. 동굴 안으로 들어오는 빛을 받아 내기 위해 입구 쪽으로 향한 녹색의 잎들이 빛을 받아 신비한 풍경을 선사하는데, 이 풍경을 배경으로 사진을 찍으면 신비로움이 배를 더한다. 사유지이므로 조용히 방문하도록 하자.

지도 P.270-A1 **주소** 서귀포시 표선면 성읍리 2192(위성지도 참고), 성읍리 2197-11(주차)

#광치기해변 서귀포시 동부

언제 찾아도 독특한 해안 모습이 인상적인 곳이다. 들물(밀물)일 때는 일반 모래해변과 큰 차이가 없어 보이지만 물어 빠지면 용암이 굳으면서 생긴 지층이 드러난다. 용암이 바닷물에 닿아 빠르게 식으면서 독특한 지층을 만들어 냈다. 야트막하게 고인 물에 아이들의 웃음소리와 푸른 하늘이 담긴다. 물이 빠졌을 때 멀리 보이는 성산일출봉을 배경으로 사진을 찍으면 대충 찍어도 작품이 나온다. P.273

지도 P.271-상단 주소 서귀포시 성산읍 고성리 224-1(공영주차장)

#창꼼 제주시 동부

조천읍 북촌리 바닷가에 있는 대형 암석 이름이다. 사람 하나 겨우 지날 만큼의 둥그런 구멍이 뚫려 있어 SNS에서 가장 '핫'한 곳으로 알려졌다. 창문을 뚫어 놓은 듯하다 해서 제주어로 '창 고망난 돌', 줄여서 '창꼼'이라는 이름으로 불린다. 구멍 사이로 북촌 앞바다와 무인도인 다려도가 배경이 되어 준다.

지도 P.238-B1 주소 제주시 조천읍 북촌리 403-9

#도두봉 키세스존 제주시 중심

도두항 근처 작은 오름인 도두봉에 포토존으로 소문이 나서 평일에도 줄을 서야만 사진 한 장을 남길 수 있을 정도로 인기 있는 곳이 있다. 도두봉 정상 키세스존이 그 주인공. 나무가 만들어낸 자연스러운 모습이 마치 키세스 초콜릿을 닮아서 붙여진 이름이다. 공항과 가까워서 공항 출발·도착 전후에 가면 좋다. 도두봉 정상에 오르면 제주 바다는 물론 한라산까지 한눈에 들어온다.

지도 P.200-A1 주소 제주시 도두일동 2605-4

#이호항등대 & 이호테우해수욕장 제주시 중심

제주 시내에서 가장 가까운 곳에 위치한 해수욕장이다. 해변에 들어서면 저 멀리 제주의 상징인 조랑말을 형상화한 등대 두 개가 눈길을 사로잡는다. 붉은색 등대와 흰색 등대가 마치 어서 오라는 듯 여행객들을 맞이하고 있는데, 붉은색 등대는 해 질 녘 일몰 사진을 배경으로 찍기에 제격이고, 흰색 등대는 건너편 방파제에 올라 말 모양의 등대와 입을 맞추는 듯 포즈를 잡고 찍으면 재미있는 사진을 찍을 수 있어 인기가 높다. 찍히는 사람보다 찍는 사람의 센스가 필요한 곳. **P.204**

지도 P.200-A1 **주소** 제주시 이호일동 375-43

#사계리해변 서귀포시 서부

사계항을 기준으로 양옆에 자리한 해변. 용암이 바다를 만나면서 만들어낸 독특한 해안선이 제주만의 특별한 포인트가 되어 준다. 유명 해수욕장이 아니라 조용하게 시간 보내기 좋고, 색다른 풍경이 사진 배경으로 안성맞춤이다. 멀리 바다에는 형제가 나란히 서 있는 것처럼 보인다는 '형제섬'이 있어 사진에 더욱 입체감이 생기는 느낌이다.

지도 P.333-C2 **주소** 서귀포시 안덕면 사계리 2294-42 주변

#1100고지 휴게소 서귀포시 서부

제주와 서귀포를 잇는 1100도로 한가운데 있다. 해발고도 1,100m를 달리는 도로라서 붙여진 이름인데 덕분에 등산을 하지 않고도 한라산 가까이에 갈 수 있다. 습기를 가득 머금은 찬바람이 부는 겨울이면, 고지대 나뭇가지에 얼음꽃이 피어난다. 이때쯤 한라산 전체가 온통 하얀 겨울왕국으로 변한다. 보통은 이른 시간부터 힘들게 산을 올라야만 볼 수 있는 상고대를 1100고지에서는 차를 타고 편안하게 보게 되는 것이다. 꼭 겨울이 아니어도 람사르 습지로 지정된 1100고지 습지 주변을 돌며 산책하기 좋다. 고도가 높아서 해안가보다 평균 10도 정도 온도가 낮다. 한여름에도 시원한 산책이 가능한 곳.

지도 P.356-B2 **주소** 서귀포시 1100로 1555

#새별오름 나홀로나무 제주시 서부

특별할 것도 없는 나무 하나일 뿐인데, 사진으로 담으면 묘하게 끄는 매력이 있다. 일부러 찾아가기보다는 근처 새별오름을 가거나 평화로를 따라 이동하면서 잠시 들러 사진 찍기 좋다. 나무만큼이나 배경 하늘이 중요한 포인트인 만큼 날씨가 좋을 때 추천한다.

지도 P.356-B2 **주소** 제주시 한림읍 금악리 산 30-8

#신천목장 서귀포시 동부

노지 감귤이 나오는 10월 말부터 제주는 귤빛으로 물든다. 귤이 출하되면서 귤밭은 듬성듬성 이가 빠진다. 그럴수록 더욱 귤빛으로 물드는 곳이 바로 신천목장이다. 12월부터 이듬해 2월까지만 귤피(귤 껍질)를 말리는 모습을 볼 수 있는데, 바다 바로 앞 목장이 온통 감귤 색으로 물들어 색다른 배경이 펼쳐진다. 코끝으로 달달한 감귤 향이 바다 짠내를 뚫고 들어온다. 제주의 겨울에만 볼 수 있는 소중한 풍경이다. 말린 귤피는 귤 향을 내는 제품에 쓰이기도 하고 약재로 쓰이기도 한다.

지도 P.270-B2 **주소** 서귀포시 성산읍 신천리 1

THEME 04

아이도 어른도 즐거운 윈더랜드

아이와 함께하는 여행이라면, 아이의 컨디션에 따라서 일정이 확확 바뀌게 된다. 생각해 보면 아이도 여행의 일원인데 어른들의 취향에만 맞추어 따라다니는 것이 쉬운 일은 아닐 터. 필자의 경우 언제나 아이 둘과 함께 제주를 탐험하고 다녔기 때문에 『프렌즈 제주』에서 소개하는 곳 90% 이상이 아이와 함께 여행하기 좋은 곳이다. 그중에서도 아이들이 특히 좋아하는 곳을 엄선해 소개한다. 아이는 물론, 어른도 즐길 수 있는 취향 저격 여행지를 알아보자.

#아이취향 저격

#엄마아빠는충전

#아이는방전

브릭 모양의 버거는 호기심은 물론,
맛도 좋아 일석이조다.

장난감보다는 작품 **브릭캠퍼스** 제주시 중심

브릭을 싫어하는 아이들이 있을까? 벽돌 모양의 장난감을 브릭(Brick)이라 하는데, 우리에겐 이미 '레고'라는 고유명사가 더 익숙할 것이다. 브릭캠퍼스에는 450만 개의 브릭으로 만든 300여 개의 작품이 전시되어 있다. 유명 건축물과 영화 속 작품들의 특징을 살려 브릭 작품으로 만들어 놓는데, 장난감이라는 느낌을 넘어 하나의 작품을 보는 느낌이다. 조그만 브릭들로 끝도 없이 창조해 내는 작품 하나하나에 감탄이 끊이지 않는다. 전시관을 지나 플레이관으로 가면 브릭을 직접 만들어 볼 수도 있다. 아이들은 주어진 설명서가 없어도 전시관에서 받은 자극을 통해 나름의 창작물을 만들어 보려는 진지한 모습을 보여준다. 브릭에 폭 빠지는 아이들 덕분에 다음 일정까지 시간 여유를 넉넉하게 잡는 것이 좋다. 식사 시간이 맞물릴 경우 입구에 있는 카페에서 '수제 브릭 버거'를 먹어도 좋다.

지도 P.200-A2 **주소** 제주시 1100로 3047 **전화** 064-712-1258 **홈페이지** www.brickcampus.com **운영** 매일 10:30~18:00, 연중무휴 **요금** 성인·청소년·아동 16,000원, 36개월 미만 무료

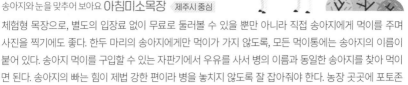

송아지와 눈을 맞추어 보아요 **아침미소목장** 제주시 중심

체험형 목장으로, 별도의 입장료 없이 무료로 둘러볼 수 있을 뿐만 아니라 직접 송아지에게 먹이를 주며 사진을 찍기에도 좋다. 한두 마리의 송아지에게만 먹이가 가지 않도록, 모든 먹이통에는 송아지의 이름이 붙어 있다. 송아지 먹이를 구입할 수 있는 자판기에서 우유를 사서 병의 이름과 동일한 송아지를 찾아 먹이면 된다. 송아지의 빠는 힘이 제법 강한 편이라 병을 놓치지 않도록 잘 잡아줘야 한다. 농장 곳곳에 포토존이 있고 녹색의 들판과 푸른 하늘, 그걸 가로지르는 한라산의 3박자가 어우러져 멋진 사진을 남기에도 좋은 곳이다. 농장 안 카페에서는 무항생제 유기농 농장에서 만들어진 우유는 기본, 요구르트와 치즈를 구매하고 맛볼 수 있다. 유통과정이 길었던 여느 우유 하고는 고소함이 확연히 다르다.

지도 P.200-B2 **주소** 제주시 첨단동길 160-20 **전화** 064-727-2545 **홈페이지** morningsmile.modoo.at **운영** 10:00~17:00, 매주 화요일 휴무 **요금** 송아지 우유 주기 3,000원, 채소 주기 2,000원

어른도 동심으로 돌아가게 만드는 **넥슨컴퓨터박물관** 제주시 중심

밤을 하얗게 지새우게 만들던 추억의 게임 '바람의 나라' 하나로 그래픽 온라인 게임 시장을 평정했던 넥슨. 메이플스토리, 카트라이더, 서든어택 등 수많은 명작을 만들어낸 넥슨이 제주에 문을 연 컴퓨터박물관이다. 최초의 마우스인 '엥겔바트 마우스'부터 첫 개인용 컴퓨터 '애플1'까지 컴퓨터의 역사가 전시되어 있다. 게임 회사가 만든 박물관답게 각종 콘솔용 게임은 물론 최신 VR게임까지 추가 비용 없이 마음껏 즐길 수 있다. 동전이 생겼다 하면 부리나케 게임기 앞으로 달려가 즐기던 '갤러그'를 보면 참지 못하고 조이스틱을 잡게 될 것이다. 휴대폰으로 하는 게임이 익숙해진 아이들에게 아빠와 함께 조이스틱을 잡고 추억을 나눠보는 것도 신선한 느낌을 준다. 연령대가 어린아이들보다는 컴퓨터와 게임에 맛을 살짝(?) 들인 나이대의 친구들에게 추천한다.

지도 P.202 **주소** 제주시 1100로 3198-8 **전화** 064-745-1994 **홈페이지** www.nexoncomputermuseum.org **운영** 10:00~18:00, 매주 월요일 휴무 **요금** 성인 8,000원, 어린이 6,000원

놀이시설과 카페, 푸드코트가 한자리에! **놀놀** 〔제주시 동부〕

아이를 위한, 아니 어쩌면 부모를 위한 야외형 키즈 카페이다. 모래 놀이, 그네, 해먹, 암벽등반 등 아이들이 좋아할 만한 놀이시설은 물론 카페와 푸드코트가 한자리에 모여 있어 편리하다. 야외이기 때문에 비가 오거나 춥고 더운 날은 피하는 것이 좋다. 2~3시간 아이들이 마음껏 놀 수 있게 하고 어른들은 여유롭게 차 한 잔하며 여행의 쉼표가 되어주는 곳이다. 역시나 아이들한테는 개미지옥 같은 곳이라 '이제 그만 가자'는 말을 300번은 해야 엉덩이 흙을 털기 시작한다. 여유 있게 시간을 잡고 방문하는 것이 아이들과 트러블이 없을 것이다.

〔지도 P.239-C1〕 **주소** 제주시 구좌읍 비자림로 2228 **전화** 070-7755-2228 **홈페이지** nolnol.modoo.at **운영** 10:00~19:00

한가로운 목장 풍경을 만끽하자 **렛츠런팜** 〔제주시 동부〕

한국마사회에서 우수한 경주마를 키우기 위해 만든 시설이다. 그중 일부를 개방하여 한가로운 목장의 풍경을 보며 산책할 수 있도록 조성했다. 차가 다니지 않는 넓은 길에 자전거도 무료로 탈 수 있게 하고 토끼와 제주마에게 먹이 주기도 가능하다. 넓은 밭에 해바라기, 양귀비, 청보리 등 시즌에 맞는 꽃을 심어 사진 명소로 거듭나기도 했다.

〔지도 P.238-A2〕 **주소** 제주시 조천읍 남조로 1660 **전화** 064-780-0131 **운영** 09:00~18:00, 매주 월요일 휴무 **요금** 무료(트랙터 마차 별도)

✅ **TRAVEL TIP**
1시간 간격으로 운영하는 트랙터 마차만 유료로 운영된다. 성인 3,000원, 어린이 2,000원이면 트랙터가 이끄는 마차를 타고 해설을 들으며 렛츠런팜 전체를 투어할 수 있다.

해양동물의 모든 것 **제주해양동물박물관** `서귀포시 동부`

지구 생명의 근원인 바다. 사람은 오래전부터 바다에 의존하
여 살아왔다. 박물관에는 해양생물자원의 영구 보존을 위해
직접 수집한 해양동물 표본이 800여 종에 1만 점이 넘게 전시
되어 있다. 자체 특허 기술로 박제한 해양동물은 모형보다는
사실감이 있어 아이들에게 살아있는 공부가 된다. 흔히 볼 수
없는 고래상어, 백상아리 등의 상어류 전시물이 눈에 띈다. 국
내에서 우연히 그물에 잡혔던 것을 보존한 것들이다. 매일 오
전 11시와 오후 3시에는 도슨트 프로그램을 운영한다.

지도 P.270-B1 **주소** 서귀포시 성산읍 서성일로 689-21 **전화** 064-782-
3711 **홈페이지** www.jejumarineanimal.com **운영** 09:00~18:00, 수요
일 휴관 **요금** 성인 9,000원 어린이 7,000원

야생동물을 알아가는 **제주자연생태공원** `서귀포시 동부`

야생동물을 가까이 접하고 먹이 주기 체험을 할 수 있는 자
연생태공원이다. 단순히 교육 목적을 위해 동물을 가두어 놓
고 관람하는 곳이 아닌, 다친 조류와 노루들을 보호하며 일
부는 재활하여 다시 자연으로 돌려보내는 역할을 하고 있다.
연중무휴로 운영하며, 주말에는 전문 해설사가 공원 설명과
노루 먹이 주기 및 만들기 체험까지 도와준다. 이 모든 것이
무료. 공원은 궁대오름과 맞닿아 있어서 함께 둘러보기 좋다.

지도 P.270-B1 **주소** 서귀포시 성산읍 금백조로 446 **전화** 064-787-4711
홈페이지 jejunaturepark.com **운영** 10:00~17:00, 연중무휴 **요금** 무료

아이들의 무한한 상상력을 불러 일으키는 **제주항공우주박물관** `서귀포시 서부`

야외보다는 실내에서 아이와 즐길 수 있는 여행
지를 찾는다면 제격인 곳. 이름에 걸맞게 항공과
우주에 관한 다양한 전시가 준비되어 있다. 한국
전쟁 당시 하늘을 날았던 구형 비행기부터 최신
예 전투기까지 전시돼 있으며, 항공 시뮬레이션
을 통해 직접 비행기 조종도 해보고 비행 원리를
익히는 교육 체험시설도 갖추고 있다. 단순 전시
위주보다 직접 체험하고 아이들의 호기심을 자
극할 만한 포인트가 제법 많다. 큰 규모만큼 기본
관람 시간만 해도 2~3시간이 너끈히 넘는다. 어른들은 아이들에게 하나라도 더 보여주고 싶어서 이리저리
가보자 하지만, 아이들은 2층 체험 놀이에 시간 가는 줄 모르게 된다.

지도 P.333-C1 **주소** 서귀포시 안덕면 녹차분재로 218 **전화** 064-800-2000 **홈페이지** www.jdc-jam.com **운영** 09:00~18:00,
매월 셋째 주 월요일 휴관 **요금** 성인 10,000원, 어린이 8,000원

#용천수
#제주한달살기필수정보

THEME 05

제주의 여름을 부탁해! 물놀이 명소

관광

함덕해변, 금능해변 등 제주의 인기 해수욕장은 주로 제주시 쪽에 몰려 있다. 어디 물놀이가 바다에서만 가능하랴. 다행히 서귀포시 쪽으로는 한라산에서 내려오는 계곡과 용천수가 있어 더운 여름을 시원하게 보낼 수 있다. 게다가 대부분 무료이거나 이용료가 저렴하다는 사실! 제주 한 달 살기나 일 년 살기 등 장기 여행객에게는 알아두면 좋은 필수 정보일 것이다.

#스노클링포인트

#물놀이명소

화산이 만든 천연 수영장 **선녀탕** 서귀포시 중심

도민들이 알음알음 이용하던 곳이었다가 SNS에 알려지면서 많은 사람이 찾는 곳이 되었다. 스노클링을 하기에 최적이며 수심이 제법 깊어 구명조끼 착용이 필수다. 따로 스노클링 장비를 챙기지 못했다면 선녀탕 입구 카페에서 대여도 가능하다. 멋진 풍광 덕에 물놀이가 아니더라도 잠시 들러 사진만 찍어도 좋다. 외돌개 주차장에서 해변 방향으로 길을 따라가면 나온다. 같은 주차장이어도 절반은 유료이고 절반은 무료 공영주차장이니 반드시 주차 선확인할 것.

지도 P.299-상단 **주소** 서귀포시 서홍동 780-1(외돌개 주차장)

선녀탕 입구에 자리한 카페. 스노클링 장비를 대여할 수 있다.

한라산에서 내려오는 맑고 깨끗한 물
돈내코 원앙폭포 서귀포시 중심

한라산에서 시작된 계곡은 유난히 깨끗하고 차다. 한라산 남
벽 쪽에서 시작된 '영천'은 서귀포시 상효동을 지나 효돈천과
만난다. 그 중간에 멧돼지(돈)가 물을 먹던 '내'의 입구(코)였다
고 해서 돈내코라 불리는 계곡이 있다. 계곡 입구에서 위로 20
분 정도 올라가면 시원한 두 줄기의 폭포가 나온다. 사이 좋은
원앙이 살았다 하여 '원앙폭포'라 하는데, 하늘을 담은 듯한
매력적인 색과 시원함으로 여름 물맞이하기 좋은 곳이다. 한
여름에도 5분 이상 발을 담그기 힘들 정도로 차다. 수심이 깊
은 편이어서 구명조끼를 준비하거나 없으면 계곡 입구 매점에
서 빌려서 가도 된다. 원앙폭포 아래쪽 얕은 계곡은 아이들이
놀기에 좋다. 비가 많이 온 뒤에는 늘어난 수량 덕분에 입수
금지가 되기도 한다.

지도 P.298 **주소** 서귀포시 돈내코로 120(돈내코 주차장)

요즘 유행인 '인피니티 풀'의 장면이 자연스레 연출된다.

용천수와 바다가 만나는 곳
논짓물해변 서귀포시 중심

제주는 비가 내리면 빠른 시간에 지표
면으로 스며들었다가 바다 근처 지층의
틈으로 솟아나는 용천수가 많다. 한라
산이 거대한 정수기가 되어 비를 걸러
낸 용천수는 깨끗하면서도 각종 미네랄
이 함유돼 있다. 하예동 논짓물해변은
용천수와 바다가 바로 만나는 곳이다.
이곳을 막아 해수욕장을 만들었는데,
썰물 때 바닷물이 빠지면서 담수 물놀
이장이었다가 밀물이 되면서 바닷물이
섞이는 기이한 곳이다.

지도 P.299-하단 **주소** 서귀포시 하예동 577(공
영주차장)

여름에만 만날 수 있는 곳
강정천 유원지 & 속골 서귀포시 중심

도순천과 바다가 만나는 곳에 있는 강정천 유원지, 속골천이 바다와 만나는 곳에 있는 속골. 모두 여름 한철에만 물놀이장과 계절 음식점이 운영되는 곳으로 한라산에서 내려온 차가운 계곡물에 발을 담그고 백숙을 먹으며 더운 여름을 날려버릴 수 있다. 물이 얼마나 차가운지 2~3분만 발을 담가도 감각이 없어질 것 같다. 임시로 만들어진 평상에 앉아 쉬어도 좋다. 물놀이는 언제든 가능하지만, 계절 음식점은 6월부터 8월 말까지만 운영된다.

지도 P.298 **주소** 서귀포시 강정동 2673-6(강정천 유원지), 서귀포시 호근동 1645(속골 주차장)

☑ TRAVEL TIP
물놀이는 무료이지만 평상은 음식을 시켜야 사용 가능하다.

여름에만 한시적으로 운영되는 계절 음식점

용천수로 만든 물놀이장
생수천생태문화공원 서귀포시 중심

생수물은 예전 색달마을의 주요 식수원이었다. 끊임없이 솟아나는 용천수 주변으로 용암이 만들어낸 돌들과 구실잣밤나무가 둘러싸고 있어 마치 깊은 숲속에 들어온 듯한 느낌이 든다. 생수물이 흘러 생수천이 되고 이를 이용해서 매년 7, 8월이면 생태공원 물놀이장이 열린다. 용천수라서 물이 깨끗하고 한여름에도 오래 놀지 못할 정도로 물이 차갑다. 생수천 위쪽에서는 계절 음식점도 운영된다. 얼음처럼 차가운 생수물에 발을 담그고 백숙 한 그릇을 즐기고 있노라면 언제 더웠나 싶다.

지도 P.299·하단 **주소** 서귀포시 색달로 25 **요금** 성인 2,000원, 어린이 1,000원

여름에만 무료로 운영되는 워터파크 **화순 금모래해수욕장 수영장** 〔서귀포시 서부〕

모래가 금빛이라 금모래해수욕장이라 불리는 해변 옆, 작은 워터파크 수준의 수영장으로 여름 동안만 무료로 운영된다. 제주에 있는 용천수 수영장 중에서는 이곳의 규모가 가장 크다. 아이들을 위해 수심이 얕은 곳과 깊은 곳으로 나뉘어 있고 워터슬라이드도 있다. 아이들은 수영하고 어른들은 평상에서 쉬며 음식을 나눠 먹을 수 있다. 모래 해변의 바다와 수영장을 옮겨 다니며 모두 누릴 수 있는 곳이다.

〔지도 P.333-C1〕 **주소** 서귀포시 안덕면 화순리 776-8

☑ **TRAVEL TIP**
수영장 옆에는 용천수에 발 담그고 음식을 먹을 수 있는 평상과 계절 음식점이 한시적으로 운영된다(평상 대여 유료).

포구 바닥이 고운 모래지형이라 바다색이 매우 곱다.

인기 해양스포츠가 모두 모인 **판포포구** 〔제주시 서부〕

포구라는 이름에 걸맞지 않게 배를 정박하는 곳으로 이용되기보다는 물놀이, 카약 등 해양레저로 더 알려졌다. 한여름은 물론이고 나머지 시즌에도 SUP(스탠드 업 패들보드), 스노클링을 즐기는 사람들이 늘고 있다. 7~8월이면 포구를 따라 텐트를 치고 온종일 해수 물놀이에 시간 가는 줄 모른다. 밀물 때는 수심이 상당히 깊어지니 구명조끼 착용은 필수다.

〔지도 P.356-A2〕 **주소** 제주시 한경면 판포리 2877-3

SPECIAL PAGE

물놀이만큼 더위를 싹 날려줄
제주 로컬 빙수

물놀이를 즐길 상황이 아니거나 물놀이를 하고 싶지 않다면?
빙수 한 그릇만으로도 잠시나마 더위를 잊기에는 충분하다.
아니, 꼭 여름이 아니어도 좋다. 진정한 빙수 마니아라면
계절에 상관없이 1일 1빙수 아니던가.
여름이 다가오면 너도나도 빙수를 출시하는 카페들
사이에서 제주에서 직접 생산한 로컬 재료로 만드는
특별한 빙수들만을 골라보았다.

진한 녹차 풍미가 사르르~ 앨리스 　제주시 중심

대학교는 없지만 '제주의 대학로'라 불리는 제주시청 옆에서 10년째 빙수 맛집으로 인기를 끄는 곳이다. 시그니처 메뉴는 '녹차오름치즈케잌빙수'로 제주산 유기농 녹차로 만든다. 녹색 실타래 모양의 얼음을 한라산처럼 우뚝 솟게 쌓은 뒤 녹차 아이스크림과 녹차 시럽을 듬뿍 뿌린 치즈케이크를 얹어준다. 가격에 비해 빙수의 양도 상당하고 쌉싸름한 녹차와 지나치게 달지 않은 맛이 어우러져 숟가락이 계속 가게 만든다. 함께 나오는 녹차 시럽을 빙수 위로 조금씩 뿌려 먹으면 제맛! 여기에 진한 풍미의 치즈케이크를 함께 먹으면 지금까지 먹었던 빙수와 완전히 다른 느낌을 받는다. 신선한 제철 과일로 만드는 생과일 빙수도 추천 메뉴.

지도 P.201-B2 　**주소** 제주시 서광로32길 36-1 **전화** 064-702-1179 **영업** 11:50~23:30(※비정기적 휴무로 인스타그램(@jeju_alice)을 참고한다) **예산** 녹차오름빙수 12,000원

값비싼 애플망고를 듬뿍! 애플망고1947 `서귀포시 서부`

망고 중에서도 사과처럼 붉다고 해서 애플망고라 불린다. 동남아가
원산지이며 언젠가부터 제주도에서도 재배된다. 애플망고1947에
서는 제주 최대 규모의 유리온실에서 직접 재배한 애플망고로 빙수
를 만들어 판매한다. 애플망고와 우유의 음식 궁합이 좋다고 하는
데, 우유 실타래 빙수 위에 애플망고가 가득 올라간다. 먼저 코코넛
소스를 부어 애플망고를 먹고 따로 나온 팥과 미숫가루를 올려
먹으면 된다. 주말에는 소진이 빠른 편이다.

`지도 P.332-B1` **주소** 서귀포시 대정읍 신평로 32 **전화** 064-732-1947
영업 11:00~19:00, 수요일 휴무 **예산** 애플망고빙수 33,000원, 애플망
고스무디 8,500원

맛 좋은 구좌 당근으로 만든 빙수 카페 제주동네 `제주시 동부`

제주 올레길 1코스가 지나는 종달리에 자리한 작은 카페. 차분
하고 조용한 마을 분위기 속에 자리 잡고 있다. 카페가 자리한
구좌읍은 당근이 유명해서 주변에 당근으로 만든 케이크나
주스를 파는 곳이 흔하다. 이 집은 로컬 재료인 구좌 당근으로
만든 '당근 빙수'가 인기다. 우유 눈꽃 빙수처럼 부드럽고 달달
한 맛 사이로 당근 향이 은은히 피어난다. 카페에 앉아 창밖으
로 보이는 돌담길을 보면서 잠시 재충전하기 좋은 곳이다.

`지도 P.239-D2` **주소** 제주시 구좌읍 종달로5길 23 **전화** 070-8900-6621
영업 매일 10:00~18:00, 일요일 휴무 **예산** 당근 빙수 12,000원, 당근 케이
크 6,500원

제주산 무농약 레몬으로 만든 빙수 레몬칸타타 `제주시 중심`

제주에서 키운 무농약 레몬과 제철 과일로 운영되는 카페로, 사장
님이 직접 운영하시는 레몬농장에서 공수한 레몬만 사용한다. 시
그니처 메뉴로는 레몬으로 맛을 낸 레몬크림라테, 레몬밀크 프라
페, 레몬차 등이 있는데, 여기를 알려지게 만든 1등 공신은 바로 '레
몬실타래빙수'다. 일반적인 우유빙수와 비슷한데 높게 쌓아서 주
는 방식이 아니라 겹겹이 차곡차곡 접어준다. 새하얀 천이 정갈하
게 개어진 모습이 마치 다듬잇방망이라도 흔들어야 할 것만 같은
모양새다. 칼로 중간을 한 번 자른 뒤 포크로 떠 먹으면 입안에서
우유얼음이 눈처럼 녹으면서 절로 미소가 지어진다. 과하지 않은
단맛과 부드러운 우유맛, 상큼한 레몬맛이 조화롭게 어우러진다.

`지도 P.200-A1` **주소** 제주시 구남동4길 47 **전화** 064-723-4105 **영업** 11:00~
22:00, 월요일 휴무 **예산** 레몬실타래빙수 12,000원, 제주 무농약 레몬차 6,000원

THEME 06

어엿한 관광지 못지않은, 이색 카페

하루가 멀다고 새로운 카페가 생겨나는 제주에서 누구나 만족하는 카페를 골라 추천하기는 사실상 불가능할 정도다. 음식점은 가장 중요한 '맛'이 대부분을 차지하기에 일단 맛이 있으면 다른 것은 그리 중요하지 않기도 하지만 카페는 다르다. 멋진 전망은 기본이고 포토존도 있어야 하며 커피 맛은 평균 이상 해야 한다. 게다가 요즘은 카페에 맛있는 베이커리도 있으면 좋고, 이색 테마까지 담고 있어야 명함을 겨우 내미는 수준까지 왔다. 여행 일정에서 음식점만큼이나 중요한 선택지가 된 카페. 여행에 쉼표가 되어줄 만한 카페를 엄선해 소개한다.

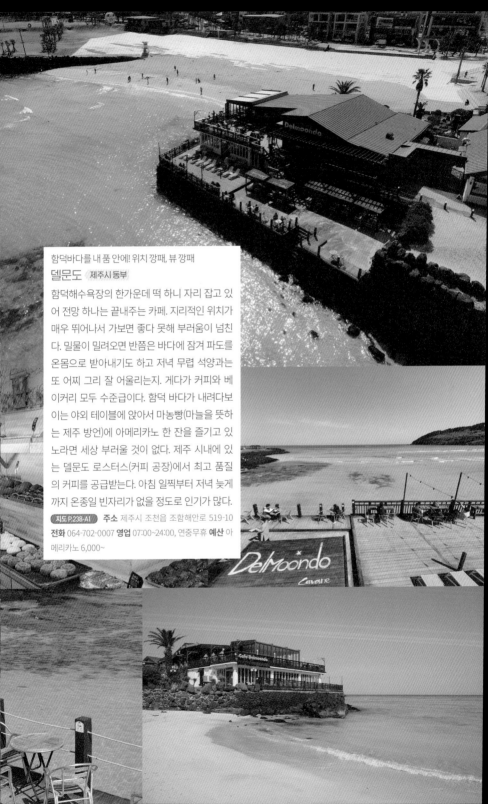

함덕바다를 내 품 안에! 위치 깡패, 뷰 깡패

델문도 제주시 동부

함덕해수욕장의 한가운데 떡 하니 자리 잡고 있어 전망 하나는 끝내주는 카페. 지리적인 위치가 매우 뛰어나서 가보면 좋다 못해 부러움이 넘친다. 밀물이 밀려오면 반쯤은 바다에 잠겨 파도를 온몸으로 받아내기도 하고 저녁 무렵 석양과는 또 어찌 그리 잘 어울리는지. 게다가 커피와 베이커리 모두 수준급이다. 함덕 바다가 내려다보이는 야외 테이블에 앉아서 마농빵(마늘을 뜻하는 제주 방언)에 아메리카노 한 잔을 즐기고 있노라면 세상 부러울 것이 없다. 제주 시내에 있는 델문도 로스터스(커피 공장)에서 최고 품질의 커피를 공급받는다. 아침 일찍부터 저녁 늦게까지 온종일 빈자리가 없을 정도로 인기가 많다.

지도 P.238-A1 **주소** 제주시 조천읍 조합해안로 519-10 **전화** 064-702-0007 **영업** 07:00~24:00, 연중무휴 **예산** 아메리카노 6,000~

제주 동부에서 가장 핫한 카페

공백 제주시 동부

최근 제주 동부권에서 제일 핫한 카페. 글로벌 인기
그룹 BTS 멤버의 형이 카페 공백의 주인이란 소문
과 함께 국내 관광객은 물론 외국인들도 많이 찾고
있다. 오래된 냉동창고를 최소한만 손을 대 갤러리
로 만들었는데, 과하게 억지로 꾸미지 않고 최근 유
행하는 인더스트리얼(Industrial) 인테리어(콘크리
트, 벽돌 등 공업 제품을 이용하여 공장 같은 느낌으
로 꾸민 인테리어)로 재탄생시켰다. 카페부터 갤러
리까지 곳곳이 포토존으로, 카페 어디에 앉든 바다
를 조망할 수 있도록 했다. 음료와 함께 베이커리 맛
도 좋다는 평을 받는다. 가격이 조금 비싼 것이 흠.

지도 P.238-B1 **주소** 제주시 구좌읍 동복로 83 **전화** 064-783-
0015 **영업** 10:00~19:00, 연중무휴 **예산** 아메리카노 7,500원

할머니의 품처럼 포근함이 담긴 카페

다랑쉬 제주시 중심

주인장의 할머니가 평생을 거주해온 돌담집을 리모델
링한 카페. 실제 주인장도 5살까지 이 집에 살았다고
한다. 할머니의 정이 가득 담긴 집의 원형을 최대한 살
리기 위해 새로운 건물이 돌담집을 완전히 품에 담는
형태로 지었다. 할머니가 손주를 품에 안듯 돌집에 머
문 시간의 추억을 손실 없이 담아낸 것. 대개 지붕을 다
시 올리고 내부를 다듬어 리모델링하기 마련인데, 다
랑쉬 카페는 전혀 다른 방법으로 제주 돌담집을 살려
냈다. 실내와 실외의 경계가 뒤섞인 공간에서 여행에
서 필요한 신선함을 충전해 보자. 2019년 제주다운 건
축상을 받기도 했다.

지도 P.201-A2 **주소** 제주시 용문로21길 4 **전화** 010-6766-4857
영업 10:30~19:30, 화·수요일 휴무 **예산** 다랑쉬커피 6,500원

카페 전체가 스튜디오

드르쿰다in성산 <서귀포시 동부>

SNS용 포토존이 필요하다면 이곳저곳 갈 것 없이 여기 하나로 충분하다. 넓은 부지에 다양한 사진을 찍을 수 있도록 실내외 스튜디오 형식으로 꾸며 놓았기 때문. 사진에 소질이 없어도 여기서는 배경이 50%는 먹고 들어가니 걱정은 덜어놓자. 포토 스폿이 많아 하나하나 사진을 찍다 보면 시간이 훌쩍 지나기도 한다. 일정에 따라 밤에 가도 나쁘지 않다. 실내외 밝은 조명 덕에 낮보다 더 감각적인 사진이 나오기도 한다. 1인 1메뉴를 시켜야 입장이 가능하다. 카페 밖으로 광치기해변까지 길이 이어진다.

지도 P.271-상단 **주소** 서귀포시 성산읍 섭지코지로25번길 64 **전화** 064-901-2197 **영업** 09:00~22:00, 연중무휴

농협 아니고 카페입니다

사계생활 <서귀포시 서부>

사계리 마을의 안덕농협 사계지점 건물로 쓰였던 건물이 20년 만에 카페로 다시 태어났다. 리뉴얼하지 않고 원래 쓰던 인테리어를 그대로 사용한 덕분에 얼핏 보면 농협인지 카페인지 구분이 어려울 정도다. 마치 오래된 은행을 시간 여행하는 듯한 느낌이 든다. ATM이 있던 자리는 입구가 되었고 은행원이 앉아 있던 곳은 카페 카운터가 되었다. 금고에는 작품이 들어서고 은행장실도 그대로 있다. 카페 한쪽에서는 간단한 제주 소품도 판매한다. 산처럼 거품 가득 올라간 산방카푸치노가 인기.

지도 P.333-C2 **주소** 서귀포시 안덕면 산방로 380 **전화** 064-792-3803 **영업** 10:30~18:00, 연중무휴 **예산** 산방산카푸치노 7,000원

역사 깊은 고구마 전분 공장이 그대로
감저카페 〈 서귀포시 서부 〉

원래 부모님이 운영하시던 고구마(제주 방언으로 '감저') 전분 공장을 카페로 재탄생시킨 곳. 영업을 중단하면서 방치되어 있던 공간이 이색 카페와 미니 갤러리로 다시 태어났다. 근대 역사가 담겨 있는 공장이라 처분하지 않고 보전을 위해 일부만을 개조해 카페로 만들었기 때문에 카페 옆에는 아직도 부모님께서 사용하시던 연장들과 기계들이 예전 모습 그대로 긴 잠을 자고 있다. 상업적인 부분보다는 문화를 보전하려는 카페 주인의 마음이 엿보인다. 카페 옆 미니 갤러리에서는 여행에 관한 짧은 전시도 무료로 관람할 수 있다.

지도 P.332-B2 **주소** 서귀포시 대정읍 대한로 22 **전화** 064-794-5929 **영업** 10:30~19:00, 월요일 휴무 **예산** 감저 시그니처 6,000원

달이 아닌 바다를 품은 카페 **카페월령** 〈 제주시 서부 〉

이름만 보고 '달을 품고 있나?' 싶었는데 실은 바다를 품고 있다. 바닷물이 들고 나는 돌무더기 위에 용케도 자리 잡았다. 카페 중앙이 동굴처럼 뚫려 있고 아래는 바닷물이 찰랑거린다. 조수간만의 차로 카페 안에도 바다가 하루 두 번씩 다녀가면서 덩달아 작은 물고기들도 카페를 다녀간다. '월령리'의 이름을 따라 지었겠지만, 밀물과 썰물의 조화는 달이 만드는 것이라 어쩜 일맥상통하는 것 같다. 월령포구 앞바다가 한눈에 들어오는 파노라마 뷰는 어느 카페 못지않다.

지도 P.357-상단 **주소** 제주시 한림읍 월령3길 36 **전화** 064-796-0639 **영업** 10:00~20:00, 연중무휴

어른도 아이도 마음껏 놀 수 있는 곳

명월국민학교 _{제주시 서부}

30여 년간 폐교로 남아 있다가 명월리 마을 사업을 통해서 카페로 거듭난 한림읍 핫플레이스. 교실을 나눠서 소품반, 커피반, 갤러리반으로 나눠 놓았다. 기념품숍(소품반)이 제법 규모가 커서 볼 게 많다. 분위기에 맞게 어릴 적 먹던 추억의 과자도 팔고 있다. 무엇보다 노키즈 존이 늘어나는 요즘 추세에 아이들과 마음 놓고 뛰어놀 수 있는 환경이라 더없이 좋은 곳이다. 드넓은 운동장에서 마음껏 소리치고 뛰어놀아도 OK! 어른들은 차 한 잔의 여유를 즐기고 아이들은 마음껏 에너지를 발산할 수 있는 곳이다. 학교 한쪽에 자리 잡은 명월 구멍가게에는 추억의 오락기와 하굣길에 친구들과 나눠 먹던 분식도 함께 판매한다.

지도 P.356-A2 주소 제주시 한림읍 명월로 48 **전화** 070-8803-1955 **영업** 11:00~19:00(여름 ~20:00), 연중무휴 **예산** 명월모카 6,500원

100년 전 숨결이 그대로

순아커피 _{제주시 중심}

100년이 넘은 건물을 그대로 살려 100년 전 시간과 이야기를 그대로 간직한 카페로 탄생시켰다. 리모델링한 겉모습과 달리 내부는 시간이 멈춘 듯 옛집의 살결이 그대로 드러난다. 2층은 일본식 가옥구조를 닮았다. 메인 메뉴인 '계화라테'는 금목서, 오스만투스(Osmanthus)라고도 불리는 꽃으로 만든 라테인데, 향이 10리까지 난다고 할 정도로 그 향이 뛰어난 꽃이다. 그 독특한 향을 시원한 아이스라테에 가득 담았다. 은은한 꽃향기가 더해진 계화라테는 직접 먹어보지 않고서는 상상하기가 힘든 맛. 커피를 마시지 않는다면 미숫가루와 비슷한 '제주보리개역'을 추천한다.

지도 P.201-B1 주소 제주시 관덕로 32-1 **전화** 010-2504-9085 **영업** 09:00~19:00, 일요일 휴무 **예산** 계화라테 5,500원, 제주보리개역 5,000원

슬기로운 당 충전 시간

분명 힐링을 위해 온 여행인데, 일정에 욕심을 부리다 보면 다크서클이 늘어지면서 짜증이 폭발하고, 일행들과 티격태격하기 마련이다. 힐링이 '킬링'이 되기 전, 슬기롭게 당(?)을 충전해 보자. SNS 자랑거리가 되기도 하고 나머지 여행을 소화하는 데 분명 도움이 될 것이다.

#마카롱 #쿠키 #케이크 뽕끌랑

마카롱을 기본으로 미니 케이크와 쿠키류까지 다양한 디저트를 선보이는 가게다. 귀여운 캐릭터 디저트들이 귀여워서 하나하나 담다 보면 결제 금액이 훌쩍 올라가 버리기도 한다. 인공첨가제를 쓰지 않고 쌀가루와 유기농 밀가루로 만들어 건강까지 신경 썼다. 한 번 다녀가면 무조건 단골이 되는 마력을 가진 곳. 제주시 중심

지도 P.200-A1 주소 제주시 구남동1길 11 전화 064-722-8646 영업 12:00~20:30, 토·일요일 휴무 예산 마카롱 2,000원~

#마카롱 빠삐용마카롱

공방과 함께 여러가지 마카롱을 판매하는 곳. 프랑스 원조 마카롱보다 크기가 1.5배는 족히 넘을 정도의 '뚱카롱(뚱뚱한 마카롱)'이 가격 대비 나쁘지 않다. 블루베리, 딸기, 체리 등 과일을 베이스로 하는 마카롱이 많다. 맛은 달지 않은 편. 수제 마카롱 원데이 클래스도 함께 운영하며 마카롱은 테이크아웃만 가능하다. 제주시 중심

지도 P.200-B1 주소 제주시 승천로 60 전화 0507-1316-2534 영업 12:00~20:00, 비정기적 휴무로 인스타그램(@papillon850110)을 참고한다. 예산 마카롱 3,000원~

#현무암을 닮은 #제주돌빵 제주바솔트

제주 어디에서나 만날 수 있는 현무암을 모티브로 만든 '제수놀빵'을 선보이는 곳. 언뜻 보면 돌인지 빵인지 구분이 어려울 정도로 색은 물론 울퉁불퉁한 표면까지 섬세하게 표현했다. 겉뿐만 아니라 속에도 제주를 그대로 담았다. 감귤, 백년초, 톳, 녹차 등 제주를 대표하는 특산물을 돌빵 안에 담아 보는 즐거움은 물론 맛보는 즐거움까지 더해졌다. 덕분에 2018년 국무총리상을 받고 청와대에 전시까지 한 빵이다. 제주돌빵 외에 카스텔라를 닮은 '돌테라', 브라우니를 닮은 '돌아우니'도 인기. 제주시 중심

지도 P.201-B2 주소 제주시 가령골3길 6 전화 064-721-7625 영업 10:00~19:00, 수요일 휴무 예산 제주돌빵 6개 12,000원, 돌아우니 7개 15,000원

#우뭇가사리로 만든 #수제푸딩 **우무**

제주 해녀가 채취한 우뭇가사리로 만든 수제푸딩을 맛볼 수 있는 곳. 달콤함과 우유맛이 강한 시그니처 커스터드푸딩과 초코푸딩, 말차푸딩 단 세 가지 메뉴를 테이크아웃으로만 판매한다. 인공적인 보존제를 넣지 않고 만든 수제푸딩은 부드럽고 과하지 않은 달달함이 입에 오래 맴도는 것이 매력. 가격은 조금 비싼 편이지만 한 번쯤 먹어볼 만한 이색 푸드템이다. 제주시 분점에서는 한림 본점에 없는 얼그레이푸딩도 맛볼 수 있다. 구매 즉시 먹어야 한다. **제주시 서부**

지도 P.201-B1, P.356-A1 **주소** 제주시 한림읍 한림로 542-1(본점), 제주시 관덕로8길 40-1(제주시점) **전화** 010-6705-0064 **영업** 10:00~19:00, 비정기적 휴무로 인스타그램(@jeju.umu)을 참고한다. **예산** 푸딩 각 6,800원~

#치즈몽 #미니치즈케익 **제주하멜**

청정 제주 우유로 직접 크림치즈를 만든다. 치즈몽이라는 한 가지 디저트만 파는데, 한번 맛을 보면 찐팬이 되고 만다. 이 세상 부드러움이 아닌 것 같은 질감은 구름을 맛보는 듯한 상상을 전해준다. 만드는 수량이 정해져 있어서 문을 열기 전부터 줄이 길어지고, 보통 30분 이내 매진된다. 예약도 가능하다. 냉동해서 아이스크림 대신 먹어도 좋다. **제주시 중심**

지도 P.202 **주소** 제주시 노형2길 51-3 **전화** 064-743-1653 **영업** 11:00~18:00 **예산** 치즈몽(8개) 17,000원

#생과일이 가득찬 #오메기떡 **꽃담수제버거**

작은 체구의 호빗 종족이 살 것 같은 아담한 외관이 눈길을 끄는 곳. 성산일출봉 아래 자리 잡은 꽃담수제버거는 제주 전통 떡인 '오메기떡'에 생과일을 넣어 만든 '생과일 오메기떡' 전문점이다. 차조로 만든 떡에 팥고물을 묻힌 오메기떡은 호불호가 제법 갈리는데, 생과일로 만든 이 집의 오메기떡은 이구동성 맛있다는 평이다. 달달한 케이크가 아님에도 아메리카노와 합이 좋다. 생과일 오메기떡이 올라간 팥빙수도 인기 메뉴. **서귀포시 동부**

지도 P.271-상단 **주소** 서귀포시 성산읍 일출로 284-7 **전화** 064-782-0761 **영업** 06:00~19:00, 연중무휴 **예산** 생과일오메기떡 2,500원~

#아기자기한 모양의 #수제마카롱 **사계제과**

2020년 4월에 문을 연 신상 디저트 가게로 수제마카롱과 기념품을 판매한다. 하르방, 감귤, 동백꽃 모양 등 매일 직접 만드는 마카롱은 제주를 닮아서 더 인기. 가게 안에서 먹을 공간은 없지만 간단하게 기념사진을 찍을 수 있는 포토존이 있다. 수제 기념품들도 있어 당 충전과 동시에 여행 선물까지 한 번에 해결이 가능하다. **서귀포시 서부**

지도 P.333-C2 **주소** 서귀포시 안덕면 산방로 377 **전화** 064-792-8402 **영업** 11:00~20:00, 수요일 휴무 **예산** 마카롱 2,500원~

THEME 07

섬에서 섬으로
떠나는 여행

관광

저운임 항공사가 확대되면서 제주 여행도 예전보다 훨씬 접근하기 쉬워졌다.
재방문이 늘면서 제주 본섬에서 점점 시야를 넓혀 제주 부속 섬에도 관심이 깊어지고
있다. 우도, 가파도, 마라도는 이미 많이 찾는 곳이 되었다. 이외에도 금능/협재해변의
배경 사진 전문 비양도, 천연보호구역인 무인도 차귀도, 배를 타지 않고 걸어 들어갈 수
있는 새섬까지. 볼거리는 물론 소소한 낭만이 있는 섬 속의 섬으로 떠나보자.
섬에서 바라보는 제주도는 색다른 풍경이 되어준다.

차귀도

제주의 부속 섬 중에서 가장
큰 무인도. 대나무가 많아 죽
도라 불리는 본섬과 지실이섬,
와도를 묶어 차귀도라 부른다.
마라도처럼 섬 전체가 천연기
념물로 지정되어 있다. 사람의
손길이 닿지 않은 자연 그대로
의 모습에 불규칙한 해안선이
더해져 깊은 감동을 준다. P.391

가파도

최남단의 섬 마라도로 가는 길목에 있는 섬. 마라도에 밀려
빛을 보지 못했지만, 매년 4~5월에 피는 청보리와 함께 샛별
처럼 떠오르는 여행지가 되었다. 가파도 해안 산책로는 총
5km 정도로 한 바퀴 도는 데 1시간 30분 정도 걸린다. P.388

비양도

금능과 협재해수욕장의 화룡점정이 되어주는 섬으로 한림항에서 하루 4번 왕복하는 배를 타고 15분이면 들어갈 수 있다. 섬 전체가 다 보이는 비양봉에 오르는 코스나 섬을 한 바퀴 돌아보는 코스를 추천한다. P.390

우도

제주도의 부속 섬 중에서 가장 인기인 곳. 하루를 꼬박 돌아도 우도의 매력을 전부 보기에는 부족할 정도로 큰 섬이다. 제주도에서 우도는 성산항과 종달항을 통해서 들어갈 수 있다. 섬 안에서 스쿠터나 전기 자전거를 대여해서 섬을 둘러볼 수 있고 버스기사님이 직접 가이드하면서 도는 관광용 순환버스를 이용해도 좋다. P.384

서건도

물때에 따라 섬이 되었다가 물이 빠지면 걸어 들어갈 수 있는 작은 섬이다. '썩은 섬'으로도 불리는데, 예전에 큰 고래가 죽어서 섬으로 떠밀려 온 적이 있다고 한다. 고래 사체가 썩어서 썩은섬-써근섬-서건도 이렇게 이름이 변화되었다고 한다. 둘레길을 따라 한 바퀴 둘러볼 만하다. P.393

새섬

제주도의 부속 섬 중에 배를 타지 않고 걸어서 들어갈 수 있는 섬. 돛을 연상케 하는 새연교를 지나 섬을 한 바퀴 둘러볼 수 있다. 새섬이란 이름은 옛날 초가지붕의 재료로 쓰이던 '새(띠)'가 많이 나던 곳이라 붙여졌다. 소나무 오솔길과 갈대숲, 그리고 사이사이 보이는 바다와 섬들까지. 새섬 전체를 한 바퀴 도는 데 걸리는 30분이 짧게만 느껴진다. 새연교는 야경 명소로도 인기다. P.392

마라도

우리나라 최남단의 섬. 운진항이나 산이수동항에서 배로 30분 거리에 있는 마라도는 섬 전체가 천연기념물로 지정되어 있다. 섬을 둘러보고 마라도 명물 해물 짜장 한 그릇 먹는 데까지 2시간이면 충분하다. 일정에 여유가 있다면 하루쯤 묵어보면 진짜 마라도의 모습과 마주하게 된다. P.389

THEME 08

제주를 대표하는 향토음식을 찾아서

제주 대표 향토음식은 갈칫국, 각재기국, 물회 등 바다가 내어주는 다양한 해산물로 만
든 음식과 돼지를 추렴하고 요리해서 나눠먹던 몸국, 고사리해장국, 접짝뼈국 등 크게
두 가지로 나눠볼 수 있다. 동네잔치가 있는 경우에나 먹어보던 육류 음식보다는 아무
래도 전자의 음식들이 조금 더 자주 접하던 향토음식이었다. 소득 수준이 올라가고 육
류 위주 식사 형태로 점점 바뀌면서 인기 순위도 변하고 있다. 제주도는 다른 지방과 왕
래가 쉽지 않아서 식재료가 한정적이었다. 제한된 식재료로 복잡하지 않고 신선하게 요
리하는 특징이 있으며, 담백하고 간이 강하지 않은 편이다. 제주도의 12가지 대표 향토
음식과 그 맛을 가장 잘 살리고 있는 추천 맛집을 소개한다.

몸국

지금은 향토음식점 아무 데나 가도 쉽게 한 그릇 할 수 있는
음식이지만, 예전에는 동네잔치가 열려야만 맛볼 수 있는
음식이었다. 보통 혼례를 치르기 전, 돼지를 추렴하여 삶아
낸 육수에 해초인 몸(모자반)을 넣고 푹 끓여낸 국이 바로
몸국이다. 국물에 메밀가루를 풀어 걸쭉하게 끓여내고 발
라낸 고기와 함께 담아내면 제주식 보양 음식이 된다.

몸국이 맛있기로 이름 난 추천 맛집

#낭푼밥상 (제주시 중심)

제주 향토요리 명인이 제주 전통 방식 그대로 몸국과 괴
기반을 내놓는 식당. 사골육수를 사용하지 않고 예전 방
식 그대로 고기로 육수를 내고 제주산 '참몸'을 사용해서
전통의 몸국 맛을 그대로 살린다. 몸국과 더불어 괴기반,
잡채, 회무침을 더해서 옛 '가문잔치'* 한 상도 선택할 수
있다. 수육과 두부 그리고 순대를 한 접시에 올려주는 '괴
기반'은 초간장에 찍어도 좋고 몸국에 넣어 먹어도 좋다.

지도 P.202 **주소** 제주시 연동6길 28 **전화** 064-799-0005 **영업**
09:00~18:00, 수요일 휴무 **예산** 가문잔치 정식 16,000원, 몸국
10,000원

*예전 혼례를 치르기 위해 친인척이 모여 같이 잔치를 준비하고 손님을
맞이하기 전날 친척끼리 밥을 먹는다 해서 붙여진 이름.

#신설오름 `제주시 중심`

몸국 맛집으로 이 집을 빼먹으면 섭하다. 관광객, 도민 할 것 없이 모두 즐겨 찾는 몸국 전문점. 몸국에 국수를 말아 내오는 몸국수는 이 집에서만 맛볼 수 있는 별미다. **베지근한*** 국물 맛에 믿고 먹는 국수가 더해지니 씹을 것도 없이 순식간에 한 그릇 뚝딱하는 곳. 반찬으로 나오는 갈치속젓을 배추와 한 쌈 하는 것도 추천한다. '꼬릿꼬릿' 하면서도 깊은 맛이 느껴진다.

`지도 P.201-B2` **주소** 제주시 고마로17길 2 **전화** 064-758-0143 **영업** 08:00~다음 날 04:00, 월요일 휴무 **예산** 몸국·몸국수 8,000원, 돔베고기 20,000원

*진하게 우려된 고기국물이 묵직하면서도 진하게 맛있을 때 쓰는 제주식 표현.

고사리육개장

잔칫상에 몸국만 올라갔던 건 아니다. 바다 쪽에 가까운 마을에서야 모자반 구하기가 쉬웠지만, 중산간에서는 모자반보다 구하기 쉬운 고사리를 넣어서 육개장을 만들어 먹었다. 보통 육지의 육개장은 소고기와 대파, 고사리가 주재료이지만 제주에서는 돼지고기 삶은 육수에 고사리와 돼지고기 그리고 메밀가루를 넣고 걸쭉하게 끓이는 것이 특징이다. 그래서 돼지고기 육개장이라고 부르기도 한다.

고사리육개장이 맛있기로 이름 난 추천 맛집

고사리육개장

#우진해장국 `제주시 중심`

도민들의 아침 식사로 인기 였던 곳이 알려져 이제는 관광객들이 더 많이 찾는 식당이 되었다. 도민들은 몸국이나 고사리육개장으로 해장을 많이 하는 편이다. 향토음식점 중에서도 고사리육개장을 파는 곳이 점점 없어지는 추세인데, 여기는 전통의 맛을 이어가고 있어 의미가 있다. 대기가 긴 편이지만 대기실이 따로 있어서 그리 불편하지는 않다. 공영주차장과 마주하고 있어 주차도 편리하다.

`지도 P.201-A1` **주소** 제주시 서사로 11 **전화** 064-757-3393 **영업** 06:00~22:00 **예산** 고사리육개장 10,000원, 몸국 10,000원

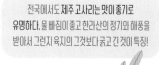
전국에서도 제주 고사리는 맛이 좋기로 유명하다. 물 빠짐이 좋고 한라산의 정기와 해풍을 받아서 그런지 육지의 그것보다 굵고 긴 것이 특징!

접짝뼈국

이름도 생소한 접짝뼈국. 제주에서 돼지 앞다리와 몸이 만나는 사이뼈를 '접짝뼈'라고 부르는데, 그 뼈를 하루 동안 끓여 진하게 우려낸 탕이다. 맛은 진한 곰탕과 비슷한데 제주 스타일로 메밀가루나 쌀가루가 들어가서 더 걸쭉하다. 잔치 후 지친 신부와 가족이 몸보신을 위해 따로 끓여 먹었다고 한다. 구수하면서도 진득한 맛이 날씨가 쌀쌀할 때 먹으면 만족도가 높다.

접짝뼈국이 맛있기로 이름 난 추천 맛집

#화성식당 제주시 중심

접짝뼈국을 이 집만큼 잘하는 곳을 본 적이 없다. 보양식이나 다름없는 진득한 국물이 입에 착착 감기는 맛이다. 맵지 않아 아이들도 잘 먹을 수 있다. 도민들 사이에서 유명한 맛집답게 접짝뼈국 말고도 각재기국도 수준급이다.

지도 P.200-B1 **주소** 제주시 일주동로 383 **전화** 064-755-0285 **영업** 07:00~16:30 **예산** 접짝뼈국 11,000원, 각재기국 9,000원

옥돔국

제주 특산물로 가장 많이 찾는 옥돔은 흔히 구이로 즐겨 먹는 생선으로 알고 있지만, 제주에서는 예전부터 국으로도 많이 먹었다. 제주에서 생선이라고 하면 옥돔을 의미할 정도인데, 다른 생선들은 고유의 이름으로 불리지만 옥돔은 그냥 생선, 그리고 옥돔국은 생선국으로 통한다. 옥돔은 쉽게 잡히지 않는 고급 어종으로 차례상이나 제사상에 올라갔던 생선이다. 미역과도 음식 궁합이 좋아 출산 후 산후조리 음식으로도 즐겨 먹었다. 요즘은 제주산 옥돔이 점점 귀해지고 중국산 옥돔이 대부분을 차지하는 것이 안타깝다. 그래서 그런지 옥돔국을 메뉴로 제공하는 식당이 거의 없을 정도로 귀한 음식이 되었다.

옥돔국이 맛있기로 이름 난 추천 맛집

> 다른 곳에서는 쉽게 맛보지 못하는 쥐치물회도 준비되어 있다.

#어촌식낭 서귀포시 동부

무와 함께 맑게 끓여낸 옥돔국이 인상적인 식당이다. 간을 강하지 않게 하는 도민 스타일로 부드러우면서도 시원한 맛이 일품이다. 맛이 조금 심심하다 싶으면 매운 고추를 조금 넣어서 먹으면 금세 맛이 살아난다. 옥돔국을 제대로 하는 곳이 거의 없어 어촌식당을 소개하지만, 사실 어촌식당은 각종 물회와 매운탕 모두 잘해 도민과 관광객 모두에게 인기다.

지도 P.270-B2 **주소** 서귀포시 표선면 민속해안로 578-7 **전화** 064-787-0175 **영업** 09:00~20:30(브레이크타임 15:30~17:00), 둘째·넷째 주 수요일 휴무 **예산** 옥돔 지리 15,000원, 쥐치 물회·한치 물회 13,000원

물회와 갈치구이

물회

제주의 물회는 육지와 사뭇 다르다. 육지의 물회는 고추장이 기본 양념이지만, 제주의 전통 물회는 된장이 베이스가 된다. 된장과 식초 그리고 물회에서 빠지면 아쉬운 **'제피'**까지 더해져야 진정한 제주 물회가 된다. 물회에 들어가는 재료는 시즌에 따라 달라진다. 봄 시즌 자리돔이 맛있을 때는 자리돔 물회, 여름에는 한치 물회가 최고 인기다. 오독오독 씹히는 식감이 일품인 뿔소라 물회와 전복 물회는 사계절 모두 맛볼 수 있다.

*산초(열매)와 비슷한 맛이 나는 '잎'. 물회를 즐기는 제주에는 집마다 제피나무가 하나씩 있을 정도로 빠질 수 없는 식재료다.

물회 맛있기로 이름 난 추천 맛집

#공천포식당 서귀포시 동부

관광객이 물회를 많이 찾으면서 요리법도 그에 맞춰져서 변해왔다. 점점 전통의 방식보다는 고추장 베이스의 물회가 늘어나고 있다. 공천포식당은 전통 방식 그대로 된장을 기본으로 하면서도 관광객의 입맛에 적당히 맞춘 물회를 제공한다. 물회 전문점답게 제주에서 맛볼 수 있는 모든 종류의 물회를 선보인다. 자리 물회는 물론 전복, 홍해삼, 한치 그리고 뿔소라 물회까지! 가게 바로 앞에 펼쳐진 바다를 바라보며 먹는 시원한 물회는 산해진미 무엇과도 비교가 불가하다.

지도 P.270-A2 **주소** 서귀포시 남원읍 공천포로 89 **전화** 064-767-2425 **영업** 10:00~19:30, 목요일 휴무 **예산** 자리 물회 12,000원, 뿔소라 물회 10,000원

#도두해녀의집 제주시 중심

공항 근처 도두항에서 오랜 인기를 유지하고 있는 향토 음식점. 전복죽, 회덮밥 등 메뉴 대부분 맛이 좋지만, 특히 물회가 인기다. 슬러시 같은 살얼음이 가득 얹어 나오는 물회는 마치 빙수를 먹는 듯한 시원함이 특징이다. 여기에 따뜻한 밥을 말아 먹으면 몸속까지 시원하게 만들어준다. 생물 한치 물회가 가격 대비 좋고 한치와 성게알, 전복까지 한 번에 올라가는 특물회는 한 번쯤 맛봐야 할 명품 물회다. 한치 물회는 6~8월에만 맛볼 수 있고 오후면 재료가 소진되는 경우도 많다. 된장을 기본 양념으로 하는 제주 전통 방식이 아닌 육지 관광객의 입맛에 맞춰 매콤하면서도 달콤한 맛이다.

지도 P.200-A1 **주소** 제주시 도두항길 16 **전화** 064-743-4989 **영업** 10:00~21:00 (브레이크타임 15:30~17:00) **예산** 한치 물회 12,000원, 특물회 16,000원

갈치

제주 은갈치는 구이와 조림뿐만 아니라 갈칫국이나 회로도 즐길 정
도로 다양한 요리 방법이 있다. 대량으로 잡거나 양식이 불가해서 가격
이 높은 것이 단점일 뿐, 맛과 영양 등 제주 최고의 식재료로 손꼽힌다. 특
히나 갈치회나 갈칫국은 갈치가 신선하지 않으면 비린 맛이 강하고 탈이 나기
쉽다. 여름부터 가을 사이에 잡힌 갈치가 살과 기름이 올라 특히 맛이 있다.

갈치가 맛있기로 이름 난 추천 맛집

#물항식당 `제주시 중심`

제주시 수협 수산물 공판장과 수협 어시장 사이에 있다. 갈치구이,
조림, 회 등 갈치요리 대부분을 맛볼 수 있다. 특히 여기는 갈치구
이백반을 메뉴로 제공하고 있다. 갈치요리가 보통 5만 원 이상으로
한두 명이 가서 먹기에는 부담이 되는 가격이지만 백반을 시
키면 기본 찬과 갈치구이를 저렴한 가격에 맛볼 수 있다.

`지도 P.201-B1` **주소** 제주시 임항로 37-4 **영업** 08:00~21:00, 화요
일 휴무 **예산** 갈치구이백반 13,000원 갈치회 35,000원 갈치구이
50,000원 **전화** 064-755-2731

매일 아침 식당 앞 골목에는 갓
잡은 신선한 생선들로 좌판이 벌
어진다. 가격은 근처 제주동문시장보
다 조금 더 저렴한 수준.

#맛나식당 `서귀포시 동부`

조림 맛은 물론 가성비까지 좋아서 항상 1시간 이상 줄을 서서 기
다려야만 맛볼 수 있는 맛집이다. 갈치와 고등어 조림만 파는 곳인
데, 갈치 물량이 한정되어 있어서 아침 일찍을 제외하고는 갈치와
고등어를 섞어서 주문해야 한다. 달달하면서도 칼칼한 양념은 밥
한 공기를 금세 뚝딱하게 한다. 가게 바로 옆에 공용주차장이 있어
서 주차 걱정이 없는 것도 장점. 영업은 오전 8시 30분부터 시작되
지만 새벽 6시부터 당일 예약을 받는다.

`지도 P.371-상단` **주소** 서귀포시 성산읍 동류암로 41 **전화** 064-782-4771 **영업**
08:30~14:00, 수·일요일 휴무 **예산** 갈치조림 13,000원, 고등어조림 11,000원

#복집식당 `세수시 중심`

점점 갈칫국 잘하는 식당이 하나 둘 사라지고 있다. 갈치가 신선하
지 않으면 비린 맛이 나기 쉽기 때문에 한두 번 비린 갈칫국을 먹고
나면 슬슬 손길이 가지 않기 마련인데, 그렇기에 다른 음식보다 식
당 추천하기가 쉽지 않은 것이 바로 갈칫국이다. 그렇지만 매운 고
추를 송송 썰어 넣어 칼칼한 이 집 갈칫국의 진정한 맛을 느끼고 나
면 속풀이 음식으로 이만한 것도 없다. 갈칫국 말고도 갈치구이, 갈
치조림 역시 신선하고 깔끔한 맛이다.

`지도 P.201-A1` **주소** 제주시 비룡길 5 **전화** 064-722-5503 **영업** 10:00~18:00,
일요일 휴무 **예산** 갈칫국 15,000원, 갈치구이 30,000원

각재기국

육류보다는 생선이 구하기 쉬웠던 제주는 국 종류 음식도 생선으로 만든 것들이 발달했다. 각재기국도 육지에서는 거의 볼 수 없는 메뉴이지만 제주에서는 도민들이 즐겨 찾는 음식이다. 각재기는 전갱이를 부르는 제주 방언으로 각재기국은 제주도민들의 속을 뜨겁게 달궈주던 향토음식이다. 음식에 필요한 재료들이 넉넉하지 않았던 제주에서는 음식에 많은 양념을 하지 않는다. 각재기국도 그렇다. 된장을 풀고 한소끔, 각재기와 배추를 넣고 또 한소끔. 더도 말고 덜도 말고 딱 이 정도면 각재기국은 완성이다. 어쩌면 신선한 재료를 사용하기에 이렇게만 해도 맛이 나는 것이 아닐까 싶다.

각재기국이 맛있기로 이름 난 추천 맛집

#앞뱅디식당 　제주시 중심

‘뱅디’는 제주 방언으로 ‘넓고 평평한 땅’이라는 뜻이다. 식당 이름에서부터 제주의 맛이 풍겨 나오는 것 같다. 섬섬한 된장 국물에 배추와 커다란 각재기가 통으로 들어간다. 시원한 국물 맛은 기본이고 두툼한 등 푸른 생선 살을 배추와 쌈장에 싸 먹으면 그 맛 또한 일품이다. 멜(멸치)로 만든 멜튀김도 이 집의 시그니처 메뉴. 어떻게 조리해도 맛있는 멜이지만 고추와 함께 튀겨내서 느끼하거나 비리지 않고 무한정으로도 먹을 수 있을 것 같은 맛이다. 여기에 톡 쏘는 제주 막걸리 한 잔이면 세상 부러울 게 없다.

지도 P.202 **주소** 제주시 선덕로 32 **전화** 064-744-7942 **영업** 9:00~21:30, 둘째·넷째 주 일요일 **예산** 각재기국 9,000원, 멜튀김 15,000원

#돌하르방식당 　제주시 중심

백발이 성성한 하르방(할아버지)이 무심한 듯 조리하신다. 예전 방식 그대로 된장과 배추 그리고 각재기만 넣고 가볍게 끓여냈지만 맛은 결코 가볍지 않다. 전날 술이라도 거하게 마셨다면 각재기국 한 그릇이 더없이 고마울지도 모르겠다. 같이 내온 고등어와 멜조림이 입맛을 돋우며 집밥을 먹는 듯하다. 돌하르방식당을 자주 찾는 도민들이 하나같이 주인 할아버지의 건강을 챙기는 것을 보면 아무래도 오래오래 이 맛을 느끼고 싶어서가 아닐까 싶다.

지도 P.201-B1 **주소** 제주시 신산로11길 53 **전화** 064-752-7580 **영업** 10:00~15:00, 일요일 휴무 **예산** 각재기국 9,000원, 해물뚝배기 9,000원

고기국수

사실 제주에서의 고기국수는 역사가 그리 길지 않다. 1900년대 일제강점기 시절, 제주는 전복, 소라, 흑우와 함께 톳과 모자반 등의 해조류까지 수탈당했다. 몸국을 끓일 모자반까지 모두 빼앗기는 바람에 어쩔 수 없이 돼지 육수에 국수를 말기 시작했다. 이후 진한 맛을 위해 사골 육수를 사용하게 되었고 식감과 영양을 위해 고기를 고명으로 올리면서 지금의 고기국수 형태가 되었다. 이제는 어엿한 제주 향토음식으로 자리 잡아 제주를 방문하는 여행객의 필수 먹거리가 되었다.

벚꽃이 아름다운 신산공원과 삼성혈 사이에 국수문화거리가 있다.

고기국수가 맛있기로 이름 난 추천 맛집

#골막식당 제주시 중심

고기국수 단일 메뉴로 쉴 틈 없이 손님이 들어오고 나가는 식당이다. 면이 굵고 쫄깃한 고기의 식감이 특히 좋은 곳. 고기를 오래 고아낸 육수가 묵직해서 남성적인 고기국수라는 평을 받는다. 가격도 다른 고기국수집보다 저렴한 편이다. 시원한 육수 덕분에 해장용으로도 제격이다. 아침 일찍 문을 열기도 하며, 주차장이 따로 있어 편리하다.

지도 P.201-B2 **주소** 제주시 천수로 12 **전화** 064-753-6949 **영업** 06:30~18:00, 일요일 휴무 **예산** 고기국수 7,000원

#자매국수 제주시 중심

제주 국숫집 중에서 모르는 사람이 없을 정도로 유명한 곳이다. 대기가 길어서 도민보다는 관광객이 주로 찾는다. 삼성로 '국수문화거리'에 있었다가 최근 바다가 바로 보이는 탑동으로 옮겼다. 언제니 아침 8시 전부터 사람들이 줄을 서서 대기했었는데 이전한 곳이 넓어 대기가 줄고 주차하기가 편해졌다. 국수에 올라가는 돔베고기가 잡내 없이 부드럽고 특히 비빔국수가 맛이 좋다. 국수 한 그릇 먹고 탑동 해안산책로를 따라 걷기 좋다.

지도 P.201-A1 **주소** 제주시 탑동로11길 6 **전화** 064-727-1112 **영업** 09:00~18:00(브레이크타임 14:20~16:00), 수요일 휴무 **예산** 고기국수 9,000원, 비빔국수 9,000원

돔베고기

고기국수 집 어딜 가나 돔베고기라는 메뉴가 같이 보인다. '돔베'
는 제주 방언으로 도마라는 뜻이다. 즉, 도마에 올려 나오는 고기
로 보통 돼지 수육이 올라간다. 삶은 돼지고기가 뜨거울 때 도마
에 올리고 바로 썰어서 먹는 데서 유래했다. 부드럽지만 제주 돼
지의 특징인 쫄깃함이 일품이다. 다른 양념장 없이 소금만 찍어
서 고기 자체의 맛을 즐기는 방법이 기본이다.

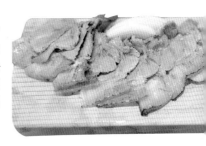

돔베국수 가 맛있기로 이름난 추천맛집

#금복 제주시 중심

돼지 앞다리살을 이용해서 맛과 함께 가격까지 착한 돔베고
기를 내주는 곳이다. 50년이 넘도록 제주동문시장에서 상인
들에게 사랑을 받는 맛집이다. 삼겹살 부위로 돔베고기를 만
들면 맛이 좋긴 하지만 아무래도 가격은 높아지기 마련. 여기
는 돔베고기 가격이 저렴해서 국수와 함께 곁들이기 좋다. 삶
은 고기를 내놓기 전에 따로 불맛까지 입혀서 나온다. 매운 고
추와 양파 한 점 올려 비법 양념장에 찍어 먹으면 소프트아이
스크림처럼 녹는다. 비빔고기국수 격인 비비고와 고기국수의
내공도 어마어마하지만 4,500원짜리 멸치국수가 돔베고기와
잘 어울린다.

지도 P.201-B1 **주소** 제주시 동문로 16 **전화** 064-757-6055 **영업** 08:00~
19:30, 일요일 휴무 **예산** 돔베고기 12,000원, 멸치국수 5,000원, 비비고
7,000원

#천짓골 서귀포시 중심

제주 돔베고기의 정석과 같은 곳. 거의 30년간 오직 돔베고기로만
승부했다. 메뉴도 돔베고기 하나뿐이며 백돼지냐 흑돼지냐만 고
르면 된다. 김이 모락모락 나는 돔베고기가 나오면 주인이 와서 먹
기 좋게 썰어주고 맛있게 먹는 방법을 설명해준다. 탱글탱글 쫄깃
하면서도 부드러운 살이 입에서 녹는다. 천짓골에서 추천하는 돔
베고기 맛있게 먹는 방법 세 가지. 소금이나 젓갈에만 찍어 먹어
도 되고, 된장을 찍은 마늘과 김치를 올려 먹으면 된다. 술 한 잔 기
울이며 먹는 속도가 늦을 경우, 남은 고기를 육수에 담아 따뜻하게
해서 썰어 준다. 세심한 배려에 없던 맛도 생길 판. 모자반이 듬뿍
들어간 몸국이 밥과 함께 나온다.

지도 P.299-상단 **주소** 서귀포시 중앙로41번길 4 **전화** 064-763-0399 **영업**
17:30~22:00, 일요일 휴무 **예산** 백돼지 돔베고기 48,000원, 흑돼지 돔베고기
60,000원

흑돼지

예전에는 전국적으로 키워지던 재래돼지가 흑돼지였다. 외국의 개량종에 비해 성장이 늦다 보니 사육 기간이 길어지고 비용이 높아 점점 대체되었다. 제주에서는 '돗통시'라고 화장실을 겸한 돼지우리에서 흑돼지를 길렀는데, 사람의 인분을 먹고 큰다고 해서 '똥돼지'라고도 불렸다. 제주 어디를 가나 흑돼지 구이집이 보이지 않는 곳이 없을 정도로 흔하다.

흑돼지가 맛있기로 이름 난 추천 맛집

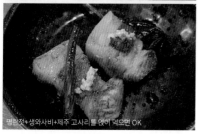

명란젓+생와사비+제주 고사리를 얹어 먹으면 OK

#숙성도 제주시 중심 서귀포시 중심

수많은 흑돼지 구이집 중에서도 숙성도는 가히 최고라 자부한다. 흑돼지의 개량종인 '난축맛돈'을 요즘 유행인 '드라이에이징'하여 내놓는다. 메뉴 이름 '720숙성 흑삼겹살'에서 720은 숙성 시간을 말한다. 숙련된 직원들이 최적의 상태로 구워주는데도 가격은 다른 곳과 차이가 없다. 제주 흑돼지를 먹는 기본 방법인 멜젓(멸치젓)에 찍어서 명란젓과 생와사비를 올리고 제주 고사리까지 올리면 돼지고기인지 잘 구워진 한우인지 구별이 어려울 정도. 아니 오히려 한우보다 더 깊은 맛이 느껴지는 것 같다. 입맛에 따라 갈치속젓도 올려 먹는데, 어울리지 않을 것 같은 숙성 고기와 각종 젓갈류가 최고의 궁합을 보여주는 곳이다.

지도 P.202, P.299-하단 주소 [본점] 제주시 원노형로 41, [중문점] 서귀포시 일주서로 966 전화 064-711-5212(본점), 064-739-5213(중문점) 영업 11:00~21:00 예산 교차숙성흑돼지 (180g) 19,000원, 960숙성뼈등심(300g) 36,000원

#연리지가든 제주시 서부

제주에 흑돼지 구이집이 많다고 다 같은 흑돼지가 아니다. 연리지가든은 체구와 성장 속노를 높인 개량종 흑돼지기 아닌, 진짜 재래종 흑돼지만을 판매하는 몇 안 되는 식당이다. 살코기는 보통 돼지고기보다 더욱 붉고 비계가 좀 많은 것이 특징. 비계가 많다고 불만을 가질 필요는 없다. 일반 돼지와는 확연히 다르게 비계가 버터처럼 고소해서, 먹다 보면 비계가 많이 붙어 있는 부분 골라 먹게 된다. 100% 예약제로 운영되고 미리 전화로 일정을 잡고 가야 한다. 1인분에 2만 원으로 개량 흑돼지보다는 가격이 다소 비싼 편이다.

지도 P.356-A2 주소 제주시 한경면 두조로 190-20 전화 064-796-8700 예산 1인분 20,000원

SPECIAL PAGE

메이드 인 제주를 찾아서

제주에서 시작된, 제주 도민들이 애정하는 체인점을 모아봤다. 어지간한 차별화로 살아남기 힘든 제주에서 하루가 다르게 인기를 더해가고 언제 가도 실패하지 않는, 제주가 고향인 체인점을 소개한다.

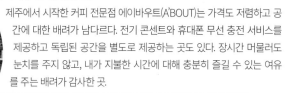

에이바우트 제주시 동부

제주에서 시작한 커피 전문점 에이바우트(A'BOUT)는 가격도 저렴하고 공간에 대한 배려가 남다르다. 전기 콘센트와 휴대폰 무선 충전 서비스를 제공하고 독립된 공간을 별도로 제공하는 곳도 있다. 장시간 머물러도 눈치를 주지 않고, 내가 지불한 시간에 대해 충분히 즐길 수 있는 여유를 주는 배려가 감사한 곳.

지도 P.238-A1 [대표 매장] 주소 제주시 조천읍 조함해안로 526(함덕점) 전화 064-784-8666 영업 07:00~23:00 예산 아메리카노 2,000원~

루스트 플레이스 제주시 중심

편안한 휴식처(Roost Place)라는 뜻으로 가성비 좋은 패밀리 레스토랑이다. 여러 메뉴 중에서 파네와 등갈비 바비큐를 추천하고 샐러드도 곁들임 메뉴로 좋다. 한번 가기도 부담되는 관광지 식당에 질렸다면 가성비 좋고 맛도 나쁘지 않은 제주형 패밀리 레스토랑도 좋은 선택이 될 수 있다.

지도 P.202 [대표 매장] 주소 제주시 수덕로 79(1호점) 전화 064-745-9004 영업 11:00~23:00 예산 파스타 9,900원~

그때그집 제주시 서부

흑돼지구이가 본 메뉴이긴 한데 점심 특선인 흑돼지 김치찌개 맛이 예사롭지 않다. 여러 가지 반찬도 기본 서빙되고 라면 사리, 떡 사리, 달걀 프라이가 무한리필로 제공된다.

지도 P.356-B1 [대표 매장] 주소 제주시 애월읍 애월해안로 97(애월 본점) 전화 064-799-9229 영업 11:00~21:30(둘째, 넷째 화요일 휴무) 예산 흑돼지 김치찌개 9,000원

괸당집 서귀포시 중심

냉동 삼겹살 구이 전문점으로 1등급 제주산 돼지를 급랭하여 굽기 좋게 썰어 나온다. 한때 유행했던 '냉삼(냉동 삼겹살)'이 레트로 문화를 발판 삼아 다시 돌아왔다. 매장 인테리어도 레트로 분위기를 흠뻑 살려내며 고기 한 점에 추억 한 쌈 맛볼 수 있도록 배려했다. 냉동 삼겹살과 함께 파는 키조개 관자도 주문해 보자. 삼겹살과 키조개 관자 그리고 함께 나오는 미나리를 삼합으로 먹으면 환상의 궁합을 보여준다.

지도 P.298 [대표 매장] 주소 서귀포시 김정문화로 67-1(본점) 전화 064-739-8333 영업 17:00~24:00 예산 냉동 삼겹살 1인분 9,900원, 키조개 관자 9,000원

THEME 09

제주에서 먹어봤? 특별한 제주 식재료

여행에서 음식은 가장 큰 비중을 차지한다고 해도 과언이 아니다. 음식이 맛있으면 그만큼 여행은 좋은 기억으로 남을 확률이 높다. 앞서 살펴본 제주 향토음식 말고도 제주에서만 맛볼 수 있거나 제주라서 더 특별해지는 식재료들이 있다. 제주산 흑우는 제주가 아니면 먹을 수가 없고, 말고기도 제주 밖에서는 맛보기 힘든 식재료다. 그냥 먹어도 맛있지만 알고 먹으면 더 맛있는 제주만의 특별한 8가지 식재료를 알아보자.

말고기

고려 시대부터 제주에서는 말을 키웠다고 한다. 지금도 중산간을 지나다 보면 말 목장이 흔하게 보이고, 무심하게 풀을 뜯으며 관광객의 시선을 따라 쳐다보는 말을 심심치 않게 볼 수 있다. 사실 말고기는 제주도민들도 일상 음식으로 먹지 않았다. 말은 이동 수단이었고 농사를 위한 도구였기에 돼지처럼 잔치 때마다 추렴해서 먹던 식재료가 아니었다. 1990년대부터 관광객을 대상으로 하는 말고기 전문점이 많이 생겨났다. 완전히 익히지 않고 먹기도 하고 육회로도 즐기는 것이 소고기와 닮은 부분이 있지만, 기름이 상당히 적으면서도 부드럽고 고소한 것이 말고기만의 특징이다.

제주도 말고기 맛집

#고수목마 서귀포시 동부

저렴하게 말고기 코스 요리를 종류별로 즐길 수 있는 곳. 1인 2만 원의 고수목마 모둠을 시키면 숯불 말고기는 물론이고 말육회, 갈비찜, 말곰탕까지 고루 나온다. 양이 넉넉하게 나오는 편이기도 하고 일행 중 말고기가 입맛에 맞지 않는 경우도 있으니 인원수보다 적게 시키는 것도 방법이다. 말고기라고 미리 말을 안 하면 소고기인지 사실 구분이 어려울 정도.

지도 P.270-B2 **주소** 서귀포시 표선면 표선중앙로 64 **전화** 064-787-4210 **영업** 11:00~21:30 **예산** 숯불생구이 1인 20,000원, 말곰탕 8,000원

#말고기연구소 제주시 중심

제주에서 말고기를 접해보고 싶은데 주저함이 있었다면, 말고기연구소에서 시작해 보자. 말고기연구소는 이름처럼 말고기를 맛있고 누구나 쉽게 접근하게 하기 위해 연구한다. 일반적인 말고기 구이집과 달리 말고기로 만든 육회와 불고기를 올린 초밥을 메인 메뉴로 운영한다. 여기에 말고기로 만든 육포와 소시지도 곁들일 수 있다. 모르고 먹으면 말고기인지 한우인지 구분이 안 될 정도로 거부감 없으면서도 감칠맛이 살아있다. 특히 단짠단짠한 소지지는 첫 입에 바로 맥주가 간절해질 정도다. 매장에 테이블은 있지만 좁은 편이라 포장하여 근처 바닷가에서 피크닉을 겸해 먹는 일정으로 잡아야 한다.

지도 P.201-A1 **주소** 제주시 북성로 43 1층 **전화** 064-758-8250 **영업** 10:00~19:00 **예산** 말불고기 부각초밥 8,500원, 말고기 육즙 소시지 9,000원

흑우

천연기념물 제546호 지정되어 있는 흑우는 오래전부터 제주에서 사육되어 왔다. 다른 지역에도 흑한우나 칡소처럼 검은 털의 소가 있긴 하지만 제주흑우하고는 다른 품종으로 알려져 있다. 품종 보호를 위해 제주 밖으로 반출이 불가해서 제주에서만 먹을 수 있다. 한우보다 흑우는 10개월 정도를 더 키워야 하고 덩치가 작아 가격이 다소 비싼 편이다. 방목으로 키워서 지방 함량이 적어 잘 굽지 못하면 질겨지기도 하지만, 대신 노린내가 거의 없다. 향도 은은하게 나고 일반 한우에 비해서 콜레스테롤이 낮으며 불포화지방산 함량이 높다.

#검은쇠몰고오는   제주시 중심

부모님이 흑우를 직접 키우고 자식이 그 흑우를 받아 손님을 맞이하는 가게다. 그만큼 고기의 품질 하나는 자신하는 곳. 흑우 창작요리 수상도 받은 곳으로 고기를 시키면 흑우타다키, 흑우떡갈비, 흑우냉채 등 평소에 접해 보지 못한 흑우 요리들이 기본으로 제공된다. 흑우구이가 부담된다면 흑우불고기 정식(1인 2만 원)이나 흑우갈비탕도 추천할 만하다.

지도 P.202 **주소** 제주시 신대로20길 27 **전화** 064-712-1692 **영업** 11:00~22:00(브레이크타임 15:00~17:00) **예산** 흑우검은쇠코스 70,000원

#흑소랑   제주시 중심

가격만 아니라면 매일이라도 출근 도장 찍고 싶은 곳이다. 전용 흑우 농장에서 키워진 흑우만 취급한다. 먹기 좋게 구워주는 흑우와 같이 나오는 흑우사시미, 흑우육회가 한없이 행복하게 만들어준다. 고급스러운 분위기로 손님 맞이로도 최적인 장소다. 가격이 부담된다면 점심시간에 가면 할인된 가격으로 맛볼 수 있다.

지도 P.200-B1 **주소** 제주시 연북로 631 **전화** 064-726-9966 **영업** 11:30~21:40(브레이크타임 15:00~17:00) **예산** 특등심(150g) 59,000원~, 런치구이 30,000원

흑우는 한우보다 기름이 적어 오래 구우면 질겨진다.

#서귀포시 축협 흑한우 명품관 서귀포시 중심

요리가 가능한 숙소에 머문다면 흑우를 사가지고 와서 직접 구워 먹어도 좋다. 서귀포시 축협 하나로
마트 흑한우 명품관에서는 포장된 흑우를 상시 판매한다. 가격대가 만만치 않은 흑우이지만 여기서
만큼은 일반 한우 가격과 비슷한 가격으로 구매할 수 있어 좋다. 명품관 안에는 흑우를 바로 먹을 수
있는 전문식당도 있다. 매년 8월 제주 흑우 축제가 열리는 곳이기도 하다.

지도 P.299-상단 **주소** 서귀포시 일주동로 8421 **영업** 09:00~22:00 **전화** 064-732-1488

꿩

제주 중산간에 사는 사람들에게 먹을 것이 부족한 겨울, 꿩과 노루는 한라산이 내리는 선물 같은 것이었다. 천적이 없는 제주에서 개체 수도 많고 다양한 음식으로도 만들어 먹을 수 있는 꿩은 별미 중의 별미였다. 그렇게 잡은 꿩은 메밀과 함께 꿩메밀칼국수로 많이 해 먹었다. 지금도 제주 중산간을 달리다 보면 '꿩~꿩~' 하는 소리와 함께 야생 꿩을 자주 만날 수 있다.

제주도 꿩 요리 맛집

#골목식당 제주시 중심

제주동문시장 근처에서 수십 년간 꿩 요리만 전문으로 하는 곳이다. 꿩메밀칼국수와 꿩구이만 판매한다. 다진 마늘 양념과 함께 구워진 꿩고기는 소금장에 찍어 먹으면 고소하면서도 쫄깃한 식감이 좋다. 마늘 향 덕분에 잡내는 나지 않지만, 닭보다 잔뼈가 많은 편이니 주의하자. 너무 많이 익히면 질겨진다.

지도 P.201-B1 **주소** 제주시 중앙로 63-9 **전화** 064-757-4890 **영업** 10:30~20:00 **예산** 꿩메밀칼국수 9,000원, 꿩구이 30,000원

#메밀꽃차롱 제주시 중심

다양한 꿩 요리를 한 번에 코스로 즐길 수 있어 인기. 꿩한마리샤브코스를 주문하면 꿩고기 샤부샤부와 함께 꿩다리 버터구이, 꿩만두, 도토리메밀전이 함께 나온다. 종잇장처럼 얇게 저민 꿩고기를 시원한 육수에 익혀 야채와 함께 먹으면 된다. 고기를 다 먹고 나면 제주 전통 방식의 메밀수제비를 띄워준다. 찰기가 없는 메밀의 특성따라 쫄깃한 수제비와 식감은 사뭇 다른 편이다. 식사가 모두 끝나면 제주 전통 엿인 꿩엿도 맛보게 해준다. 건강 음식으로 알려진 꿩엿은 딱딱한 일반 엿과는 달리 액체 형태로 숟가락으로 떠먹는다.

지도 P.202 **주소** 제주시 연오로 136 **전화** 064-711-6841 **영업** 11:00~15:00 **예산** 꿩한마리샤브코스 55,000원, 꿩메밀손칼국수 11,000원

멜(멸치)

육지에서는 멸치를 주로 말려 육수를 낼 때 쓰거나 볶음으로 쓰지만, 제주에서는 멜조림, 멜국, 멜튀김 등 다양하게 요리를 해서 먹는다. 바닷가에 가보면 원형으로 크게 돌을 쌓아 담을 만들어 놓은 것을 볼 수 있는데, 물이 들었다가 나갈 때 고기가 나가지 못하고 잡히게끔 만든 '원담'이다. 예전에는 제주에서 멜을 원담으로 잡았다. 멜은 잡자마자 금방 죽고 상하기 시작하기 때문에 얼마나 신선한 멜을 쓰느냐에 따라 맛이 크게 달라진다.

제주도 멜 요리 맛집

#솔지식당 제주시 중심

'멜'은 제주에서 큰멸치를 부르는 말.

제주에서 돼지고기는 꼭 멜젓에 찍어서 먹는다. 꼬리꼬리한 향의 멜젓이 돼지고기의 느끼함을 잡아주어 끝도 없이 먹게 된다. 보통 식당들이 작은 종지에 멜젓을 내오는데 솔지식당은 커다란 뚝배기에 멜조림이 함께 나온다. 멜젓처럼 멜조림에 고기를 푹 찍어서 먹으면 두 눈이 번쩍 뜨이는 느낌이다. 멜조림 하나만큼은 제주 어느 식당보다 솔지식당이 뛰어나다. 노형동 본점 말고 시청점 분점도 있다. 손님 회전이 빠르지 않은 메뉴이다 보니 시간을 맞추지 못하면 대기가 길어질 수 있으니 유의한다.

지도 P.201-B2, P.202 주소 [노형점] 제주시 월랑로 88, [시청점] 제주시 광양13길 14 전화 064-749-0349(노형점) 064-725-2929(시청점) 영업 ~금요일 12:00~21:40, 토·일요일 17:00~21:40, 시청점만 일요일 휴무 예산 오겹살 17,000원, 가브리살 18,000원

#정성듬뿍제주국 제주시 중심

멜은 손질이 힘들어 보통 튀김이나 국으로 요리를 많이 한다. 여기서는 신선한 멸치를 일일이 뼈를 발라 무침으로 나온다. 식감은 약간 흐물거리긴 한데 멜과 양념의 감칠맛으로 모든 걸 잊게 해준다. 장대국도 멜무침을 더하면 좋다. 물고기가 꾸욱꾸욱 소리를 낸다고 해서 '성대'라 하는 생선을 제주에서는 장대 또는 장태라 부른다. 옥돔국처럼 무와 함께 맑게 끓여내는 것이 특징.

지도 P.201-B1 주소 제주시 무근성7길 16 전화 064-755-9388 영업 10:00~20:00(브레이크타임 15:00~17:00), 일요일 휴무 예산 멜회무침 20,000원, 장대국 9,000원, 각재기국 9,000원

뿔소라

제주가 아니어도 남해 인근에서도 잡히는 식재료이지만, 제주 해녀가 직접 잡은 자연산 뿔소라는 제주에서 먹어야 제맛이다. 소라는 회로는 물론 구이로도 즐기고 해물탕이나 제주식 퓨전 요리 등 빠지는 곳이 없을 정도다. 해녀가 하나하나 잡은 자연산만 있다 보니 가격이 높은 것은 고려해야 한다. 6월부터 8월 말까지는 뿔소라 금어기라 잡지 못한다. 이 시기에 먹는 뿔소라는 미리 잡아놓고 장시간 수족관이나 그물에 보관했던 것으로 질긴 식감이 강해진다. 이 시기를 피하면 언제나 꼬독꼬독 맛있는 소라를 먹을 수 있다.

제주도 **뿔소라 요리 맛집**

#뿔소라몽땅 서귀포시 중심

우도에서 인기가 높았던 식당인데 얼마 전 서귀포 법환동으로 이전했다. 뿔소라를 가지고 한 상을 푸짐하게 차려주는 뿔소라 코스요리 전문점이다. 뿔소라몽땅에서는 뿔소라죽, 게우밥, 무침, 구이 등 뿔소라로 하는 요리를 따로 시켜도 되고 이 모든 요리를 맛볼 수 있는 정식 메뉴를 시켜도 된다. 우뭇가사리가 올라간 뿔소라 무침과 내장으로 만든 게우밥이 별미. 보통 죽처럼 나오는 게우밥과 달리 볶음밥처럼 고슬고슬 볶아서 나온다.

지도 P.298 **주소** 서귀포시 이어도로 866-27 **전화** 064-738-4902 **영업** 11:30~19:30(브레이크타임 15:00~17:00), 화요일 휴무 **예산** 몽땅정식 17,000원(1인 기준)

#키친테왁 제주시 중심

'테왁'은 해녀들이 몸을 기대 헤엄을 치고, 잡은 해산물을 넣는 도구를 말한다. 해녀들이 잡은 뿔소라로 다양한 요리를 선보이는 곳으로, 식당 이름도 '키친테왁'이라 지었다. 전복 내장을 제주에서는 '게우'라고 하는데, 뿔소라 게우장밥과 뿔소라 파스타가 특히 맛있는 곳이다. 여기 로제 소스로 만든 파스타에 한 번 빠지면 계속 생각이 나서 다시 찾게 만드는 묘한 매력을 가졌다.

지도 P.201-B2 **주소** 제주시 천수동로 31 **전화** 010-7595-3054 **영업** 11:00~21:00(브레이크타임 14:30~17:00), 목요일 휴무 **예산** 뿔소라 게우장밥 11,000원, 테왁파스타 13,000원

한치

오징어랑 비슷한 꼴뚜기의 일종으로 몸 크기에 비해 다리가 '한 치(약 3cm)'밖에 되지 않는다고 해서 붙여진 이름이다. '한치를 인절미에 비유한다면, 오징어는 개떡 정도밖에 안 된다'라는 속담이 있을 정도로 제주도민에게는 자리돔만큼이나 영혼의 단짝 같은 음식이다. 매년 5월부터 8월까지가 한치 시즌으로 생물 한치는 이때만 맛볼 수 있다. 오징어보다 부드럽고 단맛이 강한 편이다.

제주도 한치 요리 맛집

#돈지식당 서귀포시 서부

100% 자연산인 한치는 제주 어디서 먹어도 한결 같은 맛이라 딱히 대표 맛집은 없다. 다만 돈지식당은 한치 코스 요리를 선보이는 곳으로 한 번에 다양한 한치 요리를 맛볼 수 있다. 한치 시즌 가장 많이 찾는 한치 회와 한치 물회는 기본이고, 한치 덮밥에 한치 튀김이 함께 나온다. 한치 먹물까지 함께 먹게 되는 한치 통찜까지 더해지면 제주에서 먹어볼 수 있는 한치요리 대부분이 한 상에 펼쳐지게 된다. 봄에는 자리회코스, 겨울에는 방어회코스도 인기.

지도 P.332-B2 **주소** 서귀포시 대정읍 하모항구로 60 **전화** 064-794-8465 **영업** 11:00~21:00, 매주 화요일 휴무 **예산** 한치코스 2인 60,000원

흰오징어(무늬오징어)

무늬가 있다고 해서 무늬오징어라고도 불리는 흰오징어는 남해와 제주에서 주로 잡힌다. 에깅이라는 낚시의 주 대상어이고 같은 오징어류 중에서도 크기와 맛이 뛰어나 여왕급이라 한다. 난류성으로 제주에서는 방파제나 근해에서 1년 내내 잡힌다. 회는 물론이고 살짝 익힌 숙회로도 많이 먹는다. 살이 통통해서 식감이 좋고 한치보다 더 단맛이 돈다.

제주도 흰오징어 요리 맛집

#토끼트멍 〈서귀포시 서부〉

다양한 무늬오징어 요리를 맛볼 수 있는 곳이다. 제주에서도 무늬오징어만 전문으로 요리하는 곳을 이 집말고는 아직 찾지 못했다. 주인장이 매일 직접 에깅낚시를 해서 무늬오징어를 잡아온다. 가격은 제법 나가는 편이지만 전날 잡아 온 신선한 자연산 무늬오징어를 맛보기 위해 감수할 수 있는 수준이다. 내일의 재료 수급을 위해 당일 잡아 온 무늬오징어가 소진되면 일찍 문을 닫는다. 한정된 재료로 요리하기 때문에 방문 전 전화 예약은 필수다.

지도 P.333-C2 **주소** 서귀포시 안덕면 사계남로 182 **전화** 010-3393-0852 **영업** 10:00~21:00, 일요일 휴무 **예산** 무늬오징어 물회 20,000원, 무늬오징어회 40,000원

부채새우

딱새우는 많이 알아도 제주에서 부채새우가 잡힌다는 이야기는 모르는 사람이 많다. 딱새우 친척쯤 되는데, 새우보다는 랍스터에 가깝다. 이름도 영문명이 'fan lobster'라 한다. 남해 일부와 제주도 바다에서만 잡히는 부채새우는 양식이 어렵고 깊은 바다에서만 잡히기 때문에 쉽게 접할 수 없다. 보통 모래밭에 살기 때문에 광어잡이 어선에 같이 잡힌다. 초겨울부터 이듬해 봄까지가 시즌이다.

제주도 부채새우 요리 맛집

#어조횟집 　서귀포시 동부

어획량이 일정치 않아 부채새우를 전문으로 요리하는 식당이 거의 없는데, 어조횟집은 계절 메뉴로 부채새우찜과 부채새우회를 선보이고 있다. 부채새우찜은 냉동으로 구매하여 어렵지 않게 맛볼 수 있지만, 부채새우회는 제주도에서도 보기 힘든 메뉴다. 랍스터회와 맛이 비슷하면서도 단맛이 더 강한 편이다. 회를 먹고 나면 부채새우 껍데기로 탕을 끓여준다. 뿔소라, 딱새우회, 돌문어, 전복 등 11가지 해산물을 한 번에 맛볼 수 있는 '어조한판'이라는 메뉴로 젊은층에 인기인 횟집이다.

지도 P.271-상단　**주소** 서귀포시 성산읍 일출로 233 **전화** 064-783-4001 **영업** 12:00~23:00 **예산** 부채새우 회 60,000원, 어조한판 80,000원

#피어22 　제주시 서부

금능포구 어촌계 건물 1층에 있다. 해녀가 물질을 해서 잡은 해산물을 담는 '테왁망사리'에서 영감을 얻은 '태왁'(테왁의 비표준어)이라는 해산물 모둠을 전문으로 하는 곳이다. 딱새우에 감자, 소시지, 옥수수가 같이 삶아져 나온다. 나무망치로 딱새우를 두드려 가며 까먹는 재미, 다양한 소스에 찍어 먹는 재미가 쏠쏠하다. 기본 태왁에다가 부채새우를 곁들일 수 있다.

지도 P.357-상단　**주소** 제주시 한림읍 금능7길 22 **전화** 064-796-7787 **영업** 11:00~21:00(브레이크타임 15:00~16:00) **예산** 태왁 1인 24,000원, 부채새우 600g 35,000원

SPECIAL PAGE

이렇게 팔아도 되나요?
가성비 맛집

제주 인구의 상당 부분이 거주하는 제주 시내권에는 맛집들이 특히 많다. 밥값이 비싼 것 같아 불만이라면 일단 공항에서 내리고 제주 시내에 있는 가성비 맛집부터 가보자. 도민들이 특히나 애정하고 저렴하면서도 맛까지 뛰어난 곳을 골랐다. 그러기에 기다림은 기본이고 주차도 불편 할 수 있다. 하지만 가격과 맛으로 모든 것을 용서하게 만드는 곳들이다.

곤밥2 　제주시 중심

도민들이 찾는 식당 메뉴판에 있는 '정식'이라는 메뉴에는 기본적으로 생선과 제육볶음이 함께 나온다. 곤밥2에서는 고등어구이가 나오는 다른 곳과 달리 옥돔이 상에 올려진다. 따로 옥돔구이 정식을 파는 곳에 가보면 보통 인당 1만 5,000원이 넘어가는데, 이 집에서는 1인당 9,000원이라는 저렴한 가격에 옥돔과 제육을 함께 즐길 수 있다. 생물 옥돔은 살이 무른 편이라 바싹하게 튀겨져 나온다. 점심시간 전후로는 대기가 긴 편이니 시간을 고려해서 일정을 짜자. 바로 앞에 공영주차장이 있다.
　지도 P.201-B1　주소 제주시 서부두남길 8 전화 064-759-2918 영업 10:30~21:00, 월요일 휴무 예산 정식 9,000원, 두루치기 9,000원

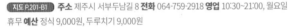

남춘식당 　제주시 중심

점심시간이면 줄 안 서는 날이 없는 도민 맛집으로 국수와 김밥이 주 메뉴. 가격도 저렴하고 맛도 훌륭해서 언제나 만석이다. 국수를 잘 말기도 하지만 여기 김치가 비범하다. 김치를 더 맛있게 먹기 위해 국수를 흡입한다는 말이 나올 정도. 김밥은 제주 3대 김밥으로도 손꼽힐 정도로 알아준다. 유부와 당근 그리고 고기 약간이 전부인데, 먹다 보면 은근 중독되는 맛이다. 김밥 포장 손님도 상당히 많은 편이다. 멸치국수와 유부김밥의 궁합이 최고!
　지도 P.201-B2　주소 제주시 청귤로 12 전화 064-702-2588 영업 11:00~17:00, 일요일 휴무 예산 고기국수 8,000원, 김밥 3,500원

파도식당 　제주시 중심

시원하게 끓여낸 멸치육수에 굵직한 중면과 유부가 넉넉하게 들어간 멸치국수로 유명한 식당이다. 아주 얇게 썰어 면만큼이나 많이 들어간 유부가 포인트. 식감과 함께 맛을 살려준다. 양도 넉넉해서 어지간한 대식가가 아니면 대(大)자를 시키는 객기는 부리지 말길. 고춧가루를 넉넉하게 풀고 먹으면 해장으로도 그만이다.
　지도 P.201-B1　주소 제주시 성지로 68-1 전화 064-753-3491 영업 08:00~16:00, 화요일 휴무 예산 멸치국수 6,000원

순희뽀글이 　제주시 중심

제주종합운동장 근처 도민 맛집 순희뽀글이에 가면
단돈 7,000원으로 든든한 한 끼를 먹을 수 있다. 각종
반찬에 돼지고기볶음, 그리고 강된장이 함께 나온다.
가격이 저렴하다고 맛도 그럴 것으로 생각하면 큰 오
산이다. 어머니가 해준 집밥처럼 속도 편안하고 맛도
좋다. 이 집은 청국장도 기대 이상으로 맛이 좋아서
추천한다. 이른 아침부터 영업을 해서 든든한 하루를
시작하기 좋다. 점심때는 대기가 제법 길다.

지도 P.201-A2 　**주소** 제주시 공설로 27-1 **전화** 064-755-7441 **영
업** 07:00~17:00, 일요일 휴무 **예산** 뽀글이정식 7,000원, 비빔밥
5,000원

왕대박 왕소금구이 　제주시 중심

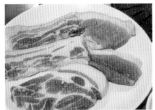

제주 전체를 통틀어 근고기를 이 집만큼 저렴하게 파는 곳은
보지 못했다. 이렇게 장사해서 뭐가 남을까 싶다. 근고기는 제
주에서 1근, 2근 이렇게 근 단위로 판다고 해서 붙여진 이름이
다. 근고기 1인분(200g)에 5,000원, 믿어지지 않는 금액이다.
제주시청 근처가 '제주 대학로'라고 불릴 만큼 젊은 대학생들
이 많이 찾는 곳이라 여유롭지 않은 학생들을 위해 서비스 차
원에서 제공하는 가격이라지만 쉬이 이해가 가지는 않는다. 근
고기 말고도 나머지 고기 부위도 다른 곳에 비해 훨씬 저렴한
편. 밥을 시키면 김치찌개도 서비스로 나온다. 2명이 가서 근고
기 2인분과 공깃밥까지 시키면 김치찌개까지 1만 2,000원!

지도 P.201-B2 　**주소** 제주시 서광로32길 1 **전화** 064-752-0090 **영업**
17:00~24:00, 첫째·셋째 주 화요일 휴무 **예산** 근고기 1인분 5,000원(200g)

코코분식 　제주시 중심

가격도 저렴하고 양도 푸짐한 분식집. 칼국수와 제주
식 육개장 그리고 비빔밥이 주 메뉴다. 칼국수 면은
어찌나 굵은지 마치 수제비를 먹는 듯하다. 전체적으
로 간이 좀 센 편이긴 하지만 주머니 사정을 고려한
가격, 그리고 배 터지도록 먹을 수 있는 넉넉한 인심
에 자주 찾게 된다. 주말에는 문을 열지 않으며 평일
에도 가끔 휴무인 날이 있으니 꼭 전화해보고 가야
한다. 고사리육개장도 매콤하고 진한 맛을 자랑한다.

지도 P.201-B2 　**주소** 제주시 신성로 104 **전화** 064-751-1118 **영
업** 11:00~20:00, 주말·수요일 휴무 **예산** 칼국수·비빔밥·육개장
6,000원

THEME 10

지구촌 요리를
제주 품안에

미식

✓ TRAVEL TIP
도민 중심의 향토음식점은 일요일에 쉬는
경우가 많고, 관광객 위주의 음식점들은 평일에 쉬는 편이다.
곳에 따라 브레이크타임을 운영하기도 한다. 정해진 시간을 지키는
경우도 있지만, SNS에 공지만 하고 쉬는 경우도 제법 많다. 출발 전에
꼭 전화로 확인한 후 움직이자.

야자나무 가로수, 온화한 날씨 그리고 고개만 돌리면 보이는 바다. 덕분에 비행기 타고
제주로만 와도 이국적인 느낌이 물씬 난다. 여기에 다양한 세계 음식이 더해지면 잠시
나마 국내가 아닌 해외 휴양지에라도 놀러 온 느낌이 들 수 있다. 제주에서 손꼽는 세계
음식점을 소개해 본다.

태국 반양 <서귀포시 서부>

드라이브 코스로 인기인 신창 풍차 해안도로 근처에 있다가
지금의 대정읍으로 자리를 옮겼다. 근처에 먹을 만한 식당이
없는데 다행히 반양이 빈자리를 우뚝 채워주고 있다. 태국 음식
전문점으로 똠얌꿍과 팟타이가 인기다. 둘 다 제주 자연산
황게가 올라가는데 크기는 작아도 살이 실하게 차 있다.
팟타이에 올라간 황게 튀김은 껍질까지 다
먹어도 될 정도.

지도 P.332-B1 **주소** 서귀포시 대정읍 중산간서로
2986 **전화** 070-8883-8545 **영업** 11:00~16:30,
목요일 휴무 **예산** 똠얌꿍 13,000원,
해물팟타이 12,000원

하와이 글라글라하와이 <서귀포시 서부>

퓨전 하와이안 음식을 주로 내놓는 곳으로 '글라글라'는 제주
방언으로 가자가자 라는 뜻이다. 하와이까지 가지 않아도
하와이 분위기 물씬 풍기는 식당에서 술 한 잔 기울이는
기분이 느껴진다. 달고기로 만든 피시앤칩스와
하와이안 해물찜이 추천 메뉴다. 제주에서 주로
잡히는 달고기는 옆에 보름달 같은 검은 점을
가지고 있어서 붙여진 이름이다. 육질이 단단해서
튀김에 잘 어울린다. 해물찜은 뿔소라와 딱새우
그리고 각종 야채를 국물 없이 쪄내고 양념을 뿌려
나온다. 수제 맥주와도 궁합이 좋다.

지도 P.332-B2 **주소** 서귀포시 대정읍 하모항구로 70 **전화**
064-792-2737 **영업** 11:00~23:00(브레이크타임 15:00~17:00),
화요일 휴무 **예산** 달고기 앤 칩스 17,000원, 하와이안 해물찜
43,000원

SPAIN

스페인 그라나다 제주시 중심

점심에는 스페인식 식사를 제공하고 밤이 되면 근사한 와인바로 변
신한다. 스페인의 작은 식당을 연상시키는 이국적인 분위기와 그에
걸맞은 다양한 스페인식 메뉴가 준비되어 있다. 식사로는 오징어 먹
물이 들어간 파에야와 파스타 정도가 있고, 와인에 곁들일 만한
안주류는 더욱 다양한 편이다. 스페인에서 관련 자격증을 취득하
고 직접 만드는 하몽(스페인 전통 음식인 돼지 뒷다리 생햄)이
올라간 하몽 플레이트와 크림소스로 만든 스페인 전통 크
로켓이 이 집의 시그니처 메뉴. 오일로 만드는 감바스
대신 크림으로 만든 감바스 크림도 추천 메뉴 중 하나.

[지도 P.202] **주소** 제주시 1100로 3308 **전화** 064-712-6682 **영업**
12:00~23:00(브레이크타임 15:00~18:00), 일요일 휴무 **예산** 감바스
크림 16,000원, 크림 크로켓 5,000원

아랍 와르다 레스토랑 제주시 중심

와르다 레스토랑은 제주에 최초로 생긴 아랍 음식 전문점이다. 제주
에 체류 중인 아랍계 외국인들도 많이 오고, 아랍 음식이 궁금한 여
행객들도 알음알음 찾아온다. 기본 메뉴는 '홈무스와 호브스'로,
아랍인들이 주식으로 삼고 있는 납작한 빵 호브스를 병아리
콩을 으깨어 만든 홈무스에 찍어 먹는 음식이다. 여기에 소
고기로 만든 '파호사'라는 스튜를 추가해도 좋다. 메뉴 이름
들이 익숙하지 않아도 맛은 대부분 거부감 없이 만족해하는
편이다. 식당 앞에 공용주차장이 있어 천천히 머물기
부담 없고, 바쁜 일정에는 간단히 케밥만 포장
해 가도 좋다.

[지도 P.201-B1] **주소** 제주시 관덕로8길 24-1
전화 064-751-1470 **영업** 12:00~22:00 **예산**
아그다 치킨과 호브스 10,000원, 파호사와 호
브스 16,000원

VIETNAM

베트남 신짜우베트남쌀국수 `제주시 중심`

현지인이 운영하는 정통 베트남 음식점으로 쌀국수, 월남쌈, 반미,
짜조 등 다양한 베트남 음식이 준비되어 있다. 특히 여기는 반쎄오가
유명하다. 반쎄오는 쌀가루를 얇게 익히고 그 안에 고기와 채소를
넣어 반달 모양으로 부쳐낸 음식이다. 겉은 바삭하고 안은 고기와
야채가 어우러지며 크레페 같으면서도 군만두, 타코와도 닮은 듯한
맛이 난다. 그냥 먹기도 하지만, 여기는 직원이 직접 반쎄오를 잘라
라이스페이퍼에 야채와 함께 쌈을 싸준다. 먹기 편하기도 하거니와
느끼한 기름 맛을 라이스페이퍼와 야채가 잡아주며 반쎄오 맛을
배가시켜준다.

`지도 P.200-B1` **주소** 제주시 동화로1길 53-1 **전화** 064-758-0078 **영업**
10:00~21:00 **예산** 소고기쌀국수 9,000원 반세요(반쎄오) 15,000원

남미(페루) 오래된구름 `제주시 동부`

PERU

제주에서 다소 생소한 세계 음식을 맛보고 싶을 때 딱이다.
이 집의 인기 메뉴는 '까라뿔끄라 꼰 쏘빠 쎄까'라는
파스타와 '비리아'라는 음식이다. 페루식 파스타로
바질페스토가 진득하게 비벼진 파스타면에 고기가
듬뿍 들어간 토마토소스 수프가 부어져서 나온다.
따로 먹어도 되지만 마구 비벼서 먹으면 더 맛있다.
'비리아'는 직접 반죽해서 만든 토르티야에 고기를
싸서 다시 국물에 찍어 먹는 음식이다. 국물이 진한
해장국처럼 시원한 것이 특징. 쉽게 살 수 있는 토르티야도
직접 만든다 하니 음식 하나하나에 대한 주인장의 열정과 욕심이
보인다. 최근 선보인 '초리빤'이라는 아르헨티나식 샌드위치도
인기다. 직접 만든 초리쏘(소시지)를 화덕에서 천천히
구워내고 바게트에 넣어 나온다.

`지도 P.238-B1` **주소** 제주시 조천읍 북선로 372 **전화** 064-784-1015
영업 12:00~21:00(브레이크타임 15:00~17:30), 일·월요일 휴무 **예산**
까라뿔끄라 꼰 쏘빠 쎄까 26,000원, 초리빤 7,000원

SINGAPORE

싱가포르 호커센터 `제주시 서부`

호커센터(Hawker center)는 동남아 쪽에서 푸드코트를 뜻하는
말이다. 애월항에 있는 호커센터는 아시아 요리 전문점으로
주로 싱가포르 요리가 주력이다. 시그니처 메뉴는 싱가포르 하면
떠오르는 칠리크랩. 제주산 황게에 매콤달콤한 칠리소스가 더해져
나온다. 게살은 그냥 먹고 소스는 꽃빵이나 밥에 비벼 먹으면 된다.
크랩, 꽃빵, 나시고랭, 시리얼 새우가 같이 나오는 크랩 세트로 시키면
3~4명이 적당히 먹을 수 있도록 골고루 나온다. 게딱지에 나시고랭을
올리고 크랩 소스를 넣고 비벼 먹으면 이것이 바로 싱가포르식
밥도둑!

`지도 P.356-B1` **주소** 제주시 애월읍 애월로11길 25-2 **전화** 064-799-8989 **영업**
12:00~19:00, 수요일 휴무 **예산** 칠리크랩 30,000원, 락사 9,000원

INDIA

인도 바그다드 `제주시 중심`

제주 카레 음식점들이 대부분 퓨전시인 데 반해 여기는 정통 인도식
커리를 맛볼 수 있다. 채식 커리부터 양고기 커리까지 14가지의
다양한 커리가 준비되어 있다. 인도식 화덕에서 숯으로 구운
난이 특히 맛있다. 더불어 인도 사람인 주인장 손길이 묻어나는,
투박하면서도 이국적인 인테리어에서도 마치 커리
향이 풍겨 나오는 것 같다.

`지도 P.201-B2` **주소** 제주시 관덕로8길
34 1층 **전화** 064-757-8182 **영업**
11:00~23:00(브레이크타임
15:30~17:30) **예산** 채식커리 11,500~,
난 2,000원, 탄두리치킨 18,000원

FRANCE

프랑스 릴로 제주시 동부

프랑스의 어느 작은 카페에 와 있는 듯한 차분한 분위기의 릴로는 프랑스풍 브런치 전문점이다. 빵 위에 치즈나 고기, 채소를 올려 먹는 프랑스식 샌드위치 '타르틴'과 바게트로 만든 샌드위치 맛집으로 잘 알려져 있다. 프랑스 밀가루와 천연발효종으로 만든 캄파뉴로 만든 타르틴에 제주 감자로 만든 수프 하나 곁들이면 금상첨화. 건강한 한 끼 음식을 대접하기 위해 햄과 페이스트도 모두 직접 만들어 사용한다. 배우 서갑숙 님의 딸이 프랑스 유학 후 제주에 자리 잡고 시작한 식당으로 제주에서 함께 지내며 직접 손님을 맞이하고 있다.

지도 P.239-D2 **주소** 제주시 구좌읍 종달로 60-12 **전화** 010-4420-4945 **영업** 09:00~15:00, 월·화요일 휴무 **예산** 바게트 비프 8,000원, 수비드비프타르틴 11,000원

JAPAN

일본 잇칸시타 제주시 서부

일식은 어딜 가나 만날 수 있는 흔한 음식이 되어버렸지만, 한 상 가득 일본식 가정식을 차려 나오는 잇칸시타는 제주에서도 손꼽히는 일식집이다. 일본식 가정식을 우리 입맛에 맞게 재해석해서 낮에는 식당으로, 저녁에는 술 한잔 걸치기 좋은 이자카야(선술집)로 변신한다. 다양한 정식류를 시키면 메인 음식과 함께 매주 바뀌는 일식 반찬이 다양하게 곁들여진다. 입천장이 까질 듯 바삭한 튀김이 매력적인 텐동 정식이 메인이다. 여러 종류의 해산물이 올라가는 카이센동 정식도 한 끼 가격치고는 제법 높은 편이지만 한 번쯤 욕심 내볼 만하다. 잇칸시타는 일어로 '한결같은'이라는 뜻이다.

지도 P.356-A1 **주소** 제주시 애월읍 신엄안2길 54-1 **전화** 064-713-5450 **영업** 11:00~21:00 **예산** 텐동 정식 17,000원, 카이센동 정식 25,000원

독일 제이학센 　제주시 중심

구워 먹는 흑돼지가 식상하다면 제이학센에서
색다른 흑돼지 음식을 접해보자. 독일 전통 음식
슈바이네학센은 독일의 비어하우스에서 빠지지
않는 대표 메뉴다. 독일식 족발요리라고 보면 되는데,
한 번 삶아낸 족발을 다시 오븐에서 굽는
과정에서 속은 부드럽고 겉은 바삭하게
만들어진다. 도두 앞바다가 바로 보이는
위치도 제이학센의 또 다른 장점.
흑돼지로 만든 제주식 슈바이네
학센은 시원한 맥주 한 잔이 절로
생각나는 맛이다.

지도 P.200-A1　**주소** 제주시 서해안로 232
전화 064-711-8616 **영업** 11:00~24:00
예산 제이 흑돼지 학센 49,000원

이탈리아 파스토 　제주시 서부

곽지해수욕장과 협재해수욕장 사이 해안도로에 자리 잡았다.
2층 홀에 들어서자마자 시원하게 제주 바다와 마주하게 된다. 탁
트인 뷰가 음식도 먹기 전에 무장해제시킨다. 19년간 호텔 조리사로
일했던 주인장이 직접 요리를 한다. 바질 페이스트와 오일이 잘
버무려진 오일 파스타와 흑돼지 돈가스 파스타가 시그니처 메뉴.
빙울토마토 하나도 오븐에 익히고 바람에 말려서 당도를
높이고 딱새우는 까기 쉽게 손질하고 불맛을 입혀서
올린다. 수제 흑돼지 돈가스 파스타는 당일 손질한
흑돼지 돈가스를 그릇처럼 튀겨서 파스타를 올려
나온다. 돈가스의 느끼함을 파스타 소스가 싹 잡아준다.
튀김옷은 얇게 입혀 흑돼지가 주인공임을 잊지 않게
해주며 파스타까지 돋보이게 해준다.

지도 P.356-A1　**주소** 제주시 한림읍 한림해안로 540 2층 **전화**
064-796-7004 **영업** 11:00~21:00, 월요일 휴무 **예산** 딱새우 전복
오일 파스타 17,000원, 수제 흑돼지 돈가스 파스타 19,900원

SWITZERLAND

스위스 치저스 제주시 동부

스테이크 위에 치즈를 거하게 올려주는 '라클렛'이 대표
메뉴. 라클렛은 스위스 발레라는 지역에서 생산되는
치즈 이름으로 녹인 라클렛 치즈를 여러 가지 음식에 올려
먹는 스위스 전통요리다. 라클렛을 녹이는 기계도 역시
라클렛이라고 부르는데, 치저스에서는 라클렛으로
녹인 치즈를 스테이크 위로 폭포처럼 흘러내리게 해서
올려준다. 이 멋진 비주얼 하나로 푸드트럭에서 시작해서
구좌읍 최고의 인기 맛집으로 자리 잡았다. 라클렛 외에
또 다른 메인 메뉴 한치리소토 아란치니도 쌍벽을 이루는
맛이다. 찾는 이가 많으니 꼭 전화나 네이버 포털사이트로
예약을 하고 가야 헛걸음을 하지 않는다.

지도 P.239-C2 **주소** 제주시 구좌읍 비자림로 1785 **전화** 070-7798-1447 **영업** 11:00~15:00,
매주 화~목요일 휴무 **예산** 라클렛 16,000원, 한치리소토 아란치니 14,000원

영국 윌라라 서귀포시 서부

남북 정상회담 메뉴로도 올라갔던 고급 생선인 제주 달고기와 상어고기로
피시앤칩스를 만드는 곳이다. 피시앤칩스의 고장 영국에서 관련 자격증도
취득했다고 한다. 생맥주로 즉석에서 반죽한 튀김옷을 입혀 가마솥에서
튀겨낸다. 기름이 산패되어 맛이 틀어지는 것을 막기 위해 하루 39개의
피시앤칩스만 주문 받는다. 덕분인지 여느 식당에서
먹어본 것과는 확연히 다른 식감을 보여준다.
마감은 저녁 8시까지만 6시 정도부터
재료가 소진되는 경우가 제법 많다.
이른 저녁이나 낮술 한 잔의
안줏거리로 추천한다.

UNITED KINGDOM

지도 P.271-상단 **주소** 서귀포시
성산읍 성산중앙로 33 **전화** 064-
782-5120 **영업** 12:00~18:00 **예산**
달고기 피시앤칩스 16,000원

THEME 11

평범함은 가라! 제주스러운 제주 분식

미식

제주도까지 와서 떡볶이를 찾는 사람이 있냐고? 많다. 생각보다 떡볶이 '덕후'들이 엄~청 많다. 진리의 떡볶이에 신선한 제주산 해물을 담았더니 한 번 맛보면 자꾸 생각나는 지경까지 이르렀다. 초등학교 시절 먹던 옛 떡볶이 맛집부터 퓨전 떡볶이까지 입맛대로 골라보자.

퓨전 분식의
진수를 보여주마
관덕정분식 · 제주시 중심

분식점 근처에 제주목 관아의 한 건물인 '관덕정'의 이름을 따서 지었다. 주차가 복잡한 제주 원도심 동문시장 근처에 있지만 다행히 전용 주차장이 넓어 불편함이 없다. 제주식으로 돌담을 쌓아 올리고 옛 건물을 멋스럽게 리모델링했다. 분식의 품격을 끌어올린 고급스러운 퓨전 분식이 주 메뉴. 떡볶이에는 오징어 먹물을 더하고 튀김 재료도 한치로 나온다. 제주 올레길 17코스의 종점이자 18코스의 시작점으로 간세라운지가 함께 있다. 라운지에서 올레길 관련 기념품이나 올레길 지도, 스탬프투어 여권도 구매할 수 있다.

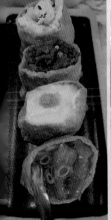

지도 P.201-B1 · 주소 제주시 관덕로8길 7-9 전화 064-757-0503 영업 11:30~20:00 예산 관덕정떡볶이 5,500원, 명란아보카도비빔밥 10,000원

이모님~
여기 떡순라 하나요!

모닥치기 《 제주시 중심 》

제주중앙여고가 있는 남광로 근처에는 떡볶
이집들이 모여 있다. 그중에서도 모닥치기가
가장 인기. 모닥치기는 제주도 말로 '여러 사
람이 함께하다'라는 뜻이다. 상호와 같은 이
름의 모닥치기 메뉴를 시키면 김밥, 돈가스,
떡볶이에 순대와 라면까지 하나의 그릇에 담
겨 나온다. 양이 상당해서 2~3인이 먹어도 부
족하지 않다. 떡볶이 국물이 텁텁하지 않고
깊은 맛이 난다. 고추장을 쓰지 않고 고춧가
루와 해산물 가루, 그리고 카레와 짜장을 적
절히 배합해서 만든다고 한다.

《 지도 P.200-B1 》 **주소** 제주시 남광로2길 17 **전화**
064-757-5632 **영업** 10:00~20:00(브레이크타임
15:00~16:00), 일요일 휴무 **예산** 모닥치기 12,000원

쫄깃한 제주 돌문어와 떡볶이의 환상궁합

떡하니 《 제주시 동부 》

제주 돌문어를 넣은 즉석 떡볶이 치고는 가격도 저렴하고 맛도 뛰
어나서 언제나 대기가 길게 이어진다. 적당히 익혀 나오는 문어는
질기지 않고, 매콤달콤한 떡볶이 국물과 영혼의 단짝 같은 궁합을
보인다. 이것저것 토핑을 따로 넣다 보면 배보다 배꼽이 커지는데
다른 건 몰라도 마지막 치즈 볶음밥은 꼭 빼먹지 말자. 3가지 맵기
를 선택할 수 있는데, 어지간하면 중간 매운맛에서 타협을 추천.

《 지도 P.239-C1 》 **주소** 제주시 구좌읍 행원로9길 9-5 **전화** 064-782-7566 **영업**
11:30~17:30, 매주 화·수 휴무 **예산** 문어즉석떡볶이 10,000원

튀김 장인이 만든 쫄깃한 떡볶이

지붕위 제주바다 _{제주시 동부}

구좌읍의 작은 골목, 민트색 외관이 시선을 빼앗는 작은 분식점이다. 세 팀 정도만 들어가도 꽉 찰 정도로 실내는 비좁지만, 지붕 위에도 바다를 바라보며 조용한 시간을 보낼 수 있도록 자리를 마련해 놓았다. 한적해 보이는 시골 풍경에 멀리 바다가 아른거린다. 마치 두꺼운 우동면처럼 길게 나오는 떡볶이는 양념이 잘 배어 있다. 쫄깃하고 탱탱한 떡이 특징이라 이름도 '쫄탱떡볶이'라 지었다. 여기에 어지간한 텐동 전문점보다 바삭하게 튀겨 나오는 튀김을 곁들이면 맥주 도둑이 따로 없다.

지도 P.239-C1 **주소** 제주시 구좌읍 평대2길 17 **전화** 070-8875-7812 **영업** 11:00~19:00 **예산** 쫄탱떡볶이(2인) 12,000원, 수제모둠튀김 8,000원

따스한 햇볕 아래에서 김말이에
맥주 한 잔!

말이 _{제주시 동부}

따뜻한 햇볕이 좋은 날, 마당에서 분식에 맥주 한 잔하기 좋은 곳이다. 예전 초등학교 시절 먹었던 밀떡볶이의 맛이 난다. 분식 중에서도 튀김을 잘하는 집이고 특히 수제 김말이가 큼지막한 것이 맛있다. 김말이치고는 가격이 다소 높긴 한데 크기나 맛을 보면 이해가 가는 수준이다. 맥주를 한 잔 더할 시간이 된다면 광어 피시앤칩스도 추천 메뉴. 제주산 광어로 고소하게 튀겨냈다.

지도 P.239-D1 **주소** 제주시 구좌읍 세화1길 40 **전화** 010-7146-4567 **영업** 12:00~22:00(브레이크타임 16:30~18:00), 일요일 휴무 **예산** 김말이 모둠세트 16,000원, 떡볶이 5,000원

즉석떡볶이의 화려함

모모언니 바다간식 서귀포시 서부

다소 웃기는 이름의 분식점이다. 안주인의 온라인 닉네임인 '모모언니'를 따서 지었다고. 즉석 떡볶이가 주력으로 제주산 돌문어와 딱새우가 들어간다. 문어는 너무 많이 익히면 질겨지니 익기 시작하면 먼저 먹고 떡볶이는 5분 이상 졸여야 맛이 난다. 해산물이 들어가서 매우면서도 깔끔한 맛이 특징. 한국 사람 음식의 마지막은 역시 밥이다. 국물을 조금 남겨서 마지막에 볶음밥을 볶아 먹어도 좋다.

지도 P.333-C1 **주소** 서귀포시 안덕면 녹차분재로 59번길 3 **전화** 064-794-9936 **영업** 11:00~21:00 **예산** 문어즉석떡볶이 27,000원

통문어떡볶이에 육전 한 입이 막걸리를 부르네

육떡식당 서귀포시 중심

문어 한 마리가 통으로 올라간 즉석떡볶이와 육전을 선보이는 곳. 먹으면 먹을수록 매콤함이 강해지는 해물떡볶이는 신선한 해물 덕에 시원한 국물이 인상적이다. 2인 기준 2만 5,000원 정도로 가격은 제법 높지만, 문어 한 마리가 통으로 들어가기에 어느 정도 이해가 된다. 사실 여기는 육전이 추천 메뉴. 바삭한 육전에 파채를 올리고 매콤한 양념간장에 찍어 먹어 보자. 막걸리 생각이 간절해지는 맛이다.

지도 P.299-하단 **주소** 서귀포시 천제연로178번길 19 **전화** 064-739-5628 **영업** 12:00~19:00 **예산** 통문어떡볶이 30,000원(2인), 육전 15,000원

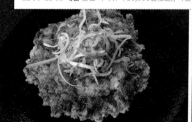

THEME 12

오로지 커피에 진심인 카페

미식

커피 맛보다는 분위기나 뷰에만 치중한 카페들이 늘고, 음료 한 잔 가격이 한 끼 밥값과 별 차이가 없을 정도인 경우도 많아졌다. 진짜 맛있는 커피, 차 한 잔에 휴식이 절실할 때 가면 절대 후회가 없을 만한 곳들을 모아봤다.

커피파인더 제주시 중심

커피파인더는 제주 바리스타 사이에서도 인정받는 커피 맛집이다. 핸드 드립 커피 전문으로 평소 접하기 힘든 다양한 원두가 준비되어 있다. 전문 바리스타가 커피를 내려 테이블로 가져다 주면서, 주문한 커피 원두에 대한 자세한 설명을 덧붙여준다. 에스프레소가 따로 나오는 땅콩라테도 인기 메뉴. 고소하고 부드러운 라테를 먼저 맛보고 진하게 내려진 에스프레소를 입맛에 맞게 넣어 마시면 된다.
지도 P.201-B2 주소 제주시 서광로32길 20 전화 064-726-2689 영업 10:00~22:00 예산 핸드 드립 커피 5,000원~

커피템플 제주시 중심

월드바리스타챔피언십에 한국 대표로 출전할 정도로 유명한 바리스타가 운영한다. 귤 창고를 개조해 만든 카페에 들어서면 가장 먼저 진한 커피 향이 반긴다. 음료가 아닌 다른 곳에만 신경 쓰는 카페만 보다가 카페 본연의 목적에 충실한 모습을 첫인상으로 마주하게 되면, 그 향기에 설레게 된다. 에스프레소가 추천 메뉴이며 강한 맛에 익숙하지 않다면 시그니처 메뉴인 텐저린 카푸치노를 선택하는 것도 좋다.
지도 P.200-B2 주소 제주시 영평길 269 전화 070-8806-8051 영업 10:00~19:00, 화요일 휴무 예산 에스프레소 5,500원, 텐저린 카푸치노 7,000원

카페성지 제주시 중심

핸드 드립 커피를 좋아하는 애호가들 사이에서
'제주 여행 할 때 꼭 들러야 하는 커피의 성지'로
불린다. 10가지가 넘는 원두 중 입맛에 맞는 원두
를 고르면, 눈앞에서 설명과 함께 핸드 드립으로
커피를 내려준다. 커피보다 먼저 나오는 꽃차는
입을 깨끗이 해 커피 맛을 더욱 정확하게 느끼라
는 배려다. 오로지 커피에만 집중할 수 있는 곳.
지도 P.201-B2 **주소** 제주시 성지로 10 **전화** 010-3693-
4041 **영업** 11:00~18:00, 목~금요일 휴무 **예산** 핸드 드립
커피 6,000원~

콤플렉스 제주시 중심

제주 로스팅 대회에서 우승한 바리스타가 로
스팅한 원두로 에스프레소를 내린다. 직접 만
든 크림을 올린 크림에스프레소가 추천 메뉴
로, 진득하고 고소한 에스프레소에 달달한 크
림이 뒤섞여 저절로 탄성이 나오는 맛이다.
지도 P.201-B1 **주소** 제주시 중앙로14길 4 **전화** 010-
6377-5403 **영업** 11:00~16:00, 토~일요일 휴무

스테이위드커피 제주시 중심

사계해변에서 10년 넘게 향기 넘치는 커
피를 내리다가 지금의 제주시 해안동으로
옮겼다. 핸드 드립 커피 전문으로 직접 블렌딩
한 원두에서부터 고가의 '게이샤' 품종에 이르기까지
약 20종이 넘는 다양한 원두 중 선택해서 맛볼 수 있다.
지도 P.200-A2 **주소** 제주시 해안마을5길 29 **전화** 070-4400-
5730 **영업** 09:00~18:00 **예산** 핸드 드립 커피 7,000원~

마노커피하우스 서귀포시 중심

세계 3대 희귀 커피로 알려진 '파나마 에스메랄다 게
이샤', 세계 3대 커피로 통하는 '자메이카 블루마운틴'
'하와이안 코나'를 경험해 보고 싶다면 여기를 눈여겨
보자. 고급 원두를 직접 선별하고 로스팅해서 핸드 드
립으로 내려준다. 약배전으로 로스팅해서 자극적이지
않고, 커피의 고유 풍미가 더욱 잘 느껴진다.
지도 P.299-하단 **주소** 서귀포시 중문상로 97 **전화** 010-2882-
1230 **영업** 11:00~21:00 **예산** 스페셜티커피 7,000원

THEME 13

미식

'1일 1빵' 빵순이빵돌이를 위한 빵지순례

맛있는 빵을 먹기 위해서는 긴 줄도 마다하지 않는 빵 덕후를 위해 빵이 맛있는 집을 소개한다. 이름하여 빵지순례. 빵 좋아하는 사람들이라면 단연 한 곳만 갈 것이 아니란 걸 잘 알기에 차라리 순례길처럼 1일 1빵집 이상 다니면서 도장 깨기를 해보는 건 어떨까. 빵에 대한 내공 수련이 아직은 부족하여 지극히 개인적일 수도 있지만, 초급자들도 '엄지척' 할 만한 곳만 골랐으니 실패는 없을 것이다.

진하고 부드러운 마농바게트

오드랑베이커리

지도 P.238-A1   제주시 동부

☑ **주소** 제주시 조천읍 조함해안로 552-3
☑ **전화** 064-784-5404   ☑ **영업** 07:00~22:00
☑ **예산** 마농바게트 6,800원

제주 빵집 순위를 이야기하면 항상 1~2위를 달리는 곳. 함덕해수욕장 뒤편, 대명리조트 후문 근처에 있다. 언제 가도 빵을 계산하기 위해 줄이 길게 늘어선다. 이 집의 인기 메뉴는 **마농바게트**. 마늘과 버터 향이 진하게 배어 있는 마농 바게트는 일반적인 마늘바게트처럼 딱딱한 식감이 아닌 진득하게 부드러운 맛이다. 크림치즈가 듬뿍 들어간 **어니언 베이글**도 효자 종목.

심플해서 더 맛있는 소금빵
미쁜제과
`지도 P.332-A1` 서귀포시 서부

☑ **주소** 서귀포시 대정읍 도원남로 16
☑ **전화** 070-8822-9212 ☑ **영업** 09:30~20:00
☑ **예산** 소금빵 3,000원, 올리브치즈치아바타 5,000원

상당한 규모의 한옥 형태로 카페와 제과점을 함께하는 곳. 규모만큼 다양한 빵과 쿠키를 선보인다. 프랑스 유기농 밀가루와 천연 발효종을 사용해서 건강까지 신경 썼다. 이 집의 핵심은 정원 전통 그네와 널뛰기, 미니 다리와 정자까지 한옥식 정원이 카페와 이어진다. '미쁜'은 순우리말로 '믿을 만한'이라는 뜻이다. **소금빵**이 시그니처 메뉴.

1일 30개 한정 브리오슈 식빵
다니쉬베이커리
`지도 P.238-A1` 제주시 동부

☑ **주소** 제주시 조천읍 함덕16길 56 ☑ **전화** 010-2492-1377
☑ **영업** 12:00~19:00, 비정기적 휴무, 인스타그램(@danish_jeju) 참고
☑ **예산** 브리오슈 식빵 7,500원

30년 된 구옥을 빈티지하게 꾸며놓은 미니 베이커리 겸 카페다. 여기 하루 30개 한정으로만 판매하는 **브리오슈 식빵** 하나로 인근 빵집을 평정했다. 프랑스산 밀가루와 버터를 사용하고 방부제와 마가린은 넣지 않는다. 일반 식빵과는 달리 빵 자체를 조금씩 뜯어 먹으면 된다. 개인적으로 올리브오일과 발사믹 식초를 섞어 살짝 찍어 먹는 것을 추천한다. 전반적으로 가격대가 높고 아침 일찍 가지 않으면 빈손으로 돌아설 수도 있는 점이 아쉽다.

SNS에서 핫한 수제 잼
아라파파
지도 P.202, P.238-B1   제주시 중심·동부

☑ **주소** [본점] 제주시 국기로3길 2,
[분점] 제주시 조천읍 북촌15길 60 ☑ **전화** 064-725-8204
☑ **영업** 매일 08:00~22:00 ☑ **예산** 수제홍차 밀크잼 10,000원

제주 '아라동'에서 딴 이름인 줄 알았더니 'a la papa'라는 프랑스 이름으로 '천천히, 한가로이'라는 뜻이란다. 신제주 연동 인기 베이커리&카페로, 빵도 빵이지만 수제 잼으로 SNS를 뜨겁게 달군 곳이다. 10여 가지나 되는 다양한 종류의 잼들은 지나치게 달지 않으면서도 깊은 맛이 포인트. **홍차밀크잼**이 가장 인기가 높고 이 밖에도 제주의 특징을 잘 살려 만든 **우도땅콩잼, 레드향마멀레이드, 한라봉잼**도 추천한다. 첨가제가 일절 들어가지 않아 개봉 후 냉장 보관은 필수다. 최근 조천읍 바닷가에도 분점이 생겼다. 본점에서 인기인 빵과 잼은 물론, 푸른 바다를 조망할 수 있는 특별한 곳에 자리 잡았다.

겉바속촉 데니시 식빵
세컨드밀
지도 P.201-A2   제주시 중심

☑ **주소** 제주시 남성로4길 3 ☑ **전화** 064-757-2220
☑ **영업** 09:30~21:00, 매주 일요일 휴무
☑ **예산** 미니데니쉬 5,500원부터

'겉바속촉'에 어울리는 식빵인 데니시 전문점이다. 데니시 식빵을 주문하면 직접 만든 과일잼을 함께 내준다. 촉촉한 식감도 매력적이지만, 유기농 밀과 자연 생크림, 천연 버터만을 고집해 만든 건강한 빵이라는 생각에 조금은 부담 없이 즐길 수 있다. 빵지순례 코스로 소개하긴 하지만, 음료도 뛰어난 곳이다. 커피는 취향에 따라 원두를 고를 수 있고, 직접 재배한 레몬과 댕유자로 만든 차를 곁들이면 금상첨화.

제주를 담은 도넛
아베베 베이커리
지도 P.201-B1　제주시 중심

☑ **주소** 제주시 동문로 6길 4　☑ **전화** 010-8857-0750
☑ **영업** 10:00~19:00
☑ **예산** 도넛류 2,700원

제주의 지역 특징을 살린 다양한 도넛이 주력으로 제주동문시장 12번 게이트 옆에 있다. 카페가 많은 월정리를 떠올리며 만든 '월정리 카페라떼 크림 도넛'도 인기가 높고, '위미 한라봉 크림 빵'은 감귤류가 맛있는 서귀포 위미리를 떠올리게 만든다. 시그니처 메뉴인 **우도 땅콩 크림 도넛**은 이른 시간에 방문해야지만 겨우 맛을 볼 수 있을 정도로 인기다. 일반적인 도넛의 기름진 식감과 달리, 부드러운 빵에 가까운 담백한 맛에 제주의 다양한 재료를 담은 속 재료와 궁합이 상당히 좋다. 각 지역의 특색을 작명에 반영하고 맛으로까지 이어지게 만드는 센스가 돋보인다.

달지 않고 건강한 빵
카페빠네띠에
지도 P.200-B1　제주시 중심

☑ **주소** 제주시 신설로9길 25
☑ **전화** 064-723-3337　☑ **영업** 10:30~22:00, 일요일 휴무
☑ **예산** 아몬드 크루아상 2,700원

제주살이 신드롬을 만든 TV프로그램 '효리네민박'에서 윤아가 다녀간 빵집으로 알려졌으나 이미 도민들 사이에서는 유명한 빵집이었다. 원래 카페가 주였고 빵을 곁들임 메뉴로 하다가 빵맛이 좋기로 입소문이 나면서 이제는 주객이 전도되었다. 물과 밀가루만으로 발효종을 배양하고 화학 첨가제를 넣지 않는 걸로 유명하다. 전체적으로 **달지 않고 건강한 빵**이라는 느낌이 든다. 가격도 저렴한 편이라 부담 없이 즐기기 좋다.

섬섬한 맛이 매력적인 보리빵
덕인당 소락
지도 P.200-B1   제주시 중심

- ☑ **주소** 제주시 중앙로 451
- ☑ **전화** 064-723-6153 ☑ **영업** 09:00~18:00, 수요일 휴무
- ☑ **예산** 보리빵·쑥빵 700원, 쑥파운드 5,500원

신촌리에서 오랜 기간 도민들의 사랑을 받고 있는 보리빵 전문점 '덕인당'의 카페 버전이다. 본점 덕인당에서 만드는 **보리빵과 쑥빵**은 기본으로 판매하며 쑥푸치노, 쑥우유 등 어울릴 만한 음료도 함께 제공된다. 쑥으로 만든 파운드케이크는 소락점에서만 만날 수 있다. 보리빵은 제주도에서 자란 보리에 소금 간만 해서 달지 않고 담백한 것이 특징. 보리빵이 심심하게 느껴지면 바질 페스토나 꿀을 추가하는 것도 방법이다.

바삭한 크루아상과 앙증맞은 미니 케이크
보래드베이커스
지도 P.299-상단   서귀포시 중심

- ☑ **주소** 서귀포시 보목로64번길 178
- ☑ **전화** 064-735-1450 ☑ **영업** 08:00~21:30
- ☑ **예산** 초코크루아상 5,800원, 마틸다케이크 6,800원

서귀포의 유명 빵집으로 커다랗고 바삭한 **크루아상**과 앙증맞은 **마틸다 케이크**가 인기다. 바다를 향해 열린 창문으로 서귀포 앞바다가 시원스레 펼쳐져 전망 맛집으로도 소문이 났다. 켜켜이 바삭함을 쌓아놓은 크루아상을 한 입 베어 물면, 씹을 때마다 입안에서 작은 파도가 부서지는 듯하다. 양초까지 올려놓은 미니 케이크 마틸다도 인기 아이템. 너무 귀여워 감히 포크를 꽂기 미안할 정도다.

TRAVEL + PLUS

제주에서 만난 재미있는 모양의 빵 모음

한치빵

한치 모양의 빵에 진짜 한치를 담았다. 제주산 메밀 반죽에 제주산 치즈, 그리고 한치가루를 넣어만든 빵. 고소한 맛에 알맞게 녹은 모차렐라 치즈가 길게 늘어진다. 개당 3,000원 정도로 주요 관광지에서 판매한다.

문어빵

서귀포매일올레시장, 제주동문시장에서 만나볼 수 있다. 말린 문어를 갈아서 볶은 보리와 함께 구워냈다. 한치빵처럼 모차렐라 치즈가 듬뿍 들어가 있다. 은은하게 문어 향이 배어 나온다.

하르방빵

하르방을 닮은 귀여운 빵. 빵 속에는 달달한 귤잼이 들어 있다. 가격은 4개에 2,000원 정도.

THEME 14

미식

전통주부터 크래프트맥주까지, 제주 양조장을 따라 떠나는 여행

여행을 더 기분 좋고 풍성하게 해주는 '술'. 제주 여행 중 마시는 술은 더 특별하다. 여행 중이라서? 멋진 풍경을 보면서 마셔서? 좋은 사람들과 함께해서? 물론 모두 맞는 말이 기도 하지만 실제 제주에서 만들어지는 술은 맛이 다르다. 대표적인 주종 맥주와 소주 는 물이 80% 이상을 차지한다. 제주는 한라산이 하나의 커다란 정수기가 되어 비를 깨 끗하고 맛 좋은 삼다수로 만든다. 인공이 아닌 자연이 걸러내고 각종 미네랄이 섞인 물 로 만든 술이 어찌 맛이 없을 수가 있으랴. 몰라도 맛있지만 알면 더 의미 있는 것이 술 이다. 많이 마셔서가 아니라 술 자체의 맛을 즐기는 '주당들'을 위한 제주의 특별한 양조 장으로 떠나보자.

TRAVEL INFO

대부분 수입에 의존하는 홉과 달 리 전국 맥주보리 생산의 20%가 제주에서 재배된다. 매년 4월이면 제주 곳곳에서 푸른 보리 물결이 일렁인다. 이즈음 가파도에서는 청보리축제가 열린다. 짙은 녹색 의 찰랑거림이 5월로 넘어가며 노 란 금빛으로 물드는데, 여기에 제 주 바람이 더해지면 덩실덩실 같 이 춤이라도 추고 싶어진다.

맥파이 브루어리  제주시 중심

서울 경리단길에서 소규모 펍으로 시작한 맥파이가 제주에 펍과 함
께 양조장을 만들었다. 덕분에 제주도 음식점 곳곳에서도 개성 강한
크래프트 맥주를 저렴하게 맛볼 수 있게 되었다. 맥파이 브루어리에
서는 보여주기식 양조장 투어가 아니라 발효조 사이를 걸으며 맥주
가 만들어지는 전 과정을 볼 수 있다.

투어비는 성인 기준 2만 원. 투어 전이나 후에 마실 맥주 한 잔이 포함
되어 있다. 20분 정도의 설명을 듣고 나면 4가지 정도의 맥주를 시음
한다. 아는 만큼 맥주 맛은 더욱 살아난다. 수제 맥주에 대한 관심이
커지고 집에서도 홈브루어링을 즐기는 마니아들이 늘어나는 요즘, 평
소 소규모 브루어링에 관심이 있었다면 한 번쯤 양조장 투어를 해보
는 것도 좋겠다. 투어를 하지 않더라도 탭룸에서 신선한 맥주를 종류
별로 즐길 수 있다.

지도 P.200-B1 **주소** 제주시 동회천 1길 23 **전화** 064-721-0227 **운영** [탭룸] 수~
일요일 12:00~20:00(매달 마지막 수요일 휴무), [투어] 주말 13:00, 14:00, 16:00,
17:00 **요금** 1인 10,000원

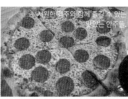

시원한 맥주와 함께 즐길 수 있는
맛있는 안주들

TRAVEL INFO

맥주는 유럽이 여러 나라와 교류
를 하고 식민지화하는 데 어느 정
도 공을 세웠다. 당시에 일반 물을
싣고 항해를 길게 하다 보면 물이
상해 병이 나곤 했다. 맥주는 당화
를 위해 물을 끓이기도 하고 홉이
방부제 역할을 하기 때문에 긴 항
해에도 쉽게 상하지 않았다. 맥주
가 없었다면 세계 역사는 지금과
는 많이 달랐을지도 모른다.

제주맥주 제주시 서부

국내에서 4번째로 큰 맥주 양조장. 뉴욕 최고 인기의 브루클린 브루어리와 제휴하여 제주에 자리 잡았다. 설비 규모로 보면 크래프트 맥주를 만드는 양조장으로는 국내에서 가장 큰 규모를 자랑한다. 제주맥주하면 가장 먼저 떠오르는 맥주가 바로 상큼한 맛의 '제주 위트 비어'일 것이다. 과일 향이 강한 에일(Ale) 계열 맥주에 밀(Wit)을 더해 마치 꽃 향이 나는 듯한 위트 비어를 만들었다. 여기에 제주감귤 껍질을 넣어 산뜻한 끝 맛을 더했다. 그 맛이 오렌지필을 사용한 호가든 맥주와 비슷한데, 제주 위트 비어의 입안 가득 퍼지는 귤 향이 더 진하다. 제주맥주의 양조장 투어는 규모만큼이나 스케일이 크고 체계적으로 진행된다. 4명의 전문 가이드가 돌아가며 양조장 구석구석을 설명한다. 전 세계 맥주의 종류부터 발효 방식에 따른 차이까지 하나하나 듣다 보면 나와 어울리는 맥주를 찾을지도 모른다. 양조장 내에는 제주맥주에서 생산하는 모든 맥주를 생으로 맛볼 수 있는 펍이 있다. 안줏거리는 부실하지만, 생맥주만큼은 최고로 신선하다. 펍과 함께 기념품이 모여 있는 브랜드숍도 있다.

지도 P.356-A2 **주소** 제주시 한림읍 금능농공길 62-11 **전화** 064-798-9872 **운영** [펍] 목~일요일 13:00~19:30, [투어] 목~일요일 13:00~18:00 **요금** 1인 20,000원(7세 이하 무료)

사우스 바운더 서귀포시 중심

우리나라 최남단에 있는 브루어리로, 호텔 출신 셰프가 만드는 요리와 특색 있는 크래프트 맥주를 파는 미니 브루잉 컴퍼니 겸 펍이다. 판매하는 12종의 수제 맥주 중에서 사우스 바운더 샤크 에일 등 세 가지는 직접 만들어 제공하고 있다. 수제 맥주 못지않게 인기 있는 메뉴가 있는데 바로 스모크 버거. 서빙부터 남다르다. 연기가 자욱하게 들어 있는 투명 뚜껑을 열면 훈연 향이 진하게 배어든 버거가 등장한다. 평소 바비큐나 훈제 음식을 좋아했다면 분명 한 입에 매료될 것이다. 스모크 향이 걸쭉하게 스며든 빵과 야채가 입안 가득 채워주니 말이다. 치맥의 인기가 압도적이지만 여기서 만큼은 '버거맥'을 추천한다.

지도 P.299-하단 **주소** 서귀포시 예래로 33 **전화** 064-738-7536 **영업** 16:00~01:00 **예산** 스모크버거 16,000원, 마르게리타 피자 18,000원, 수제맥주 7,900~9,900원

한라산소주 제주시 서부

애주가라면 제주에 오자마자 필히 한 번은 이 소주를 찾을 것이다. 알코올과 첨가물 그리고 물이 전부인 희석식 소주들 사이에서 압도적인 인기를 누리는 한라산 소주는 한라산이 빚은 물로 만들어 소주의 맛을 결정지었다는 평을 받고 있다. 부드럽고 청량한 맛이 인기인 한라산소주는 제주를 대표하는 또 다른 명물. 1950년 호남 양조장에서 시작하여 지금에 이르기까지 70년간 제주 화산 암반수로 서민들을 위한 소주를 만들어 왔다. 한라산소주의 양조장 투어는 제주 대표 한라산소주가 만들어지는 전 과정을 가이드의 설명과 함께 만나볼 수 있다. 투어에 이어 시음장에서는 희석식 소주와 증류식 소주인 허벅술 그리고 간단한 안주를 내어 준다. 멀리 보이는 비양도를 배경으로 마셔서 그런지 소주인지 물인지 구분이 어려울 정도로 부드럽게 목을 타고 넘어간다. 시음 후에는 기념품숍에 들러 아기자기한 굿즈들을 눈여겨보자. 제주 곳곳의 기념품숍에서는 찾을 수 없는 한정 기념품이 많다.

지도 P.356-A1 주소 제주시 한림읍 한림로 555 전화 064-729-1958 운영 [투어] 금~일요일 13:00~16:00 요금 성인 6,000원, 미성년 3,000원(7세 이하 무료)

제주 전통주 양조장

화산 암반수로 만들어지는 술 이야기에서 제주 전통주인 '오메기술'과 '고소리술'이 빠질 수 없다. 예부터 제주는 논이 부족하고 땅이 척박하여 주로 밭농사를 지었다. 쌀 자체가 귀했던 제주에서 쌀로 술을 빚을 수는 없었을 터. 자연스레 밭에서도 잘 자라는 좁쌀로 술을 빚었다. 제주 전통 떡인 오메기떡을 만들어 이를 누룩과 함께 발효시키면 오메기술이 된다. 좁쌀색을 닮아 그런지 유채꽃처럼 연한 노란색을 띤다.

오메기술을 고소리(소줏고리를 제주에서 부르는 말)를 이용해서 증류하면 고소리술이 된다. 안동소주와 개성소주에 이어 3대 명주로 알아주던 술이다. 도수는 높지만 강하지 않고 은은한 향과 깊은 맛이 특징이다. 첨가물 투성이인 희석식 소주와는 달리 다음 날 숙취가 적고 뒤끝이 깨끗하다는 평이 많다. 대형화된 양조장처럼 투어 프로그램은 없어도 오메기떡 만들기나 양조 체험을 해볼 수 있다(10인 이상 단체 가능). 체험 외에도 오메기술과 고소리술을 시음하고 바로 구매할 수도 있다.

제주술익는집

지도 P.270-A1 서귀포시 동부 **주소** 서귀포시 표선면 중산간동로 4726 **전화** 064-787-5046 **운영** 10:30~17:00(목요일 ~13:00), 일요일 휴무 **예산** 오메기술 500ml 25,000원, 고소리술 400ml 45,000원

제주샘주

지도 P.356-B1 제주시 서부 **주소** 제주시 애월읍 애원로 283 **전화** 064-799-4225 **운영** 09:30~18:00 **예산** 오메기술+고소리술 세트 32,000원

SPECIAL PAGE

숙취 끝판왕!
제주 최고의 해장국 맛집

밤새 술로 달렸으면 이젠 해장국으로 속을 달래야 할 차례. 제주 살면서 느낀 점은 비슷하면서도 개성있는, 뛰어난 해장국 맛집이 참 많다는 것이다. 제주도민들이 애정하는 대표 해장국집 4곳!

은희네소고기해장국 「제주시 중심」

소고기해장국 9,000원

보통의 해장국과 달리 국물은 적고 건더기가 넉넉한 편이다. 시원한 국물 한 입이면 전날의 숙취가 금세 풀리고 다시 소주 한 병을 주문하게 만드는 마력의 맛이다. 주문할 때 매운 다진 양념을 따로 달라고 하면 아이들도 같이 먹을 수 있다. 워낙 인기가 좋아서 비슷한 이름의 해장국집이 많이 생겼다. 제주시 본점과 2호점 외에 모두 무관한 곳들이다.

「지도 P.201-B2, P.202」 **주소** [본점] 제주시 고마로13길 8, [2호점] 제주시 연북로 178 **전화** 본점 064-726-5622, 2호점 064-745-5705 **영업** 06:00~15:00(주말 ~14:00), 목요일 휴무

골목 「제주시 동부」

한우 내장탕 9,000원
사골 해장국 9,000원

함덕해변 근처 도민이 많이 찾는 해장국집. 이 집의 인기 메뉴는 내장탕이다. 내장 손질에 상당한 시간과 공을 들이는데, 덕분에 잡내가 거의 없는 내장의 맛을 느낄 수 있다. 밑반찬으로 나오는 '갈치속젓'도 수준급. 도민들처럼 건더기와 속젓을 함께 쌈을 싸 먹어 보자. 은근히 중독되는 재미를 느끼게 된다.

「지도 P.238-A1」 **주소** 제주시 조천읍 함덕7길 6-14 **전화** 064-784-5511 **영업** 07:00~13:30, 목요일 휴무

원조미풍해장국 「제주시 중심」

해장국 9,000원

동문시장 근처 오래된 해장국 맛집. 처음부터 붉은 국물로 나오지 않고 맑은 국물로 나오는데 기호에 따라 다진 마늘과 다진 양념을 넣어 입맛에 맞게 조절하면 된다. 기본 반찬으로 나오는 연한 깍두기 국물부터 시원하게 들이켜면, 속이 절반쯤 풀어진다. 시원한 국물에 반주 생각이 간절해질지도 모른다. 상쾌한 하루를 위해 잔 막걸리(1,500원)를 곁들이는 것도 좋겠다.

「지도 P.201-B1」 **주소** 제주시 중앙로14길 13 **전화** 064-758-7522 **영업** 05:00~15:00

대춘해장국 「제주시 중심」

해장국 8,000원
내장탕 9,000원

30년 넘게 도민들의 사랑을 받고 있는 인기 해장국집. 제주시청 근처에서 지금의 연북로로 자리를 옮기고 2곳의 직영점을 더 운영하고 있다. 한결같은 맛을 유지하기 위해 세 지점 모두 가족들이 함께 운영한다. 재료를 아끼지 않고 써서 그런지 맑고 시원한 국물 맛이 일품이다.

「지도 P.200-A1」 **주소** [본점] 제주시 연북로 398 **전화** 064-757-7456 **영업** 06:00~16:00, 월요일 휴무

THEME 15

걸음마다 대자연의 신비를 만끽할 수 있는 곳, 한라산

제주 어디서나 고개를 돌리면 마주하게 되는 한라산. 대한민국에서 가장 높은 한라산은 1,950m의 높이를 자랑한다. 한라산을 오를 수 있는 탐방로는 총 5개로, 성판악, 관음사 탐방로는 한라산 정상인 백록담까지 갈 수 있고 어리목, 영실, 돈내코 탐방로는 윗세오름/남벽분기점까지 오를 수 있다. 제주에는 한라산 외에도 볼거리와 즐길거리가 워낙 많아 보통 제주를 처음 방문할 땐 한라산은 멀찍이서 눈으로만 담기 마련이다. 재방문을 계획하고 있다면, 이번에는 제주의 중심이자 상징인 한라산을 등반해 보는 것은 어떨까?

한라산

대한민국에서 가장 높은 산. 대한민국 남단, 제주도의 정중앙에 위치하며 아열대에서 한대까지 이어지는 기후 차이로 인해 다양한 식물이 공존한다. 겨울에도 푸르름을 가지고 있는 상록수부터 산을 오를수록 낙엽수로 이어지는 것이 한라산만이 지닌 특징이 아닐까 한다. 정상에 오르면 국내 최고 높이의 산정호수인 백록담의 아름다운 자태가 선물로 주어진다. 제주 북쪽 바다와 남쪽 바다가 모두 보이고 때에 따라 짙은 구름이 발 아래 놓여 구름 위를 걷는 느낌을 받을 때도 있다. 정상 등반 후 탐방로 입구에서 정상을 찍은 사진을 보여주면 '정상 등반 인증서'를 발급받을 수 있다. 당일이 아니면 발급이 불가하니 하산 후 잊지 말고 챙기자.

☑ **TRAVEL TIP**

입산 전 한라산 국립공원 홈페이지를 참고하자. 계절별 입산 시간과 탐방로 예약 관련, 실시간 탐방로 정보 확인 및 CCTV로 현재 한라산 주요 명소의 상황까지 확인할 수 있다. 시시각각 변하는 한라산 기상 상황을 체크하는 것은 필수다.
홈페이지 www.jeju.go.kr/hallasan/index.htm

어리목 탐방로
· **난이도** 중 · **총 길이** 6.8km · **소요시간** 3시간
· **주요 코스** 어리목 ▶ 사제비동산 ▶ 윗세오름 ▶ 남벽분기점

성판악 탐방로
· **난이도** 중상
· **총 길이** 9.6km
· **소요시간** 4시간 30분
· **주요 코스**
성판악 탐방로 입구
▶ 속밭 ▶ 사라악
▶ 진달래밭 ▶
정상(백록담)

영실 탐방로
· **난이도** 중하
· **총 길이** 5.8km
· **소요시간** 2시간 30분
· **주요 코스**
영실 ▶ 병풍바위 ▶
윗세오름 ▶ 남벽분기점

1117
관음사 탐방로 입구

1112

탐라계곡 대피소

개미등   속밭 대피소   성판악
탐방로 입구
삼각봉 대피소   사라오름 입구
1131
진달래밭 대피소

어리목 탐방안내소

사제비동산
만세동산

윗세오름 대피소   정상(백록담)

1139   병풍바위
영실휴게소   남벽분기점

평궤대피소

살채기도

돈내코 탐방안내소

관음사 탐방로
· **난이도** 상 · **총 길이** 8.7km
· **소요시간** 5시간 이상
· **주요 코스** 관음사 탐방로 입구 ▶ 탐라계곡 ▶ 삼각봉 ▶ 정상(백록담)

돈내코 탐방로
· **난이도** 중 · **총 길이** 7km
· **소요시간** 3시간 30분
· **주요 코스**
탐방안내소 ▶ 평궤대피소 ▶
남벽분기점

성판악 탐방로

한라산 동쪽 코스로, 탐방로 중 가장 인기가 높다. 경사가 완만한 편이라 크게 힘을 들이지 않고 정상(백록담)까지 오를 수 있다. 진달래밭 대피소 매점이 없어져서 먹거리는 미리 챙기거나 입산 전 성판악 휴게소에서 구입해 가야 한다. 성판악 탐방로 중간쯤 사라오름으로 나뉘는 길이 나온다. 사라오름은 250m 둘레의 분화구에 물이 고여 습지를 이룬 산정호수다. 제주 오름 중 가장 높은 곳에 있다. 비 온 뒤 탐방하면 파란 하늘을 품은 호수의 모습이 운치를 더해준다. 정상(백록담) 기준 동절기 오후 1시 30분, 하절기 오후 2시 30분이면 하산 제한 시간이므로 참고한다. 보통 4시간 이상 걸리는 코스라 아침 9시 전에는 입산을 해야 백록담을 눈에 담을 수 있다. 5개의 탐방로 중 주차장이 가장 협소한 편으로 이른 아침이 아니라면 버스를 이용하는 것이 좋다.

지도 P.137 **주소** 제주시 조천읍 516로 1865(성판악 주차장)

☑ TRAVEL TIP

한라산 정상 백록담까지 오르는 성판악과 관음사 탐방로 코스는 홈페이지(https://visithalla.jeju.go.kr)에서 예약이 필수다. 입산일 전월 1일부터 예약이 가능하다.

난이도 중상 | **소요시간** 4시간 30분 | **총 길이** 9.6km
주요 코스

성판악 탐방로 입구 → (4.1km / 1시간 2분) → 속밭 대피소 → (1.7km / 40분) → 사라오름 입구 → (1.5km / 1시간) → 진달래밭 대피소 → (2.3km / 1시간 30분) → 정상(백록담)

관음사 탐방로

성판악 탐방로와 함께 한라산의 동쪽 정상(백록담)까지 오를 수 있는 코스. 성판악 탐방로보다 거리는 짧지만, 체력 소모는 훨씬 많다. 탐라계곡 목교까지는 완만하여 만만하게 생각하기도 하는데 여기서부터 삼각봉 대피소까지 급경사가 이어진다. 힘들어도 삼각봉과 용진각 현수교 등 수려한 볼거리들이 연달아 등장하니 인내심을 갖고 올라보자. 삼각봉에서 정상으로 이어지는 코스는 가을이 특히 아름다운 곳이다. 보통 오르기 좋은 성판악 탐방로를 통해서 정상에 올랐다가 내려올 때 관음사 코스로 내려오는 방법을 많이 택한다. 관음사 탐방로 입구에는 캠핑이 가능한 야영장과 산악박물관이 있다.

지도 P.137   **주소** 제주시 오등동 180-3(관음사 탐방로 주차장)

난이도 상 | **소요시간** 5시간 | **총 길이** 8.7km
주요 코스

| 관음사
탐방로 입구 | 3.2km
1시간 | 탐라계곡
대피소 | 1.7km
1시간 30분 | 개미등 | 1.1km
50분 | 삼각봉
대피소 | 2.7km
1시간 40분 | 정상
(백록담) |

어리목 탐방로

영실 탐방로, 돈내코 탐방로와 같이 정상(백록담)까지는 오르지 못하고 윗세오름과 남벽분기점까지만 오를 수 있는 코스다. 대략 3시간이면 남벽분기점에 오를 수 있다. 가는 길에 펼쳐지는 졸참나무 숲길과 어리목 계곡의 풍경이 뛰어나고 초원처럼 펼쳐진 만세동산부터 윗세오름까지의 풍경 또한 장관이다. 영실 탐방로와 함께 봄에 인기인 탐방로다. 산철쭉이 윗세오름을 중심으로 만개하여 산을 오르는 고생을 단번에 잊게 해준다.

지도 P.137 **주소** 제주시 1100로 2070-61(어리목 주차장)

난이도 중 | **소요시간** 3시간 | **총 길이** 6.8km
주요 코스

어리목 탐방안내소 → 2.4km / 1시간 → 사제비동산 → 0.8km / 30분 → 만세동산 → 1.5km / 30분 → 윗세오름 대피소 → 2.1km / 1시간 → 남벽분기점

영실 탐방로

전체 탐방로 길이가 5.8km로 한라산 등산로 중 가장 짧은 코스다. 백록담을 둘러볼 수는 없지만 한라산의 명승 제91호 선작지왓은 영실 탐방로에서만 만날 수 있는 숨은 비경이다. 선작지왓은 백록담 화구벽을 정면으로 하여 양쪽으로 펼쳐져 있는 넓은 초원을 말한다. 매년 5월이면 드넓은 초원은 분홍색 털진달래와 산철쭉이 만개한다. 분홍의 치마를 펼쳐 두른 듯 황홀한 자태에 매료된다. 백록담에 이어 한라산 최고의 풍경으로 손꼽히는 순간이다.

지도 P.137 **주소** 서귀포시 도순동 산 1(영실 입구 주차장)

난이도 중하 │ **소요시간** 3시간 │ **총 길이** 5.8km
주요 코스

영실휴게소 → 1.5km / 50분 → 병풍바위 → 2.2km / 40분 → 윗세오름 대피소 → 2.1km / 1시간 → 남벽분기점

돈내코 탐방로

한라산 남쪽 코스로, 서귀포 바다가 닿을 듯 시원스레 보이고 백록담 화구벽이 선명하게 보인다. 흡사 열대우림 같은 느낌의 산림 특징을 보여주는 탐방로이기도 하다. 총 7km 정도로 5개의 탐방로 중 가장 한적하게 한라산을 오를 수 있다.

지도 P.137 **주소** 서귀포시 상효동 1986(돈내코 주차장)

난이도 중 │ **소요시간** 3시간 30분 │ **총 길이** 7km
주요 코스

돈내코 탐방안내소 → 4km / 1시간 50분 → 살채기도 → 1.3km / 1시간 → 평궤대피소 → 1.7km / 40분 → 남벽분기점

THEME 16

제주가 품은 비경, 오름

대자연

오름의 섬 제주. 한라산 주변에 기생하는 작은 화산을 제주에서는 오름이라 부른다. 오름은 가축을 키우는 중산간의 제주도민에게는 삶을 의지하는 친구와 같다. 산보다는 낮고 언덕보다는 살짝 높은 오름에 올라 들판을 내려다보며 바람을 느껴보면 제주에 와 있는 것이 실감이 난다. 제주에는 368개의 오름이 있지만, 상당수가 사유지라서 일부만 오를 수 있다. 이번 제주 여행에는 동선상에 작은 오름 한두 개를 끼워 넣어보자. 땀을 흘린 뒤 오름을 타고 오르는 바람을 맞아보면 또 하나의 제주가 보이게 된다.

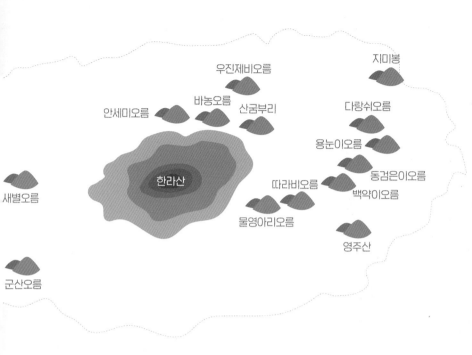

우진제비오름

지미봉

바농오름

산굼부리

다랑쉬오름

안세미오름

용눈이오름

한라산

동검은이오름

따라비오름

백악이오름

새별오름

물영아리오름

영주산

군산오름

용눈이오름 제주시 동부

루게릭병으로 생을 마감할 때까지 제주를 열정적으로 사진에 담았던 김영갑 작가의 작품에 많이 등장하는 오름이다. 정상까지 10분이면 오를 정도로 높지 않다. 정상 분화구 둘레길을 돌며 제주 동부를 조망하기도 좋다. 가볍게 오를 만한 오름이지만 넓은 체격 덕에 멀리서 봐도 듬직하다. 정상에서 멀리 성산일출봉과 우도까지 한눈에 들어온다. 능선을 넘어 보이는 제주 속살들이 눈부시다. 아쉽게도 2021년 3월부터 2년간 자연휴식년제에 들어갔다. P.247

지도 P.239-C2 **주소** 제주시 구좌읍 종달리 4650(용눈이오름 주차장)

다랑쉬오름 제주시 동부

동부 쪽 오름 중에서 높은 축에 속하는 대형 오름이다. 오름 정상의 분화구가 깊어 한라산 백록담과도 비교될 정도로 규모가 큰 편이다. 굼부리(분화구를 뜻하는 제주 방언) 둘레는 1.5km로 오르는 시간과 둘레를 도는 시간까지 합치면 1시간 30분 이상 잡아야 한다. 정상에 나무가 없어서 분화구도 선명하게 보이고 주변 시야가 시원하다. 분화구의 모양이 달처럼 생겼다고 해서 '월랑봉'으로 불리기도 한다. P.247

지도 P.239-C2 **주소** 제주시 구좌읍 세화리 2705(주차장)

지미봉 제주시 동부

종달리와 철새도래지 하도 사이에 있는 오름이다. 정상의 높이는 410m 정도로 보기보다 오르는 길이 제법 가파르다. 소나무와 관목림이 우거져 숲을 이루고 있어 오르는 동안은 숲을 오르는 느낌이다가 정상쯤에서 선물처럼 구좌 앞바다가 나타난다. 바다가 가까이 보이는 대표적인 오름. 정상에서는 성산일출봉과 우도가 손에 닿을 듯 가까이 보인다. 지미봉을 한 바퀴 도는 둘레길도 한적하니 좋다.

지도 P.239-D1 **주소** 제주시 구좌읍 종달리 산 2(주차장)

백약이오름 서귀포시 동부

다양한 종류의 약초가 많이 자생한다고 하여 백약이오름(百藥岳)이라는 이름이 붙여졌다. 관광객들에게 인기인 곳으로 주차장에는 푸드트럭도 항시 자리하고 있다. 완만한 경사를 올라 정상에 오르면 푹 파인 굼부리가 선명하다. 굼부리는 제주 방언으로 분화구를 말한다. 제주 동부 쪽 오름들 사이에 자리하고 있어 정상을 따라 돌며 아부오름, 민오름, 좌보미오름 등여러 오름의 스카이라인을 만나 볼 수 있다.

지도 P.270-A1 **주소** 서귀포시 표선면 성읍리 1893

따라비오름 서귀포시 동부

언제 와도 좋은 곳이지만 특히나 가을에 빛을 발하는 오름이다. 가을이면 오름 전체가 억새로 뒤덮인다. 늦은 오후 억새와 빛이 만들어내는 물결의 풍경이 따라비오름을 '오름의 여왕'이라고 불리게 만들었다. 토종 억새는 10월에서 11월 사이 최고를 이룬다. 굼부리가 특이하게 3개로 나뉘어 있다.

지도 P.270-A1 **주소** 서귀포시 표선면 가시리 산 63

산굼부리 제주시 동부

보통 오름이라 하면 언덕 같은 산 생김새를 가지고 있고 정상에 분화구가 있기 마련인데, 산굼부리는 특이하게 들판 한가운데가 푹 꺼져 들어간 마르(Maar)형 분화구다. 천연기념물 제263호로 지정된 우리나라에서 유일한 평지 분화구라 할 수 있다. 입구를 통해 낮은 언덕의 억새밭을 지나면 바로 굼부리가 보인다. 다른 오름과 달리 다소 비싼 입장료가 있고 관람 시간이 따로 정해져 있다. 대신 산굼부리 해설 프로그램이 운영되니 시간에 맞춰 들어보는 것을 추천한다.

지도 P.238-A2 주소 제주시 조천읍 비자림로 768 전화 064-783-9900 운영 09:00~18:40(동절기 ~17:40) 요금 성인 6,000원, 어린이 3,000원

어승생악 제주시 서부

한라산에 올라 제주를 내려다보고는 싶지만, 일정상 한라산을 오르기에 부담된다면, 어승생악에 오르면 된다. 어렵지 않게 올라도 한라산에 오른 만큼이나 뛰어난 풍광을 보여주는 오름이다. 한라산 입구 어리목 매표소에서 출발하며 편도 30분 정도 걸린다. 짧은 산행이라도 해발고도 1,169m의 높이는 제주 시내와 제주 앞바다까지 시원하게 내려다보기에 충분하다. 정상에는 일제강점기에 만들어진 진지동굴이 원형 그대로 전시되어 직접 들어가 볼 수 있게 되어 있다.

지도 P.356-B1·B2 주소 제주시 해안동 산220-13

물영아리오름 서귀포시 동부

이름에서도 알 수 있듯이 물영아리는 정상에 물을
담고 있는 오름이다. 해발 580m의 정상에는 다양
한 생물들이 살아가는 습지가 있는데 비가 오면 화
구 호수가 된다. 오름 중에서도 제법 높은 편이고 초
입부터 정상까지 계단으로 이어져 있어 땀을 꽤 흘
릴 수 있다. 왕복 1시간 30분 정도 걸리는 계단길이
부담스럽다면 멀리 돌아가는 능선길(왕복 2시간)을
고려해보자. 비가 온 뒤에 오르면 숲 내음이 더 진
하게 느껴지고 정상의 화구호도 볼 수 있다. P.281

지도 P.270-A1 **주소** 서귀포시 남원읍 수망리 산 182-7(물영
아리 주차장)

새별오름 제주시 서부

'샛별과 같이 빛이 난다' 하여 새별오름이라 불리는 제주 서부의 대표적
인 오름이다. 매년 3월 초 새별오름 들불 축제를 개최하는 곳이기도 하
다. 가축을 방목하던 제주는 매년 봄 해충과 묵은 풀을 없애기 위해 들
불을 놓았다. 현재는 대표적으로 새별오름에서만 들불을 놓고 1년 농사
와 안녕을 빈다. 가을이면 오름 전체가 억새로 뒤덮여 장관을 이룬다. 해
질 녘쯤 가면 억새를 배경으로 인생사진을 남길 수 있다. P.360

지도 P.356-B2 **주소** 제주시 애월읍 봉성리 산 59-3

군산오름 서귀포시 서부

안덕면 대평리를 둘러싸고 있는 오름. 정상 근처까지 길
을 닦아 놓아서 차로 올라갈 수 있는 몇 안 되는 오름이
다. 쉽게 올랐더라도 그 풍경은 묵직하다. 한라산은 물론 송
악산과 형제섬을 비롯해 서귀포 바다가 눈앞에 펼쳐진
다. 아이들이 있는 가족 여행자들에게 나쁘지 않은 선택
이 될 수 있다. 꼭대기까지 차량이 오를 수는 있지만, 교
행이 힘든 1차선이라 운전에 신경 써야 한다.

지도 P.333-D1 **주소** 서귀포시 안덕면 창천리 산 3-1

가장 사적인 트레킹을 하고 싶다면
한적한 오름 모음.ZIP

비대면 여행이 주는 한적함을 누리고 조용히 나만의 시간을 가지고 싶다면, 여기 추천하는
오름을 눈여겨보자. 이름만 들어도 누구나 다 아는 오름이 아닌, 가장 사적이고 조용한 오름
을 모아봤다.

우진제비오름 `제주시 동부`

조천읍 선흘2리에 있는 우진제비오름은 해발고도 412m의 제
법 큰 오름이다. 하늘에서 내려다보면 오름의 외형이 소가 누운
모습과 제비가 날아가는 모양을 닮았다고 해서 '우진제비'라는
이름으로 불린다고 한다. 찾는 사람이 많지 않아 조용하고 산책
로가 잘 정비되어 있어 편하게 오름 탐방이 가능하다. 매년 6월
정도면 산책로 사이로 덩굴딸기가 지천이다.

`지도 P.238-B2` **주소** 제주시 조천읍 선흘리 1788-5

동검은이오름 `제주시 동부`

금백조로를 기준으로 인기 오름인 백약이오름의 반대편에
있는 조용한 오름. 백약이오름 주차장에서 반대편으로 걸
어서 오를 수도 있고, 동검은이오름 입구에 주차하고 가도
좋다. 마을 사람들은 검은 거미의 형상이라고 해서 거미오
름이라고도 부른다. 급한 경사를 연이어 오르면 수채화 같
은 명품 전망을 보여줄 뿐만 아니라, 오르는 사람이 거의 없
어서 진정한 비대면 트레킹을 즐길 수 있다.

`지도 P.239-C2` **주소** 제주시 구좌읍 종달리 4971

바농오름 `제주시 동부`

'바농'은 제주어로 바늘을 뜻하는 말로 바농오름에 가시덤불이
많아 붙여진 이름이다. 입구에서 정상으로 오르는 1코스와 정
상을 한 바퀴 도는 2코스, 그리고 1코스 뒤편으로 내려오며 오
름 둘레를 도는 3코스가 있다. 급경사인 1코스로 20분 정도 오
르면 바로 정상이 나오고 전망대에 오르면 제주 동부가 시원스
레 파노라마로 펼쳐진다. 편백 숲길을 조용히 산책할
수 있는 3코스가 바농오름의 핵심이다.

`지도 P.238-A2` **주소** 제주시 조천읍 교래리 산 109

영주산 <서귀포시 동부>

해발 326m 높이의 작지 않은 오름으로 신선이 살았다는 전설이 내려오는 곳이라 영주산이라는 이름이 붙었다고 한다. 도민들은 천국으로 향하는 계단이 있다고 표현하는데, 그만큼 오름을 오를수록 보이는 주변 경치가 뛰어나다. 매년 봄이면 제주 고사리가 지천으로 솟아올라 아침마다 고사리꾼들이 모여드는 것을 제외하고는 항시 조용하게 산책하며 서귀포 동부를 내려다볼 수 있다.

지도 P.270-A1   **주소** 서귀포시 표선면 성읍리 산19-1(주차장)

안세미오름 <제주시 중심>

'세미'는 제주도 말로 샘을 뜻한다. 안쪽에 샘이 있어서 안세미오름으로 불리고 옆에 있는 형제오름은 바깥쪽에 있어서 밧세미오름이라 불린다. 다른 오름에 비해 많이 알려지지 않아 조용히 산책하기에 제격이다. 안세미오름을 오르다 보면 길을 따라 달래가 많이 자라고 있다. 향을 맡아 보면 알싸한 달래 향이 진하게 난다. 단, 자생지로 보호되는 곳이라 함부로 채취해서는 안 된다. 오름 입구에 '샘'은 4단계로 나뉘어 있어서 맨 위 칸은 음용수, 그리고 다음 칸은 쌀이나 야채를 씻는 용도로 쓰였다. 그 아래는 빨래를 하고 가장 아래 물은 가축들을 먹이는 데 쓰였다. 지금도 예전 모습 그대로 잘 보전되어 있다.

지도 P.200-B2   **주소** 제주시 봉개동 산 2

THEME 16

느림의 미학이 있는,
숲속 힐링 여행

대자연

마라톤처럼 둘러보던 '찍기식' 여행보다는 천천히 숲을 걸으며 자연을 느끼고, 마음을 치유하는 여행을 더 선호하는 시대가 되었다. 그런 느림보 같은 여행에 적합한 것이 제주의 속살 '숲'을 돌여다보는 것이다. 육지에서는 좀처럼 찾기 힘든 숲의 허파 '곶자왈'을 걷고, 화산 송이를 밟아 보는 것은 제주 여행에서만 체험할 수 있는 특권이다. 어쩌면 정확한 원인을 알 수 없는 아토피 같은 병이 늘어나는 현상이 우리가 너무 자연을 떠나 있었기 때문일지도 모르겠다. 육지와 떨어져 독특한 자연환경을 만들어온 제주 숲길로 떠나 보자.

알고갑시다 !

곶자왈이란?

숲을 뜻하는 제주 방언 '곶'과 덤불을 뜻하는 '자왈'의 합성어로, 화산활동으로 분출한 용암으로 만들어진 불규칙한 암괴지대에 형성된 숲이다. 경작에 적합하지 않은 지형이다 보니 오래전부터 자연 그대로의 상태를 유지하고 있다. 자연 생태계가 잘 보존되어 있어 '생태계의 허파'로 불린다. 주로 해발 고도 200~400m의 중산간 지역에 분포한다.

절물자연휴양림 교래자연휴양림

비자림

곶자왈도립공원

한라산

사려니숲길

화순곶자왈
생태탐방숲길

서귀포
자연휴양림

머체왓숲길

사려니숲길 <small>서귀포시 동부</small>

제주 숲길 중에서 가장 많은 사랑을 받는 숲길. '신성한 곳'이라는 뜻
의 사려니오름이 있는 숲이라 붙여진 이름이다. 516도로와 비자림로
가 만나는 시작점에서도 탐방을 할 수 있고 남조로 중간쯤 있는 붉은
오름 입구와도 연결된다. 비자림로 쪽은 주차가 어렵고 붉은오름(남
조로) 쪽이 주차가 편리하다. 비자림로 입구 근처에도 사려니숲길 주
차장이 있긴 하지만 입구와 거리가 상당히 멀어서 추천하지 않는다.
매년 5월 말에서 6월 초 탐라산수국이 한창인 즈음에 숲 한가운데 있
는 물찻오름을 한시 개방한다. 정상에 화산호가 있어 많은 관광객이
찾던 곳인데, 지금은 자연휴식년제로 1년에 한 번 사려니숲 에코힐링
체험 기간에만 탐방이 가능하다.

지도 P.270-A1 **주소** 서귀포시 표선면 가시리 산 158-4(붉은오름 입구), 제주시 조천
읍 교래리 산 137-1(비자림로 입구) **전화** 064-900-8800

비자림 <small>제주시 동부</small>

종달-한동 곶자왈 중심에 있는 숲으로 2,800여 그루의 비자나무가 밀집해 있다. 비자나무는 잎의 모양이
비(非) 자 모양을 닮았다 하여 붙여진 이름으로, 은은한 향이 좋고 비자 숲을 걸으면 몸의 피로가 회복된다
고 알려져 있다. 걸을 때 바스락거리는 소리가 인상적인 화산송이 숲길을 따라 수백 년을 살아온 비자나무
가 시원한 그늘을 드리운다. 유모차나 휠체어도 다닐 수 있게 되어 있고 전체 숲을 돌아보는 데 50분 정도
면 충분하다. 모기 때문에 숲을 싫어하는 사람도 여기서만큼은 걱정 안 해도 된다. 비자나무는 모기를 쫓
는 것으로 알려져 있고 열매는 천연 구충제 역할을 한다. **P.248**

지도 P.239-C2 **주소** 제주시 구좌읍 비자숲길 55 **전화** 064-710-7912 **운영** 09:00~17:00 **요금** 성인 3,000원, 어린이 1,500원

비자나무 잎

절물자연휴양림 제주시 중심

50년이 훌쩍 넘은 삼나무들이 빽빽이 우거진 숲 사이로 불어오는 해
풍 덕분에 한여름에도 시원함과 청량함을 느낄 수 있는 인기 자연휴
양림. 제주 시내에서 가장 접근성이 좋아 많은 여행객이 찾는 인기 명
소다. 하늘을 향해 곧게 뻗은 삼나무 사이를 걷고 있노라면 나무들이
뿜어내는 기분 좋은 피톤치드 덕분에 몸과 마음이 절로 힐링이 되는
기분이다. 300ha에 달하는 어마어마한 규모의 휴양림 안에는 절물
오름도 있다. 해발 697m의 오름 정상까지는 1시간 정도면 오를 수 있
는데, 정상에 올라 울창한 삼나무숲을 바라 보는 것도 좋다. **P.208**

지도 P.200-B2 **주소** 제주시 명림로 584 **전화** 064-728-1510 **운영** 07:00~18:00(동
절기~17:00) **요금** 성인 1,000원, 어린이 300원(주차비 별도)

☑ TRAVEL TIP

제주에서 많이 볼 수 있는 나무 중 하나가 바로 삼나무다. 삼나무의 고향은 일본
혼슈지방. 건축자재를 얻기 위해 삼나무 심기를 장려했던 일본이 일제강점기
시절 자원 수탈을 목적으로 우리나라에도 식재했는데, 제주에는 1924년에
처음 식재됐다. 이후에는 감귤나무를 보호하기 위한 방풍림 목적으로 조성됐다.
바다로부터 불어오는 해풍을 막아 감귤나무가 잘 자랄 수 있게 한다고 한다.

교래자연휴양림 제주시 동부

절물자연휴양림이 인공적인 숲에 가까웠다면 교래자연휴양림은 사람의 손길이 거의 닿지 않은 날것의 숲
체험이 가능한 것이 특징이다. 제주의 독특한 숲 형태인 곶자왈 지대에 만들어진 자연휴양림으로 야영장
과 숲속의집 그리고 산책로를 가지고 있다. 제주에는 총 4곳의 곶자왈 지대를 가지고 있는데, 휴양림이 속
한 곳은 조천-선흘 곶자왈 지대뿐이다. 휴양림 입구에 있는 곶자왈생태체험관에 가면 제주 곶자왈에 대한
자세한 정보를 얻을 수 있다. 휴양림에는 2개의 산책로가 있다. 큰지그리오름으로 향하는 오름 산책로와
곶자왈 지대를 한 바퀴 도는 생태관찰로가 있다. 오름 산책로는 왕복 2시간 30분 정도 걸리며, 생태관찰로
는 40분 정도 소요된다. 제주 곶자왈의 품속을 걸어볼 수 있는 생태관찰로 탐방을 추천한다.

지도 P.238-A2 **주소** 제주시 조천읍 남조로 2023 **전화** 064-710-8673 **운영** 07:00~16:00(동절기 ~15:00) **요금** 성인 1,000원

서귀포자연휴양림 서귀포시 중심

제주시와 서귀포시를 잇는 1100도로에서 서귀포가 내려다보이는 곳에 있는 자연휴양림으로, 울창한 편백 산림욕장과 다양한 산책 코스로 꾸준한 인기를 끌고 있다. 왕복 20분에서 2시간까지 소요시간이 다양한 코스가 있고 맑은 공기, 피톤치드 가득한 바람이 발걸음 내내 따라다닌다. 다른 자연휴양림과 달리 차량 순환로가 마련되어 있다. 덕분에 총 3.8km의 순환로를 힘들게 걷지 않고 휴양림의 숲을 탐방할 수 있다. 숲을 걷지 않는 것이 무슨 의미가 있겠냐 하겠지만, 어린 아이나 몸이 불편한 가족과 함께하는 여행에서는 더없이 고마운 배려일 것이다. 중간중간에 있는 주차장을 잘 활용하면 편안하면서도 알차게 관람이 가능하다.

지도 P.298 **주소** 서귀포시 영실로 226 **전화** 064-738-4544 **운영** 09:00~18:00 **요금** 성인 1,000원(주차비 별도)

☑ **TRAVEL TIP**
전국 자연휴양림의 정보는 숲나들e 홈페이지(www.foresttrip.go.kr)을 이용하자. 이용 정보는 물론 예약까지 가능하다.

머체왓숲길 서귀포시 동부

이동식 타이니 하우스를 싣고 다니는 독특한 여행 방식으로 화제가 되었던 TV 프로그램 '바퀴 달린 집'에서 출연자들이 여행하고 간 덕분에 부쩍 뜨고 있는 숲길이다. 머체왓은 주변에 돌(머체)이 많은 밭(왓)이는 뜻으로 총 세 가지 코스가 있다. 머체왓숲길과 머체왓소룡콧길은 2시간 30분 정도 소요되고 서중천탐방로는 왕복 1시간 30분 정도 걸린다. 때 묻지 않은 날것 그대로의 숲이 인상적이고 숲을 가로지르는 서중천과의 조화도 아름답다. 용암과 물이 만들어낸 서중천의 물길은 마치 한 폭의 수묵화를 보는 듯하다. 머체왓소룡콧길을 따라가다가 중간 머체왓숲길이 만나는 곳으로 돌아오면 1시간 정도로 짧으면서도 머체왓 숲의 진한 매력을 모두 즐길 수 있다. P.282

지도 P.270-A2 **주소** 서귀포시 남원읍 서성로 755 **전화** 064-805-3113

화순곶자왈 생태탐방숲길 서귀포시 서부

골른오름이라고도 불리는 대병악에서 시작된 용암이 산방산까지 흘러내리며 만들어진 곶자왈 지역이다. 화순리 주민들이 만든 탐방로를 따라 짧게는 30분, 크게 돌면 1시간 정도 숲길을 걷게 된다. 제주휘파람새 와 개가시나무, 무환자나무, 왕모람 등 희귀 동식물을 만날 수 있다. 관광지로 거의 알려지지 않은 덕에 찾 는 사람이 적은 편이다. 조용히 사색을 즐기며 곶자왈 품속에 폭 안기기 좋다. 여름철에는 밤에 반딧불이 를 관찰할 수 있는 명소로도 잘 알려져 있다.

지도 P.333-C1 **주소** 서귀포시 안덕면 화순리 2045

곶자왈도립공원 서귀포시 서부

제주 4대 곶자왈 중 하나인 한경·안덕 곶자왈 지대의 중심으로 제주 곶자왈을 경험하고 산책하기 좋은 곳 이다. 지역민들이 목장과 농사를 위해 만들었던 테우리길과 한수기길 등 총 5가지 코스가 있다. 데크도 어 느 정도 정비가 되어 있어 아이들도 곧잘 걸어 다닐 수 있을 정도로 편하다. 모든 코스를 전부 다 돌려면 2 시간이 넘게 걸리므로, 짧게는 1코스 '테우리길' 정도 걸어봐도 좋고, 제주 곶자왈을 조금 더 깊게 알고 싶 다면 원형 그대로의 형태를 유지해 놓은 '가시낭길'까지 걸어보자. 운동화를 신어야만 입장이 가능하다.

지도 P.332-B1 **주소** 서귀포시 대정읍 에듀시티로 178 **전화** 064-792-6047 **운영** 09:00~18:00(동절기 ~17:00) **예산** 성인 1,000 원, 어린이 500원

THEME 18

대자연

섬 전체가
자연사박물관!
제주 지질공원 투어

만장굴

선흘곶 동백동산

한라산

성산일출봉

수월봉

대포
주상절리

산방산

용머리해안

천지연 폭포

유네스코에서는 지질공원을 '과거로부터 배우고 익혀서, 지속 가능한 미래를 만들어 가는 것'이라고 정의하고 있다. 지구과학적으로 중요한 지역을 보전하며, 이를 기반으로 지역사회의 경제적 발전을 유도하는 프로그램이라 할 수 있다. 제주는 2010년에 유네스코 세계지질공원으로 인증되었다. 섬 전체가 지질공원이나 다름없지만 제주의 상징인 한라산을 비롯하여 성산일출봉, 만장굴, 산방산 등 13곳의 지질명소가 있다. 태고의 신비를 간직한 제주 지질명소를 따라 여행해보자.

성산일출봉　서귀포시 동부

제주의 다른 오름들과 달리 성산일출봉은 바닷속에서 발생한 용암 분출로 만들어졌다. 원래는 섬으로 떨어져 있었는데 퇴적작용에 의해 지금처럼 제주 본섬과 완전히 연결되었다. 180m 정도 높이의 정상은 20분이면 오를 수 있다. 바다를 배경으로 시원스레 펼쳐진 오름의 모습이 오름 중에 가히 최고라 할 수 있다. 마치 밥그릇처럼 푹 파여 있는 정상 둘레로 99개의 봉우리가 둘러싸고 있다. 그 모습이 마치 성벽처럼 보여 '성산(城山)'이라는 이름으로 불리게 되었다. **P.272**

지도 P.271-상단 **주소** 서귀포시 성산읍 성산리 1 **전화** 064-783-0959 **운영** 07:00~20:00, 매월 첫째 주 월요일 휴무 **요금** 성인 5,000원, 어린이 2,500원

만장굴　제주시 동부

거문오름에서 흘러나온 용암은 벵뒤굴, 만장굴, 김녕굴 등을 만들며 바다로 흘러내려 갔다. 그중 만장굴은 총 길이 7km로 가장 규모가 크고, 유일하게 일반인에게 공개된 동굴이다. 제2 입구에서 용암 석주가 있는 약 1km 구간만 관람이 가능하다. 용암이 만들어낸 거대한 길을 따라 걷다 보면 새삼 자연의 신비에 연신 감탄사가 터져 나온다. 1년 내내 11~18°C를 유지하기에 여름에는 시원하고 겨울에는 따뜻함을 느낄 수 있다. 덕분에 비가 오거나 바람이 세게 부는 날도 편안하게 관람이 가능하다. 개방 구간 가장 끝쪽에 있는 용암 석주는 세계에서 가장 큰 크기를 자랑한다. **P.246**

지도 P.239-C1 **주소** 제주시 구좌읍 만장굴길 182 **전화** 064-710-7903 **운영** 09:00~18:00, 매월 첫주 수요일 휴무 **요금** 성인 4,000원, 어린이 2,000원(7세 미만 무료)

천지연폭포 서귀포시 중심

하늘과 땅이 만나 생긴 연못이라 해서 천지연이라고 불린다. 서귀포 지역은 제주시에 비해 용천수와 폭포가 많은데 천지연은 그중 단연 최고의 풍경을 만들어 낸다. 아주 먼 옛날에는 바다 가까이에 있었다고 하는데, 폭포의 침식 작용으로 지금의 위치까지 밀려왔다고 한다. 폭포 아래에는 열대성 물고기 무태장어 서식지가 있다. 주차장에서 폭포까지 향하는 천지연 난대림 산책로가 장관이다. 저녁 9시 30분까지 관람이 가능해서 근처 새연교 야경과 함께 밤마실 하기에 제격이다. **P.303**

지도 P.299-상단 **주소** 서귀포시 천지동 667-7 **전화** 064-733-1528 **운영** 09:00~21:30 **요금** 성인 2,000원, 어린이 1,000원

대포주상절리 서귀포시 중심

중문과 대포동에 걸쳐 있는 주상절리 해안이다. 용암이 식으면서 부피가 줄어 오각형이나 육각형으로 쪼개져 생기는 것으로 알려졌다. 위로 곧게 솟은 주상절리 틈바구니로 하얀 포말이 이는 모습이 장관을 이룬다. 제주에서 주상절리를 볼 수 있는 곳으로 갯깍주상절리와 천제연 제1폭포가 있는데 대포주상절리 규모가 가장 크고 웅장하다.

지도 P.299-하단 **주소** 서귀포시 중문동 2763 **전화** 064-738-1521 **운영** 09:00~18:00 **요금** 성인 2,000원, 어린이 1,000원(주차비 별도)

산방산 서귀포시 서부

제주에서 내려오는 설문대할망 설화에 의하면 산
방산은 한라산의 꼭대기를 잘라서 만들었다고 전
해진다. 산방산 아래의 둘레와 한라산 꼭대기의
푹 파인 정상 둘레가 거의 같은 것에서 착안하여
만들어진 이야기가 아닐까 싶다. 산방산은 다른
오름과 달리 점성이 높은 진득한 용암이 옆으로
퍼지지 않고 높게 솟아나와 형성됐다. 산속에 방
(房)이 있다고 해서 산방산이라는 이름으로 불리
게 되었는데, 산방산 중턱에는 실제 불상을 안치
해 놓은 산방굴사가 있다. 정상까지 오르지 않아
도 산방굴사에서 내려다보이는 용머리해안과 형
제섬의 절경이 뛰어나다. P.335

지도 P.333-C1 **주소** 서귀포시 안덕면 사계리 164-1 **전화**
064-794-2940 **운영** 09:00~18:00 **요금** 성인 1,000원, 어린
이 500원

용머리해안 서귀포시 서부

산방산 아래에 있는 해안으로 용이 바다로 들어가
는 모습을 닮았다고 해서 용머리해안으로 불린다.
산방산 쪽에서 내려다보면 한 마리의 거대한 용이
꿈틀거리는 것처럼 보이기도 한다. 용머리해안을
따라가는 바닷길탐방로는 제주 지질공원 투어의 백
미에 해당한다. 제주에서 가장 오래된 화산체로 그
시간만큼 켜켜이 쌓인 응회암과 푸른 바다의 어울
림이 눈부시다. 용머리해안 둘레길은 물때표를 확
인하고 가야 한다. 만조가 되면 일부 길이 막히고 파
도가 들이치기 때문에 통제가 된다. P.336

지도 P.333-C2 **주소** 서귀포시 안덕면 사계리 118 **전화** 064-
760-6321 **운영** 09:00~17:00 **요금** 성인 2,000원, 어린이
1,000원

☑ **TRAVEL TIP**

용머리해안가에는 하멜 표류를 기념하기 위한
하멜상선전시관이 있다. 네덜란드 국적의 하멜은 일본으로
가던 중 제주에 표류하였다. 13년 뒤 네덜란드로 돌아간 후
밀린 월급을 받기 위해 그간의 겪었던 일을 글로 남겼고 이는
우리가 아는 <하멜표류기>라는 이름으로 출간되었다. 이로
인해 유럽에 우리나라가 알려지게 되었다.

수월봉 제주시 서부

약 1만 4,000년 전 화산 폭발로 생긴 작은 오름. 오름 위에서 바라보는 차귀도 풍경과 일몰이 특히 아름답다. 수월봉 아래 영알 해변은 파도에 깎인 화산쇄설층이 드러나 있어 화산연구의 교과서 같은 역할을 하고 있다. 영알 해변을 따라 자구내포구까지 산책하기 좋다.

지도 P.356-A2 주소 제주시 한경면 고산리 3696-1(수월봉 전망대 주차장)

선흘곶 동백동산 제주시 동부

거문오름에서 선흘리까지 이어지는 곶자왈 지대를 대표하는 곳이다. 숲 곳곳에 동백나무가 많아 동백동산이라 불린다. 총 길이 5km의 탐방로는 한적하게 숲속 트레킹을 즐기기에 최적이다. 동백동산 입구에 있는 습지센터에서는 제주 곶자왈의 생성 과정과 동백동산 습지에 대한 정보를 얻을 수 있다. 동백동산의 습지는 하천 주변에 생성된 습지와 달리 곶자왈에 생성된 내륙 습지로 2011년 람사르 습지로 지정되었다. 제주 4·3사건 당시 도민들이 숨어 지내다 희생을 당한 토굴이 있다.

지도 P.238-B1 주소 제주시 조천읍 동백로 77(동백동산습지센터) 전화 064-784-9445

THEME 19

역사문화

제주를 알려면 속살을 들여다봐야지! 제주 역사 둘러보기

중국과 일본 그리고 우리나라를 잇는 해상무역의 요충지였던 제주는 고려 시대 탐라국에서 제주로 개명되어 편입되면서 하나를 이루었다. 육지에서 먼 거리에 위치한 덕분에 독특한 언어와 문화가 이어져 왔다. 알아두면 제주를 이해하는 데 도움이 되는 몇 곳을 엄선해 소개한다.

삼성혈 _{제주시 중심}

제주도의 기원 설화가 깃든 곳이다.
고을나, 양을나, 부을나 세 명의 삼신
인이 땅에서 솟아나 지금의 제주의
시초가 되었다는 전설이다. 제주 구도
심에 있는 삼성혈에 신비로운 3개의
땅 구멍이 선명하나. 노심 한가운데이
지만 나무가 우거져 잠시 시간 내서
산책하기 더없이 좋다. 특히 왕벚나무
가 많아 매년 3월 말에서 4월 초면 풍
성한 벚꽃을 피워낸다. 전시관에는 삼
성혈 신화에서 고려 말까지의 역사적
과정을 둘러볼 수 있다.

지도 P.201-B2 **주소** 제주시 삼성로 22 **전화**
064-722-3315 **운영** 09:00~18:00 **요금** 성인
2,500원, 어린이 1,000원

혼인지 서귀포시 동부

삼성혈에서 나온 삼신인과 벽랑국 삼공주와 결혼을 했다는 전설이 전해지는 곳이다. 가축과 씨앗을 가져온 삼공주 덕분에 수렵 생활에서 농경 생활로 바뀌고 탐라국으로 발전하는 시초가 된 곳이다. 봄이면 벚꽃이 만발하고 여름이면 수국 명소로도 손꼽힌다. 매년 6월이면 온통 연하늘색 수국으로 물들면서 돌담의 강인함과 수국의 부드러움이 어우러진다. 삼신인이 혼인 후에 목욕을 했다 전해지는 연못을 따라 잠시 머리를 비우고 산책하기 좋다.

지도 P.270-B1 **주소** 서귀포시 성산읍 혼인지로 39-22 **전화** 064-710-6798 **운영** 08:00~17:00 **요금** 무료

제주민속촌 서귀포시 동부

제주 단체 여행객들의 필수 코스로 1890년대 조선 시대 제주의 옛 문화를 엿볼 수 있다. 어촌과 중산간촌, 산촌을 원형 그대로 생생하게 보존해 놓아 당시 제주 사람들이 어떻게 살았는지 한눈에 알 수 있다. 제주만의 건축 형태인 세거리집, 흑돼지를 키웠던 돗통시, 돌담과 초가 등 육지와 사뭇 다른 100여 채의 가옥에서 당시의 문화를 엿볼 수 있다. 곳곳에 체험 거리와 포토존을 마련해 놓아 아이들도 재미있게 즐길 수 있다.

지도 P.270-B2 **주소** 서귀포시 표선면 민속해안로 631-34 **전화** 064-787-4501 **운영** 08:30~18:00(동절기 ~17:00) **요금** 성인 11,000원, 어린이 7,000원

항파두리 항몽유적지 제주시 서부

몽골의 침략에 맞서 삼별초 군이 마지막까지 저항하던 곳이다. 진도에서 항전했던 삼별초 군은 진도가 함락되자 김통정 장군을 중심으로 잔여 부대를 이끌고 제주로 들어왔다. 항파두리에 흙으로 성을 쌓고 마지막까지 결사 항전을 했다. 1273년 삼별초 군이 전멸한 후 100여 년간 제주는 몽골의 지배를 받는다. 역사적 의미도 있지만 봄이면 유채꽃이, 여름이면 해바라기와 수국이 소담스럽게 피어 사진 배경이 되어 준다. 여행 동선에 맞으면 한 번쯤 들러 사진 찍기 좋은 곳이다.

지도 P.356-B1 **주소** 제주시 애월읍 항파두리로 50 **전화** 064-710-6721 **운영** 09:00~18:00 **요금** 무료

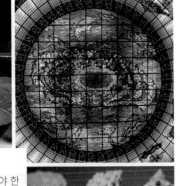

국립제주박물관 제주시 중심

한 지역에 대해서 깊이 있는 이해를 하려면 박물관에 가봐야 한다. 제주의 구석기 시대부터 탐라국의 흔적과 고려, 조선 시대의 제주까지 역사가 고스란히 보관되어 있다. 제주 목사 이형상이 재임 중 제주 고을을 돌며 그린 '탐라순력도'를 비롯하여 중국과 일본을 연결하며 만들어낸 제주의 독특한 문화와 역사를 짜임새 있게 꾸며 놓았다.

지도 P.200-B1 **주소** 제주시 일주동로 17 **전화** 064-720-8000 **운영** 10:00~18:00(주말 ~19:00), 월요일 휴무 **요금** 무료

제주민속자연사박물관 _{제주시 중심}

대규모 단체 여행에서 빠지지 않고 들르던 곳으로 제주
주변 자연환경에 대한 전시와 함께 제주 민속 문화에
대한 전시가 눈길을 끈다. 척박했던 자연환경을 극복하
며 만들어 왔던 독특한 문화가 고스란히 기록돼 있다.
아이들과 함께하는 여행이라면 일정 초반에 들러 제주
에 대해 더 깊이 알 수 있는 시간을 즐겨도 좋다.

지도 P.201-B2 **주소** 제주시 삼성로 40 **전화** 064-710-7708 **운영**
09:00~18:00, 월요일 휴무 **요금** 성인 2,000원, 주차비 1,000원

제주목 관아 _{제주시 중심}

탐라국을 거쳐 조선 시대 제주는 제주목으로 지방 통치를 받았다.
정의현(지금의 성읍민속마을)과 대정현(현재의 대정읍)과 더불어
제주 전체를 관할하던 정치·행정의 중심이었다. 제주의 대표적인
역사적 사건 4·3도 제주목 관아 앞에서 시작되었다. 일제강점기
때 훼손되어 관덕정만 남아 있다가 2002년 지금의 모습으로 복원
되었다.

지도 P.201-B1 **주소** 제주시 삼도이동 983-1(입구), 제주시 관덕로7길 13(주차장)
전화 064-710-6714 **운영** 09:00~17:30 **요금** 성인 1,500원, 어린이 400원

THEME 20

아픔의 역사를 되돌아보는 제주 다크 투어

역사문화

'다크 투어(Dark Tour)'는 전쟁이나 학살, 재난 등 비극적 역사를 되돌아보며 반성과 성찰을 하는 여행 이다. 제주는 역사적으로 많은 희생과 고통을 겪었다. 제주 전역에 일제 만행의 흔적과 4·3사건의 아픔이 남아 있는데, 특히 서부 쪽에는 일제강점기 흔적이, 동부 쪽에는 4·3 관련 상흔이 많이 남아 있다. 평화가 일상이 된 지금이지만 언제 다시 어떠한 형태로, 어떠한 모습으로 우리에게 그늘을 드리울지는 아무도 모른다. 역사를 바로 알아야 그 속에서 미래로 나가는 방향을 잃지 않는다.

알고갑시다

1940년대 태평양전쟁 말기, 수세에 몰린 일본군은 제주도를 일본 본토 방어를 위한 최전방으로 활용하기 위해 '결7호' 작전을 진행하였다. 송악산을 비롯해 여러 해안의 동굴진지는 이 시기에 만들어졌다. 연합군의 함대에 자살 폭파 공격을 위한 소형 선박을 숨기기 위해서였던 것. 해안가 말고 수많은 제주 오름에도 일본군이 동굴진지를 파 놓았다.

서부 다크 투어

제주 전체에는 일제강점기 제주도민들의 노동을 착취하여 천혜의 자연을 일제의 요새로 만들었던 군사시설이 곳곳에 남아 있다. 그중에서도 송악산이 있는 대정읍 상모리에는 진지동굴, 알뜨르 비행장 경납고, 지하 벙커, 고사포 진지로 이어지는 가슴 아픈 역사가 모여 있다. 제주 올레 10코스를 따라 이어진다.

① **#송악산 진지동굴**   서귀포시 서부

서부 다크 투어는 송악산에서 시작된다. 높이 100m의 작은 화산인데, 송악산 주차장에서 올레길 10코스를 따라 송악산을 오르다 보면 해안가를 따라 크고 작은 진지동굴이 보인다. 해안가 진지동굴뿐만 아니라 이런 소형 동굴진지까지 송악산 일대에만 60여 개의 동굴진지가 있다. 호주 멜버른 최대 관광자원인 '그레이트 오션 로드'에서나 볼 법한 해안길이 송악산을 따라 이어진다. 이렇게 아름다운 자연이 그들에게는 전쟁을 위한 수단이었고 도민들에게는 가혹한 노동 착취의 현장이었다는 것이 전혀 어울리지 않는 지금이다.

지도 P.333-C2   **주소** 서귀포시 대정읍 상모리 179-4(송악산 주차장)

② **#섯알오름 일제동굴진지 & 고사포진지**   서귀포시 서부

송악산을 한 바퀴 돌아 올레길 10코스를 따라가면 섯알오름 동굴진지가 나온다. 겉으로 봐서는 작은 오름으로만 보이는 이곳에 제주도에서 가장 큰 미로형 동굴진지가 있다. 입구가 5개나 있고 안에는 탄약고, 통신실 그리고 알뜨르 비행장과 연계한 비행기 수리공장까지 있었다고 하니 그 규모가 상당했음을 알 수 있다. 총 5개의 동굴진지 입구는 현재 붕괴 위험 때문에 당분간 개방 하지 않고 있다.

동굴진지를 발아래로 두고 길을 이어 가다 보면 미국 폭격기에 대응하려고 만든 고사포진지가 있다. 고사포는 항공기를 격추하기 위해 하늘을 향해 발포하는 포로 일본군이 대정읍 일대를 요새화 하려고 했던 흔적으로 볼 수 있다. 총 5개 중 4개가 비교적 원형을 유지하고 있다.

지도 P.333-C2   **주소** 서귀포시 대정읍 상모리 316

③ #알뜨르 비행장 격납고 서귀포시 서부

1926년부터 일본은 제주도민을 동원하여 비행장을 만들었는데 마을 아래(알)에 있는 넓은 들판(드르)이라는 뜻에서 '알뜨르 비행장'이라 불렸다. 이후 겻 7호 작전에 따라 가미카제 전투기를 보호하기 위해 격납고가 만들어졌다. 총 38개 중 현재 19개가 원형 그대로 남아 있다. 격납고 중 하나에는 태평양전쟁에서 일본이 주로 사용하였던 '제로센' 전투기가 실물 크기로 형상화된 작품이 전시되어 있다. 알뜨르 비행장은 현재 일반 비행장과는 달리 비상시에만 사용되고 있다.

지도 P.332-B2 **주소** 서귀포시 대정읍 상모리 1629-8(무료 주차장)

④ #월라봉 진지동굴 서귀포시 서부

화순항 옆 작은 오름으로 위에서 내려다본 모습이 달을 닮았다고 해서 '월라봉'이라 불린다. 공용 주차장 입구에서부터 월라봉 정상까지는 짧지만 급한 경사가 이어진다. 산방산과 화순항이 내려다보이는 정상에 오르면 7개의 일제 진지동굴을 마주하게 된다. 제주 곳곳에 있는 진지동굴 대부분의 입구가 막혀 있는 것과 달리 여기는 안에 들어가 볼 수 있도록 열려 있다. 그리 깊이 들어가지 않아도 안에서부터 밀려나오는 서늘한 기운에 저절로 몸서리가 쳐진다. 태평양 전쟁 막바지, 화순항으로 상륙하는 미군을 저지하기 위해 만든 것으로 알려져 있다.

지도 P.333-D1 **주소** 서귀포시 안덕면 감산리 1903(공용 주차장)

동부 다크 투어

1945년 광복으로 부풀었던 기대감은 다시 피의 바람과 함께 무너졌다. 3.1절 기념행사 도중 관덕정 앞에서 시작된 경찰의 발포사건으로 제주는 다시 한 번 고통의 나락으로 빠져들었다. 1948년부터 7년간 이어진 4·3사건으로 제주도민 1/10에 달하는 3만 명 이상이 희생되었다. 제주도 전역에 수많은 4·3 유적지가 있지만, 북촌리를 비롯하여 제주 동부에 4·3의 흔적이 많이 남아 있다.

① #제주 4·3 평화공원 <small>제주시 중심</small>

제주 4·3사건 중심의 다크 투어는 4·3평화공원에서 시작된다. 4·3사건으로 힘들었던 시간을 추모하고 사실을 바로 알리기 위해 만들어졌다. 4·3 평화기념관 1층에는 일제강점기의 끝자락부터 시작된 4·3사건의 전반의 기록들이 상세히 기록되어 있다. 감히 상상할 수도 없고 상상 이상으로 벌어졌던 이야기 하나 하나에 가슴이 답답해져 온다. 상처는 덮고 감출 것이 아니라 드러내고 치료해야 덧나지 않는다. 전시관에 있는 '백비(비문이 없는 비석)'에 올바른 역사가 쓰이는 날이 오길 바라본다.

`지도 P.200-B2` **주소** 제주시 명림로 430 **전화** 064-723-4344 **운영** 09:00~18:00, 첫째·셋째 주 월요일 휴무 **요금** 무료

알고갑시다 ❗

4·3사건은 1947년 3월 1일 경찰의 발포사건을 기점으로 하여, 경찰과 서북청년단의 탄압에 대한 저항과 단독선거, 단독정부 반대를 기치로 1948년 4월 3일 남로당 제주도당 무장대가 무장봉기한 이래 1954년 9월 21일 한라산 금족지역이 전면 개방될 때까지 제주도에서 발생한 무장대와 토벌대 간의 무력 충돌과 토벌대의 진압 과정에서 수많은 주민들이 희생당한 사건이다. - 제주4·3사건 진상조사보고서 중

② #너분숭이 4·3기념관 제주시 동부

북촌리는 4·3 당시 단기간 가장 많은 희생자가 발생했던 곳이다. 1949년 1월 17일 너분숭이 인근에서 군인 2명이 희생되자 이에 대한 보복으로 북촌리 300여 명을 대상으로 북촌초등학교와 인근 밭에서 집단학살이 자행되었다. 대부분의 남자가 희생되어 '무남촌'이라고 불리기도 했던 북촌리는 집마다 제삿날이 모두 같은 아픔을 가지고 있다. 기념관 안에는 당시 희생된 주민들의 이름과 당시 나이가 적힌 명판이 있다. 이름도 없는 2살 아이의 희생 앞에서 가슴이 먹먹해져 온다. 아무도 당시의 아픔을 말하지 못하다가 1978년 현기영 작가의 '순이삼촌'을 통해 북촌리의 아픔이 알려지기 시작했다. 너분숭이 4·3기념관 옆에는 당시 희생되었던 어린아이들의 무덤이 남아 있다.

지도 P.238-B1 **주소** 제주시 조천읍 북촌3길 3 **전화** 064-783-4303 **운영** 09:00~18:00, 둘째·넷째 주 월요일 휴무 **요금** 무료

(3) #낙선동 4·3성터 제주시 동부

1948년 제주 중산간이 불타오르고 몸을 숨겼던 동백동산의 자연동굴마저 발각되면서 많은 희생을 겪었던 선흘리를 재건하기 위해 낙선동에 성을 쌓아 함께 생활하게 했다. 무장대와 주민들을 감시하기 위한 일종의 수용소나 다름이 없었다. 250여 세대의 사람들이 살던 함바집과 통시(화장실), 초소 등 당시 모습 그대로 복원되어 그때의 아픔을 대신 말해주고 있다.

지도 P.238-B1   주소 제주시 조천읍 선흘리 3387-2

(4) #곤을동 마을터 제주시 중심

봄이면 산 전체가 벚꽃이 흐드러지게 피는 사라봉과 별도봉에서 올레길 18코스를 따라 화북으로 향하면 한때 '곤을동'이라 불렸던 마을 터가 나온다. 1949년 1월 4일부터 이틀간 곤을동에 있던 67가구의 사람들이 바닷가로 끌려가 학살되고 마을은 모두 불태워졌다. 이후 잃어버린 마을 곤을동은 집과 집을 나눠주던 돌담만 남아 당시를 대신 기억하고 있다. 4·3사건 당시 160여 개의 마을이 불타 사라졌는데, 중산간이던 대부분의 마을과 달리 곤을동은 해안마을임에도 희생을 당하게 되었다. 시리게 푸른 바닷가 앞, 현대식 집들이 빼곡하게 들어선 화북동과 잡초만 무성한 곤을동 마을터의 대비가 걸음을 차분하게 만든다.

지도 P.200-B1   주소 제주시 화북일동 4440번지 일대

THEME 21

역사문화

제주 해녀의
숨비소리를 찾아서

해녀는 '숨을 참고 잠수하여, 해산물이나 해조류를 채취하여 생계를
유지하는 사람들'을 말한다. 산소통 같은 보조기구를 사용하지
않으며, 취미로 물질을 하지도 않는다. 스킨스쿠버나 요즘 유행하는
프리다이빙과도 구분되는 부분이다. 차가운 바다와 파도를 뚫고
자신의 숨이 허락하는 시간 내에서 물질하는 해녀. 양손에 담아낼
수 있는 만큼만으로 생계를 꾸리며 가족을 부양해 왔다. 어쩌면
한라산만큼이나 제주를 떠받치고 있는 기둥과 같다. 제주의 이러한
해녀문화는 가치를 인정 받아 2016년 유네스코 인류무형문화유산으로
등재됐다.

알고갑시다 ❗

숨비소리
해녀들이 잠수한 후 물 위로 나오며
참았던 숨을 고르면서 내는 소리.
'호이~휘이~' 하며 휘파람을 부는
듯한 소리가 난다. 이 소리를 통해
빠른 시간 안에 공기를 들이 마시면서
물질을 이어갈 수 있다.
해녀의 물질은 3~4시간 정도
이루어진다. 보통 1시간에 60번
정도를 잠수한다. 물질을 잘하는 상군
해녀가 되면 보통 45초 정도 잠수를
하고 15초 정도 쉰다. 아직 물질이
서툰 하군은 35초 정도 숨을 참고
25초 정도 숨을 가다듬는다.

체험을 통해 직접
잡은 소라. 먹기
좋게 삶아서 내온다.

하도어촌체험마을 제주시 동부

제주에서 유일하게 진짜 해녀들과 함께 해녀 체험을 할 수 있는 곳이다. 해녀 체험은 물론 원담에서 조개
와 보말을 잡을 수 있는 바룻잡이 체험도 가능하다. 수심이 얕아 아이들도 안전하게 놀 수 있고 체험 후에
는 샤워도 할 수 있어 가족 여행자들이 즐기기 좋은 여행지다.

해녀들 사이에서 오고 가는 속담 중에 '저승에서 벌어서 이승에서 쓴다'는 말이 있다. 바닷속과 바다 밖은
저승과 이승으로 비유될 정도로 위험하다는 뜻이다. 속담처럼 해녀 체험은 생각보다 쉽지 않다. 밖에서 숨
참기 연습을 할 때는 40초 이상 어렵지 않게 참을 수 있지만, 물속에서는 바닥에 손을 대보는 것부터가 힘
들다. 하지만 같이 물질하는 해녀들이 소라를 놓아주며 잡는 연습을 시켜준다. 어디에 있는지 알려주고 물
질을 도와주는 덕분에 초보자도 빠르게 적응할 수 있다. 수심 2~4m에서 2시간 남짓 체험이 진행되며, 체
험이 끝난 후 샤워를 하는 동안 잡은 해산물을 삶아서 먹을 수 있게 준비해 준다. 제주에서 흔히 접할 수 있
는 소라이지만 지갑에서 꺼낸 돈으로 손쉽게 사 먹는 소라가 아닌, 내 손으로 직접 잡은 소라를 먹는 것만
으로도 해녀 체험은 소중하고 감사한 경험이 될 것이다.

지도 P.239-D1 **주소** 제주시 구좌읍 해맞이해안로 1897-27 **전화** 064-783-1996 체험시기 3~12월 **체험 요금** 1인 35,000원

☑ TRAVEL TIP
물때와 날씨에 따라 체험 시작 시간이 다르다. 해녀를 미리 섭외해야 하기에 전화 예약이 필수. 매년 9월 중순에는 하도리에서
해녀축제가 열린다. 해녀축제 기간에는 저렴하게 물질 체험을 할 수 있다.

© 해녀의 부엌

해녀의 부엌 　제주시 동부

해녀 체험에 이어 그들의 속 깊은 이야기와 삶을 엿볼 수 있는 독특한 여행지를 소개한다. 해녀의 부엌은 식사와 해녀 공연이 함께 하는 국내 최초 해녀 중심 다이닝 쇼이다.

공연은 1부와 2부로 나뉘어 있는데, 1부에서는 해녀 이야기를 짤막한 연극으로 보여준다. 종달어촌계 해녀들의 실제 이야기를 한국예술종합학교 출신의 젊은 예술인들이 감명 깊게 풀어낸다. 공연이 끝나면 연극의 실제 주인공 해녀들이 나와 해산물 이야기를 이어서 들려준다. 2부에서는 해녀의 밥상이 이어진다. 톳흑임자죽과 톳밥, 성게미역국이 기본으로 서빙이 되고 돔베고기, 뿔소라꼬지 그리고 뿔소라구이가 나온다. 음식들이 하나같이 양념이 과하지 않고 재료 본연의 맛을 잘 살린 덕분에 쉬지 않고 젓가락이 오가게 된다.

© 해녀의 부엌

유네스코 인류무형문화유산으로 등재된 해녀 문화를 이렇게 새로운 방법으로 관객들에게 다가가는 방법이 무척이나 신선하고 감동적이다. 쉽게 접해보지 못하는 음식과 실제 해녀들의 이야기를 함께 즐기는 해녀의 부엌에서는 이야기에 한 번 감동을 하고 그녀들의 삶이 녹아 있는 음식의 맛에 또 한 번 감동할 것이다.

뿔소라의 성별 구별법, 손질법, 홍해삼과 군소의 특성 등 평소에 쉽게 배울 수 없는 제주 해산물의 이야기를 들을 수 있다.

지도 P.239-D1 　주소 제주시 구좌읍 해맞이해안로 2265 전화 070-8015-5286 운영 목~일요일 1200, 17:30(일 2회 공연) 요금 1인 59,000원

제주해녀박물관 <제주시 동부>

유네스코 인류무형문화유산으로 등재될 만큼 역사 깊고 독특한 제주 해녀 문화에 대해서 깊이 있게 알고
싶다면 꼭 한 번 방문해야 하는 곳이다. 제주 해녀들의 삶과 문화가 오래도록 기억되고 보존될 수 있도록
했다. 살아가는 이야기를 나누고 불을 피워 몸을 녹이던 '불턱문화', 의지하지 않고 홀로서기를 도왔던 '할
망바당'까지 해녀의 역사와 문화는 물론이고 '눈'이라고 불리는 수경, 해산물을 담는 '테왁망사리' 등 과거
부터 현재까지 사용하고 있는 다양한 해녀 도구들까지 전시되어 있다.

지도 P.239-D1 **주소** 제주시 구좌읍 해녀박물관길 26 **전화** 064-782-9898 **홈페이지** www.jeju.go.kr/haenyeo/index.htm **운
영** 09:00~17:00, 월요일, 1/1, 설날·추석 연휴 휴무 **요금** 성인 1,100원, 청소년 500원

THEME 22

진정한 제주를 마주하는 방법, 올레길

액티비티

올레는 스페인의 산티아고 순례길에서 영감을 받아 만든 제주도 트레일이다. 전국에 지역 특색을 살린 길들이 많이 생겼을 정도로 걷기 열풍을 몰고 온 주역이기도 하다. '올레'는 제주 방언으로 큰길에서 집으로 향하는 좁은 길을 뜻한다. 마을과 마을, 집과 집 사이에 가장 제주다운 곳을 425km의 길이로 이어 맞추었다. 제주를 대표하는 관광지를 지나기도 하고 속살 같은 골목을 엮어 묶어냈다. 힘들게 두 발로 걷는 여행자에게 제주는 깊은 속마음까지 내보여준다. 이제야 진정한 제주를 알게 되고, 친구가 되었다고 느끼게 되는 여행. 올레길은 언제나 열려 있다.

떠나기 전 알고 가는 제주 올레

시작점 표지석
올레 코스의 시작이자 끝을 알려준다. 올레길에 대한 간단한 안내가 포함되어 있다.

간세
게으름뱅이라는 뜻의 '간세다리'라는 제주 방언에서 시작되었다. 속도와 상관없이 느릿느릿 걸으며 제주를 느끼는 올레길 투어와도 어울린다. 간세 머리가 향하는 곳이 올레길의 정방향. 스탬프를 품고 있는 간세도 있다.

화살표 & 리본
올레길을 안내하는 표시. 파란색 화살표는 정방향(시계 방향)을, 주황색 화살표는 역방향을 안내한다. 리본은 주로 나뭇가지에 묶여있고 화살표는 돌담이나 기둥에 붙어 있다.

제주 올레 패스포트
여권처럼 만든 간단한 코스 안내서이자 스탬프를 모을 수 있는 미니북이다. 스탬프를 모두 모으면 완주증서와 메달을 준다.

하루에 한 코스
총 26개 코스의 올레길은 보통 4~5시간이 걸린다. 걷기 여행이다 보니 차량을 출발점에 두고 이동하는 경우 다시 돌아가기 위해서도 같은 시간이 걸린다는 뜻이다. 온 길을 걸어서 돌아가기보다는 버스나 택시를 이용하는 편이 효율적이다. 오후 5~6시 전에는 투어를 마무리해야 하므로 욕심 없이 하루에 한 코스씩만 걸어보자.

☑ **TRAVEL TIP**
언제나 변하는 올레길
올레길은 사유지를 거치는 경우가 많다. 개발 붐을 따라 길이 변하는 경우도 많고 토지주들이 변경을 요청하는 경우도 있다. 의외로 아무 집이나 막 들어가서 화장실을 쓰거나 쓰레기를 버리는 경우도 많다고 한다. 여러 이유로 올레길은 지금도 변하고 있다. 지도에만 의지하지 말고 스마트폰 애플리케이션(카카오맵, 네이버지도 등)이나 올레 화살표, 리본 등을 참고하자.

올레길 추천 코스 ①

※ 대표 코스는 출발지에서 도착지까지 간 뒤,
   대중교통을 이용해 출발지로 되돌아오는 코스를 기준으로 소개한다.

올레길 15-B코스

한림항에서 시작해서 고
내포구로 향하는 코스로
바다를 따라가는 15-B
코스와 중산간을 지나
는 15-A코스가 있다. 골라 걷는 재미가 있는 코스
로 B코스는 대부분 평지라 초급자도 어렵지 않다.
13.5km 정도의 길이여서 4~5시간 정도 소요된다.
대표 코스 ▶ 한림항 – 곽지해변 – 한담해안산책로 –
고내포구 – 202번 버스 – 한림항

고내포구
16코스
광령1리사무소
한림항
15-A코스

14코스

용수 포구 13코스
저지예술
정화 마을
14-1코스
무릉 외갓집 오설록 녹차밭
12코스
11코스

올레길 10코스

서귀포 올레길 중
해안선이 가장 독
특하고 아름다운
코스 중 하나. 총
길이 17.5km에 오르막길이 제법 길긴 하지만
뛰어난 풍경을 보며 걷다 보면 힘든지도 모르
는 매력의 코스다.
대표 코스 ▶ 화순금모래해변 – 용머리해변
– 송악산 – 섯알오름 – 운진항 – 모슬포항 –
152·251·202번 버스 – 화순금모래해변

9코스
8코스
서귀포
버스터미널 앞
10코스 화순금
모래 해수욕장 대평 포구
하모
체육공원
월평
아왜낭목
쉼터 7코스
제주 올레
여행자센터 0.

상동포구
10-1코스 가파치안센터

올레길 20코스

김녕서포구에서 시작해서 제주 동부의 핫한 해변을 연결하는 인기 코스로 17.6km 정도의 길이다. 5~6시간 정도 걸리는데, 발길을 붙잡는 풍경 덕에 쉬이 전진이 안 되는 마력의 코스다.

대표 코스 ▶ 김녕서포구 – 김녕해변 – 월정리해변 – 평대해변 – 세화해변 – 제주해녀박물관 – 201번 버스 – 김녕서포구

조천만세동산
18코스
19코스
죽지×관덕정 분석
김녕서포구
20코스
제주해녀박물관
21코스

하우목동항
1-1코스
종달바당
1코스
시흥초등학교
천진항

올레길 1코스

시흥초등학교에서 광치기해변으로 이어지는 코스로 15km 길이에 4~5시간 정도 소요된다. 올레길의 첫 시작이 되는 코스로 오름과 바다를 두루 거친다.

대표 코스 ▶ 시흥초등학교 – 알오름 – 종달리 – 오조리 조개체험장 – 성산일출봉 – 광치기해변 – 201번 버스 – 시흥초등학교

광치기해변
2코스

온평포구

3코스

표선해수욕장
4코스

소꼽
리
5코스
남원포구

올레길 5코스

남원포구 올레 안내소에서 출발하여 쇠소깍 다리까지 걷는 코스로 13.4km의 길이다. 4시간 정도 걸리는 코스이며 평평하면서 길지 않아 초보자에게 어울린다. 동백꽃이 피는 계절에 어울리는 코스.

대표 코스 ▶ 남원포구 – 큰엉해안경승지 – 위미동백나무군락 – 쇠소깍 다리 – 201·231·232·510번 버스 – 남원포구

올레길 추천 코스 ❷

16코스

고내포구

17코스

광령1리사무소

한림항

15-A코스

14코스

올레길 7코스

17.6km의 길이로 높낮이의 변화가 심하고 길이 험한 편이다. 최소 5시간 이상 잡아야 된다. 서귀포 올레꾼의 쉼터인 제주 올레 여행자센터에서 출발하여 외돌개, 속골, 서건도 등 해안 절경을 따라 걷게 된다.

대표 코스 ▶ 제주 올레 여행자센터 – 서귀포 칠십리시공원 – 선녀탕 – 외돌개 – 속골 – 서건도 – 월평 아왜낭목 쉼터 – 531·521·520번 버스 – 제주 올레 여행자센터

용수포구

13코스

14-1코스

저지예술
정보화 마을

오설록
녹차밭

무릉 외갓집

12코스

11코스

9코스

8코스

화순금
모래 해수욕장

대평포구

서귀포
버스터미널 앞

하모
체육공원

10코스

월평
아왜낭목
쉼터

7코스

제주 올레
여행자센터

6코스

상동포구

10-1코스

가파치안센터

올레길 17코스

중산간과 해안올레 및 제주 원도심까지 두루 지나는 올레길. 공항과도 가까워서 전체 코스가 아니더라도 일부분만 잠시 걸어보아도 좋다. 전체 길이 18km에 6시간 이상 걸린다.

대표 코스 ▶ 광령1리사무소 – 알작지해변 – 이호테우해변 – 도두봉 – 제주국제공항 – 용두암 – 용연다리 – 관덕정 – 간세라운지 – 315·332·291번 버스 – 광령1리사무소

조천만세동산　19코스　김녕서포구　20코스
18코스
지×관덕정 분식

제주해녀박물관　21코스

하우목동항
1코스　종달바당　1-1코스
시흥초등학교
천진항

2코스　광치기해변

온평표구

3코스

표선해수욕장

5코스　남원포구　4코스

올레길 8코스

월평에서 출발해서 중문관광단지를 지나는 19.2km 구간이다. 베릿내오름만 빼면 크게 힘든 코스가 없다. 중문을 지나면서 볼거리가 많아 최소 5~6시간 이상 잡아야 한다.

대표 코스 ▶ 월평 아왜낭목 쉼터 – 약천사 – 대포주상절리 – 중문색달해변 – 논짓물 – 대평포구 – 531번 버스 – 월평 아왜낭목 쉼터

올레길 2코스

광치기해변에서 오조포구와 혼인지를 거쳐 온평포구에서 마무리되는 14.7km 정도의 코스. 오조리 내수면 뚝방길을 따라 식산봉에 오르면 성산일출봉이 한눈에 들어온다. 온평리 쪽으로 접어들면 식당이나 카페가 없으니 성산을 벗어나기 전에 미리 점심을 먹고 넘어가는 것이 좋다.

대표 코스 ▶ 광치기해변 – 식산봉 – 빛의 벙커 – 혼인지 – 온평포구 - 201번 버스 – 광치기해변

THEME 23

두 바퀴로 떠나는 제주 여행

올레길을 따라 제주를 한 바퀴 돌기에는 제법 많은 시간이 걸린다. 조금 더 짧은 일정으로 제주를 돌아보고 완주했다는 성취감을 느끼고 싶다면 자전거 투어가 제격이다. 총 길이 234km의 제주 환상 자전거길은 제주도의 외곽 라인을 따라가며 천혜의 아름다운 자연을 마주할 수 있는 자전거길이다. 짧게는 2박 3일 일정으로도 완주가 가능하지만, 날씨가 안 좋은 날에는 일정이 꼬일 수 있고 제주의 속살을 제대로 들여다보지 못할 수 있기 때문에 가급적 3박 4일 이상을 잡고 도전하기를 추천한다.

제주 환상 자전거길 정보

총 거리 234km

예상 시간 15시간 30분

코스 용두암 ▶ 다락쉼터 ▶ 해거름마을공원 ▶
송악산 ▶ 법환바당 ▶ 쇠소깍 ▶ 표선해변 ▶ 성산일출봉 ▶
김녕성세기해변 ▶ 함덕서우봉해변 ▶ 용두암

인증센터

인증센터 제주 환상 자전거길에는 총 10개의 인증센터가 있다. 공항에서 출발하여 용두암 인증센터를 통해 시계 반대 방향으로 돌면 된다. 시계 방향으로 돌아도 무방하지만 자전거 도로를 따라 쓰인 안내 표지가 시계 반대 방향을 기준으로 되어 있어 반시계 방향을 추천한다.

자전거 여행 준비하기

❶ 자전거 가져가기

타던 자전거를 가져갈 수도 있다. 직접 타던 자전거를 가져가면 몸에도 잘 맞을 것이고 빌리는 비용도 별도로 들지 않아 좋다. 앞바퀴가 분리되는 자전거이거나 접을 수 있는 미니벨로 정도의 크기라면 비행기 화물로 부칠 수 있다. 자전거를 보내는 비용은 항공사마다 차이가 있는데, 무료로 보내주는 항공사가 있고 저비용 항공사의 경우 1만 원 정도의 추가 비용을 요구하는 곳도 있다. 자전거를 분리하여 넣을 보관 백이 있다면 좋고 아니라면 공항에서 박스를 구매할 수도 있다.

❷ 자전거 빌리기

자전거가 없거나 운송 중 파손이 걱정된다면 제주에서 빌리는 방법도 있다. 제주시에 자전거 대여점이 몇 곳이 있는데 공항 근처 '바이크트립'이 가장 가깝다. 공항에서 걸어서 10분 정도면 된다. 자전거를 빌리는 가격은 자전거의 가격대에 따라 다른데 보통 2만 4,000원부터 시작한다. 자전거를 빌리면 헬멧과 자물쇠 등 기본 장비를 무료로 빌려준다. 국토종주 자전거길 여행 수첩도 판매한다.

지도 P.201-A2 **[바이크트립] 주소** 제주시 용문로 26-3 **전화** 064-744-5990 **요금** 24,000원~

❸ 일정 짜기

2박 3일 코스 체력이 좋다면 2박 3일에 완주도 가능하다. 공항 근처에서 출발하여 1~3구간을 지나 중문까지 가서 1박을 한다. 체력이 좋은 첫날에 중문까지 이동해야 2일간 나머지 코스 완주가 가능하다. 둘째 날은 중문에서 7구간이 끝나는 성산일출봉 근처에서 1박을 하고 남은 구간을 셋째 날 완주한다.

3박 4일 코스 2박 3일보다는 주변 풍경을 눈에 담으며 달릴 수 있다. 첫날 1, 2구간을 달려 협재해수욕장 근처에 숙소를 잡는다. 둘째 날은 3, 4구간을 완주하고 셋째 날 5, 6, 7구간을 달려 성산일출봉 근처에서 숙박한다. 첫날 3구간을 어느 정도 달려서 한림 쪽에서 하루를 보내면 나머지 일정이 넉넉해진다.

4박 5일 코스 일주 코스와 더불어 우도까지 한 바퀴 돌아볼 여유가 있는 일정이다. 3박 4일 코스의 첫날과 동일한 일정을 보내고 둘째 날 중문까지 가서 하루를 보낸다. 셋째 날은 표선까지 이동하고 넷째 날은 성산까지 가서 우도를 돌고 나온다. 숙소는 우도에서 잡는 것도 나쁘지 않다. 마지막 날은 성산에서 공항까지 달리며 마무리.

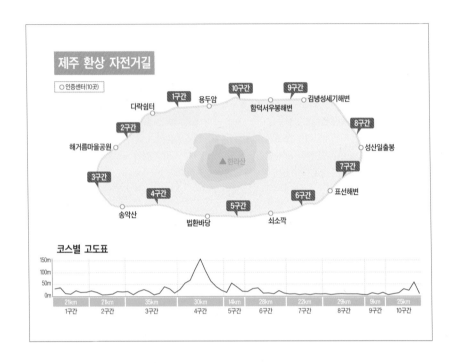

제주 환상 자전거길

○ 인증센터(10곳)

1구간 용두암
다락쉼터
10구간
9구간 김녕성세기해변
함덕서우봉해변
2구간
8구간
해거름마을공원
▲한라산
성산일출봉
3구간
7구간
4구간
표선해변
송악산
5구간
6구간
법환바당
쇠소깍

코스별 고도표

150m
100m
50m
0m

21km	21km	35km	30km	14km	28km	22km	29km	9km	25km
1구간	2구간	3구간	4구간	5구간	6구간	7구간	8구간	9구간	10구간

용두암 ~ 다락쉼터

용두암, 제주국제공항, 이호테우해수욕장을 거쳐 하귀 애월해 안도로를 따라가는 코스.

총 거리 21km **소요시간** 1시간 30분
주변 볼거리 이호테우해수욕장, 구엄리 돌염전

다락쉼디 ~ 해거름마을공원

한담해안을 지나 협재, 금능해수욕장으로 이어지는 핵심 코스.

총 거리 21km **소요시간** 1시간 30분
주변 볼거리 곽지해수욕장, 한림공원, 애월해안도로

해거름마을공원 ~ 송악산

35km로 10구간 중 가장 긴 거리. 제주에서 가장 노을이 아름 다운 노을해안로를 따라 달린다.

총 거리 35km **소요시간** 2시간 20분
주변 볼거리 모슬포항, 판포포구

송악산 ~ 법환바당

전체 구간 중 가장 경사가 심해 체력 소모가 많은 곳이다.

총 거리 30km **소요시간** 2시간

주변 볼거리 산방산, 대포주상절리, 약천사

법환바당 ~ 쇠소깍

다른 구간에 비해 비교적 짧은 구간이다. 천지연폭포와 정방폭포를 지나 쇠소깍으로 이어진다.

총 거리 14km **소요시간** 1시간

주변 볼거리 외돌개

쇠소깍 ~ 표선해변

일주 코스의 절반을 넘어가면서 고비가 되는 구간이다. 반복되는 풍경과 언덕길에 지치기 쉬운 곳.

총 거리 28km **소요시간** 1시간 50분

주변 볼거리 제주민속촌

표선해변 ~ 성산일출봉

단순했던 해안선이 끝나고 섭지코지와 광치기해변, 성산일출봉 등 풍경이 멋진 코스.

총 거리 22km **소요시간** 1시간 30분

주변 볼거리 혼인지마을

성산일출봉 ~ 김녕성세기해변

전 구간 해안도로로 달릴 수 있다. 속도를 내기보다는 풍경에 취해보자.

총 거리 29km **소요시간** 2시간

주변 볼거리 월정리해변, 세화해변

김녕성세기해변 ~ 함덕서우봉해변

10개의 자전거길 구간 중 가장 짧은 구간.

총 거리 9km **소요시간** 35분

주변 볼거리 만장굴, 김녕미로공원, 서우봉

함덕서우봉해변 ~ 용두암

체력은 소진되었지만 완주했다는 기분만큼은 최고다. 시내 구간에서 차도와 겹치는 부분에서는 마지막까지 안전에 신경 쓰자.

총 거리 25km **소요시간** 1시간 40분

주변 볼거리 삼양검은모래해변, 용연다리

THEME 24

자연 더 가까이! 가슴 뻥 뚫리는 드라이브

액티비티

우측통행인 우리나라에서 제주도를 반시계 방향으로 돌면 바다와 더 가깝게 달릴 수 있다. 마음에 드는 곳이 있어 잠시 차를 세워 풍경을 담기에도 반시계 방향이 유리하다. 시원스레 펼쳐진 바다와 고층 건물이 없는 편안한 시선 덕분에 달리기만 해도 힐링이 된다. 왕복 2차선이 거친 해안선을 따라 꼬불꼬불 길이 이어지니 안전 운전에 신경 쓰며 창밖 풍경에 취해 보자.

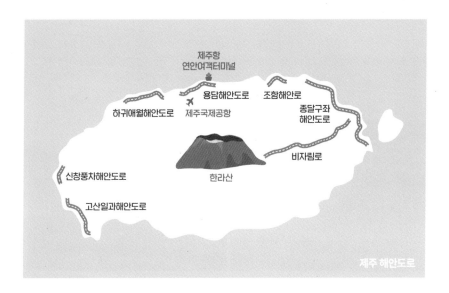

용담해안도로 서해안로

용두암이 있는 용담동에서 시작하여 이호테우해수욕상이 있는 이호동까지 이어진다. 공항에서 가까워서 차를 빌려 가장 먼저 가는 코스이기도 하다. 바다를 마주한 카페거리가 이어지고 횟집과 숙소도 많은 편이다. 바다와 바로 맞닿아 있는 도두오름 근처 도로를 따라 나오는 무지개색 경계석이 포토 포인트.

하귀애월해안도로 애월해안로

공항에서 애월 방향으로 이동하면 용담해안도로를 지나친다. 일주서로를 따라 처음 만나게 되는 해안도로로 정식 명칭은 애월해안로. 총 길이 10km의 단조롭지 않고 거친 해안선이 명품 풍경을 만들어낸다. 하귀리에서 시작해서 구엄포구를 지나 애월항까지 이어진다. 중간중간 잠시 차를 세워 바다를 감상할 수 있는 쉼터가 있다.

신창풍차해안도로 한경해안로

5km 정도의 비교적 짧은 해안도로지만 독특한 해안선과 풍력발전기가 만들어내는 풍경이 뛰어난 곳이다. 그래서 이름도 풍차해안도로라 지었다. 해안도로 중간에 있는 싱계물공원에서 잠시 차를 세워 들러보자. 풍력발전기 사이를 이어놓은 길이 바다 위를 산책하는 느낌을 준다. 해가 넘어가는 시간에 더욱 아름다워진다.

고산일과해안도로 노을해안로

차귀도 포구가 있는 고산리부터 일과리까지 이어진다. 12km 정도의 길이로 제주 서쪽 바다를 따라 달린다. 노을해안로라는 도로명으로도 알 수 있듯이 제주에서 해넘이가 가장 아름다운 길이다. 그리고 남방큰돌고래의 헤엄치는 모습이 가장 많이 목격되는 곳이기도 하다.

종달구좌해안도로 해맞이해안로

종달리에서 구좌읍까지 이어지는 31km의 가장 긴 해안도로다. 이름만 들어도 설레는 김녕해변, 월정리해변, 평대해변, 세화해변을 지나 하도해변까지 모두 거친다. 요즘 가장 핫하며 꼭 들러야 하는 필수 코스. 프라이빗한 미니 해변도 많고 전망 좋은 카페와 맛집들도 길을 따라 이어진다.

조함해안로

서우봉에서 함덕해변을 지나 관곳과 조천리까지 이어지는 해안도로. 제주에서 해남 땅끝마을과 가장 가까운 곳으로 날씨가 좋은 날이면 추자도, 여서도와 보길도까지 한눈에 보인다. 제주 동쪽에서도 해넘이가 특히 아름다운 곳. 에메랄드빛 함덕해변을 끼고 달려볼 수 있는 점 하나만으로도 다녀갈 충분한 이유가 된다.

비자림로

제주 중산간 속살을 달려보고 싶다면 꼭 챙겨서 가볼 만한 드라이브 코스. 총 길이 27km 정도로 제주와 서귀포를 잇는 516도로 중간에서 시작해 평대해변까지 연결되어 있다. 산굼부리와 아부오름 등 동부 주요 오름들을 잇는다. 중산간 들판과 오름이 만들어내는 스카이라인과 사려니숲길 입구에서부터 중간중간 스쳐 지나가는 삼나무 숲길은 해안도로와는 또 다른 아름다움을 전해준다.

☑ **TRAVEL TIP**
제주 도로명
제주는 도로 이름을 길이 시작되는 지점의 지역명과 끝나는 지역명으로 이름을 짓기도 한다. 남조로는 남원읍과 조천읍을 잇는 도로이고 애조로는 애월읍과 조천읍을 연결하는 도로 이름이다. 해안도로도 마찬가지. 하귀리와 애월읍 사이의 해안도로는 하귀애월해안도로, 조천과 함덕을 양끝으로 하는 도로는 조함해안로라는 식이다. 나름대로 시작과 끝을 알 수 있어서 기억하기 편하다.

THEME 25

보고 느끼고 맛보는 체험 여행

액티비티

선상낚시

낚시를 취미로 하는 인구가 부동의 1위 등산을 넘었다고 한다. 눈으로는 보이지 않는 물속 크고 작은 물고기와 머리싸움을 하는 낚시는 잡는 재미와 먹는 재미가 있어 즐기는 사람이 늘고 있다.

제주는 전국에서 낚시하기 가장 좋은 환경이다. 모든 면이 바다와 닿은 섬이기도 하거니와 수심도 깊어 대물을 잡기 최적이다. 서해에서 수심 100m권으로 가려면 1~2시간을 배로 이동해야 하는데, 제주에서는 20분이면 포인트에 진입하여 바로 낚시가 가능하다. 방파제 낚시도 많이들 즐기지만, 짧은 제주 여행에서 확실한 손맛을 느끼려면 선상낚시가 제격이다. 선비는 보통 1인당 6~10만 원 선이고 모든 장비를 대여할 수 있으니 멀미약만 준비하면 된다.

선상낚시에서 만날 수 있는 것들

#참돔

'바다의 미녀'라는 수식어가 따라다니는 참돔은 흔히 도미라고도 불린다. 자연산 참돔을 잡아보면 왜 별명이 바다의 미녀라 부르는지 이해가 된다. 분홍과 갈색의 중간쯤 색에 에메랄드빛 점이 선명하다. 11월부터 시즌이 시작되며 다음 해 4월까지 이어진다. 이때 잡은 참돔이 살이 단단해서 맛이 좋고 여름이 다가오면 살이 물러져 맛이 없어진다. '타이라바'라는 루어(가짜 미끼)로 주로 잡는다. 참돔 시즌은 북풍이 부는 계절이라 제주시권보다는 서귀포시권이 낚시하기 좋다.

[추천 선박] 킹덤호 010-7589-3114

오독오독 달콤한 한치를 바로 회로 먹는
맛은 그 어떤 진미와도 비교 불가다.

#한치

6월부터 8월까지 제주 앞바다는 야행성인 한치를 잡기 위해 매일 집어등이 대낮같이 불을 밝힌다. 이쯤이면 제주에 등록된 어선의 절반은 제주 앞바다 한치잡이에 나설 정도다. 제주 속담에 '오징어는 보리밥이면 한치는 쌀밥이다'라는 말이 있을 정도로 오징어보다 고급 어종으로 대접 받는다. 단맛이 강하고 식감도 부드러우며, 열량이 낮고 단백질 함량이 높아 다이어트 식품으로도 손꼽힌다. 다른 낚시에 비해 비교적 쉽고 금방 배우는 덕에 초보자도 마릿수로 한치를 잡기도 한다.

[추천 선박] 스마트호 010-3131-3694, 피쉬헌터호 010-3068-1880

#은갈치

은빛의 광택이 아름다운 갈치는 제주의 최고 특산품 중 하나다. 그물로 잡는 다른 지역과 달리 제주는 은빛 은분이 상하지 않도록 채낚기라는 낚시로 하나하나 잡아 올린다. 7월부터 11월까지 갈치 시즌이 이어진다. 갈치 낚시는 바늘이 10개쯤 달린 낚싯대에 냉동 꽁치를 끼워 생미끼 낚시를 한다. 한치와 마찬가지로 저녁부터 집어등에 의지해 밤에 낚시하며, 한 번 올리면 대여섯 마리의 갈치가 동시에 물기도 한다. 선상낚시 중 힘든 편이고 선비도 비싸지만 그만큼 돌아오는 선물은 값지다. 시장에서 제주 은갈치 한 마리에 크기에 따라 1~3만 원 정도 하는데, 하룻밤 낚시에 30~70마리도 잡곤 하니 무조건 남는 장사. 오후 늦게 출항하여 새벽 5시 정도에 들어오는 특성상 공항과 가까운 도두항에서 출항하는 어선을 타면 입항 후 바로 공항을 통해 집으로 돌아갈 수 있다.

[추천 선박] 킹덤호 010-7589-3114

#방어/부시리

찬바람이 불어오면 제주 횟집들은 모두 방어를 들이고 손님들을 맞이한다. '자리 방어'라고도 불리는 제주 방어는 자리돔을 먹고 살을 찌워 더 기름지고 고소하다. 방어는 선상낚시에서 지그를 이용한 지깅낚시를 통해 잡는다. 작아도 50cm가 넘는 편이고 크면 1m도 넘는 어종이라 잡았을 때 그 손맛은 말로 표현하기 힘들 정도로 짜릿하다. 방어와 함께 지깅낚시에 부시리가 같이 잡힌다. 같은 전갱잇과 물고기로 겉모습이 비슷해서 언뜻 구분하기 쉽지 않다. 부시리는 살이 희고 방어는 살이 붉은 것이 특징. 계절에 따라 줄삼치, 다랑어, 삼치가 같이 잡히기도 한다.

[추천 선박] 백마린호 3861-9924, 만마린호 010-6338-0158

패러글라이딩

낙하산(parachute)과 행글라이딩이 합쳐진 것으로 낙하산의 안전성과 글라이더의 비행 능력을 고루 갖춘 항공스포츠다. 제주도는 육지에 비해 높은 곳에 비행장은 없지만 바람이 좋아 패러글라이딩 체험하기에 나쁘지 않다. 게다가 바다를 발아래에 두고 비행이 가능한 곳은 전국에서도 얼마 되지 않는다. 패러글라이딩 체험은 전문 강사와 함께 타는 탠덤 비행으로 진행된다. 이착륙은 전문 강사가 하고 운이 좋으면 하늘에서 패러글라이더를 조종하는 기회도 주어진다. 이륙 준비를 하고 힘껏 달려 발이 땅에서 떨어지는 순간, 터질 듯한 두근거림과 귀에 스치는 바람 소리가 짜릿하다. 일반적으로 1회 체험비는 9만 원 선이며 영상 촬영비는 별도로 받는다. 비행하는 장소는 체험 당일 바람 방향에 따라 달라지는데, 함덕서우봉, 금악오름, 월랑봉 등에서 주로 비행하게 된다.

투명카약

유유자적 신선놀음의 끝판왕이 뱃놀이라 했던가. 제주 여행의 작은 터닝 포인트가 될 만한 아이템이 아닐 수 없다. 쇠소깍 투명카약에서 시작된 투명카약 붐이 제주 전역으로 퍼졌다. 모래와 화산암이 만드는 연녹색의 바다를 들여다보며 노를 젓는 것은 색다른 체험이다. 스노클링을 하지 않아도, 물속에 들어가지 않아도 투명한 바다를 직접 들여다볼 수 있다는 장점이 있다. 바람만 강하지 않다면 겨울이어도 가능한 이색 체험이다. 제주 전역에 여러 카약 체험 장소가 있는데, 에메랄드빛 바다가 아름다운 월정, 함덕, 한담해변 등에서 체험할 수 있다.

잠수함

투명한 제주 바다를 직접 보기에는 스킨스쿠버 체험이 좋겠지만, 부모님을 모시고 여행하거나 아이들이 함께 있는 경우는 그림의 떡이나 다름없다. 이럴 경우 잠수함을 타보는 것도 좋은 방법이다. 편안하게 앉아서 유네스코가 인정한 제주 바다와 세계 최대 연산호 군락지를 관람할 수 있다. 수심 20~30m를 유영하며 먹이를 든 잠수부를 따라 은빛 물고기들이 군무를 펼치고 뒤로는 제주의 대표적인 산호인 연산호가 물결에 춤을 춘다. '제주 바다의 꽃'이라 불리는 연산호는 우도와 서귀포 부속 섬 주변에 군락을 이루고 있다. 어찌 보면 맨드라미처럼 생겼는데 일반적인 산호와 달리 수분이 70%라서 뭍으로 나오면 쪼그라든다고 한다. 잠수함 체험은 가급적 빛이 강한 여름쯤 그리고 한낮 해가 높을 때가 좋다. 짧은 투어라고 해도 멀미가 심한 사람은 미리 멀미약을 챙기자.

[추천 잠수함] ①서귀포 잠수함 : 주소 서귀포시 남성중로 40 전화 064-732-6060 요금 55,000원

②우도 잠수함 : 주소 서귀포시 성산읍 성산등용로 112-7 전화 064-784-2333 요금 55,000원

감귤 따기

노지 감귤이 익는 10~11월 사이에 시작되어 이듬해 2월까지 이어진다. 하우스 감귤과 한라봉, 천혜향 등 1년 내내 감귤류가 나오지만, 초보자가 귤을 따다가 잘못하여 나무가 상하는 경우가 많아 체험은 보통 노지 감귤로 진행된다. 1인 5,000원의 체험비를 내면 1kg 정도를 따서 가져갈 수 있다. 농장에 따라 다르지만 따면서 먹는 시식은 무제한 가능한 곳도 있다. 실컷 먹기도 하고 따는 재미도 있어 겨울 제주 여행에서 꼭 해봐야 하는 체험이다. 서귀포 쪽 일주도로를 달리다 보면 체험 농장이 간간이 보인다.

고사리 꺾기

매년 4월이면 제주에는 '고사리 장마'가 찾아온다. 여름 장마가 오기 전 안개와 비가 오락가락 하는 기간을 이야기하는데, 비가 온 뒤 고사리가 많이 자란다고 해서 붙여진 이름이다. 이때쯤이면 오름과 곶자왈 주변에는 하루가 다르게 고사리가 빼꼼히 머리를 내민다. '사람 반, 고사리 반'이라는 말이 나올 정도로 많은 사람이 이른 아침부터 고사리를 꺾는다. 제주 고사리는 임금님께 진상했을 정도로 맛과 품질이 좋기로 유명하다. 면역력 강화에 좋고 특히 바이러스 증식 억제 성분이 있다고 알려져 있다. 인기가 많은 만큼 고사리가 많이 나는 포인트는 며느리에게도 안 알려준다고 할 정도로 아낀다. 고사리가 특히 많이 나는 곳이 있기도 하지만, 이 시기에는 오름이나 들판 대부분에서 어렵지 않게 고사리를 만날 수 있다. 매년 4월 서귀포에서 '한라산 청정 고사리 축제'가 열린다.

☑ **TRAVEL TIP**
고사리 손질법
고사리는 약간의 독성이 있어서 손질을 잘해야 한다. 씻은 고사리를 삶고 찬물을 몇 번 갈아주며 하루 정도 담가두면 독성이 빠진다. 바람에 잘 말리면 1년 내내 두고 먹기 좋다.

차박여행

언택트 시대에 가장 뜨고 있는 여행 방법이다. 내가 타던 차에 간단히 에어매트만 깔면 하룻밤 쉴 수 있는 집이 된다. 다른 사람이 묵었던 곳이 아니라서 좋고, 어디든 마음에 드는 곳이 집이 되고 마당이 되어서 좋다. 제주 바닷가 옆에 차를 대면 밤새 파도 소리가 자장가가 되어 주고 중산간에서 하루를 보내면 귀뚜라미 소리가 배경음악이 되어준다. 숙소와 차를 빌리는 것보다 저렴해서만이 아니라 차박 자체가 주는 색다름과 편안함이 좋다. 제주 바람에도 끄떡없고 비가 와도 부담이 적다. 빠르게 치고 쉽게 정리하여 다음 여행으로 이어지는 가벼움이 제주 여행에 어울린다.

☑ **TRAVEL TIP**
제주 차박&캠핑 추천 스폿
함덕해수욕장, 김녕해수욕장 야영장, 종달항해변, 비양도(우도), 광치기해변, 신양섭지해수욕장, 표선해수욕장, 화순금모래해수욕장, 금능해수욕장, 곽지해수욕장 야영장, 이호테우해수욕장, 새별오름 주차장

PART 3

지역별

제주

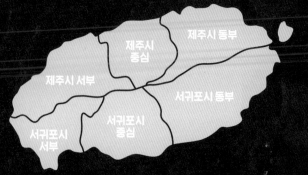

제주시 동부

제주시 중심

제주시 서부

서귀포시 동부

서귀포시 중심

서귀포시 서부

여행 정보

ALL ABOUT JEJU

제주시 중심

제주의 정치, 사회, 경제, 문화의 중심지.
주요 행정기관은 물론 제주국제공항과
제주항 여객선터미널이 자리하고 있다.
제주에서 가장 많은 사람이 모여 사는
지역이자 '제주의 명동'답게 상권이 발달해
있다. 여행의 시작과 끝을 장식하는 핵심
지역, 제주시 중심으로 떠나보자.

제주시 중심 베스트 여행지

BEST 1

제주동문시장 & 야시장 P.205, 206

#제주 필수 코스 #여행의 시작과 끝
#지인 선물

BEST 2

이호항등대&이호테우해수욕장 P.66, P204

#바다를 지키는 조랑말 등대 두 개
#인기 포토 스폿 #일몰 명소

BEST 3

절물자연휴양림 P.153, P.208

#숲속 산책 #힐링 여행 #유모차 가능

BEST 4

한라생태숲 P.209

#목장이었던 곳을 생태숲으로
#제주 자생식물이 한 곳에

BEST 5

흑돼지 구이 P.96

#제주흑돼지 #숙성 고기 맛이 일품
#입맛에 따라 갈치속젓 추가

제주시 중심 추천 코스

※ 당일 여행 코스 기준입니다.

COURSE 1 **친구 또는 연인**과 함께라면

맥파이 브루어리
P.131

아라리오 뮤지엄
P.213

1 자동차 5~10분 **2** 자동차 20~25분 **3** 자동차 20~25분 **4** 자동차 7~10분 **5**

용담해안도로
P.187

이호테우
해수욕장
P.66, P.204

수상한집
P.211

COURSE 2 **아이**와 함께라면

브릭캠퍼스
P.68

아침미소목장
P.69

한라생태숲
P.209

4 자동차 25~30분 **3** 자동차 15분 **2** 자동차 25분 **1**

5

제주민속
자연사박물관
P.165

수목원길 야시장
P.213

COURSE 3 **가족**과 함께라면

삼성혈
P.162

절물자연휴양림
P.153, P.208

1 자동차 10분 **2** 자동차 20분 **3** 자동차 20~25분 **4** 자동차 30~35분 **5**

용두암
P.207

도두봉
P.65

제주동문시장
P.205

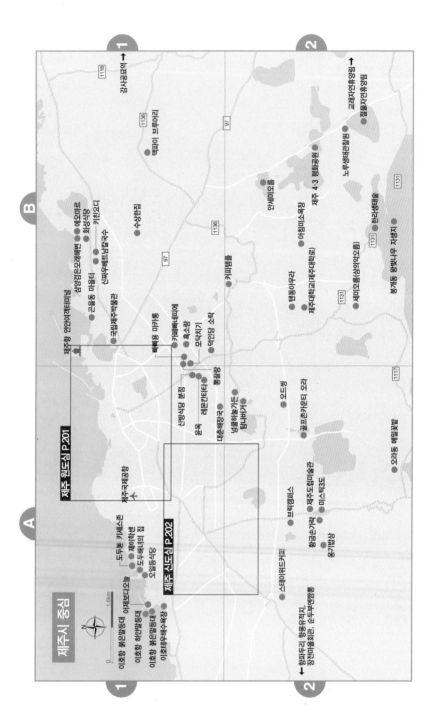

제주시 중심

N

0   1.6km

제주 원도심 P.201

제주 신도심 P.202

1
1118
감사교 오여

1136
멱메이 브루어리

B
97

예오마르
삼성점은모래해변
화성식당
기린오마디
고을동 마을터
신짜우베트남쌀국수
수상한집

국립제주박물관

제주항 연안여객터미널

매봉 마가롱
카페베네피미에
먼데기
흑소랑
넉넉낭 소락

2
교래자연휴양림
절물자연휴양림

노루생태관찰원
안세미오름
아침미소목장
제주 4·3 평화공원

1131
한라생태숲

봉개동 왕벚나무 자생지
세미오름(섬위의오름)

1131
1131
텐동야구라
제주대학교제주대학교

1117
카페텀블

A
제주국제공항
제주제제공항

산방식당 본점
윤북
레몬건터티

대춘해장국
남을하농가는 탐나바가기

산방식당 본점
뽕끌랑

오드싱

넝울하농가는
골포존카운트 오라

오라동 메밀꽃밭

도두동 카세소촌
제아해센
도두해녀의 집
오일등식당

부타캠퍼스

제주도립미술관
미스틱3도

브이오캠퍼스
황금손가락
응기바상

스테이아드카피

1
이호동 붉으말등대
이호항 하얀말등대
이호항 붉은등대
이호우해수욕장

2
함파두리 항몽유적지,
장전마을회관, 순두부연맛집

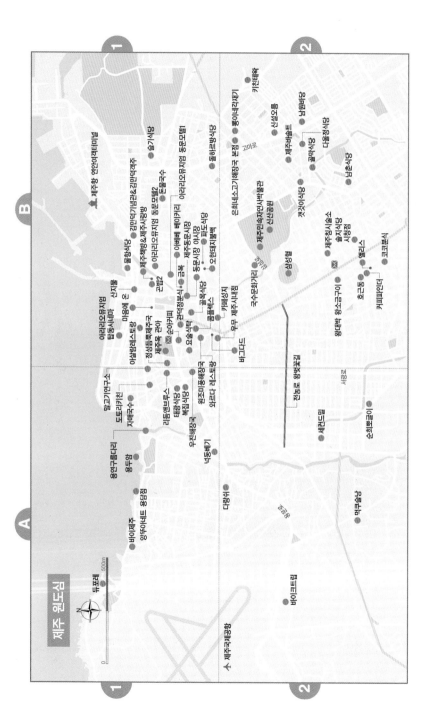

제주 원도심

두포레
500m
0

제주국제공항

제주항 연안여객터미널

가진태와
신설오름
남원반점
제주비술돌
곰마식당
남춘식당
은희내소고기해장국 본점
고미로
제주민속자연사박물관
신산공원
삼성혈
제주칠시술소
솔지식당
시청점
엘리스
곱근동
곱근분식
왕대박 왕소금구이
호근동
카페마인더

갓잇어식당

아라리오뮤지엄 동문모텔1
아라리오뮤지엄 동문모텔2
동문국수
슬기식당
돌하르방식당
물항식당
김만덕기념관&김만덕객주
제주책방&제주사랑방
아라리오뮤지엄 탑동시네마
아라리오뮤지엄 동문모텔2
신지물
물항식당
근본2
곰보
순아커피
이모벤베이커리
제주동문시장
동문시장 야시장
피도식당
오현댄지물배
제주정부처
금복
콩솔릭스
커페성지
유 제주시민회
비고드
우무
국수문화거리
이을정식당
마음에 온
아살람레스토랑
정성듬뿍제주국
제주독 관아
관덕정분식
요솔택
골목식당
맛고리연구소
도트리키친
자메가수
리틀엔브루스
태광식당
원조미풍해장국
아로나 레스토랑
복집식당
우진해장국
낙동배기
용연구름다리
용두암
바이제주
양뚜아네트 용염점
다랑쉬
세컨드띰
순희뿔갈이
막국숧당
바이크트립
전농로 왕벚꽃길
전농로
서광로
남성로

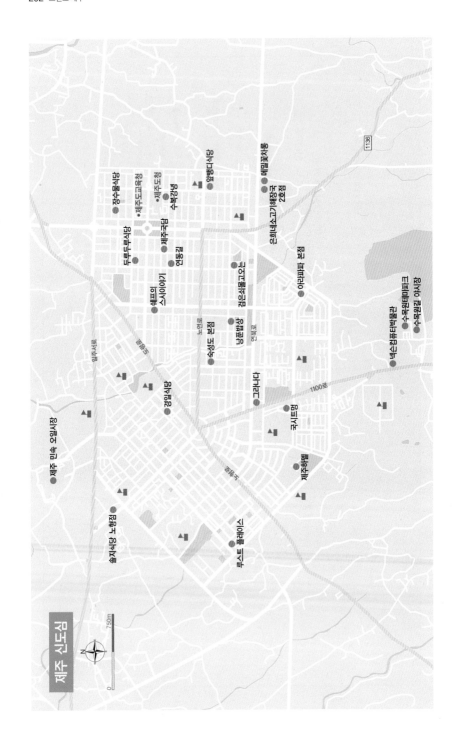

제주 신도심

750m

제주 민속 오일시장

솔지식당 노형점

루스트 플레이스

정수물식당

제주도교육청

제주도청

수목장펜

앞뱅디식당

메밀꽃차롱

은희네소고기해장국 2호점

두루두루식당

제주국담

연동길

셰프의 소시야아기

경은서울고고등

숙성도 본점

남춘해장

이끼피파 본점

그라나다

국시트멍

넉둥베기류티박물관

수목원테마파크

수목원길 야시장

제주하렐

경일식당

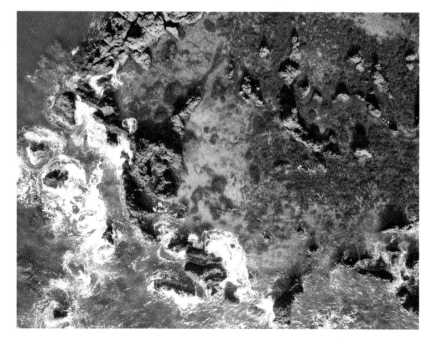

제주시 중심 볼거리

이호항등대 & 이호테우해수욕장

제주국제공항에서 가장 가까이에 자리한 해변. 여행의 시작이
자 마지막 코스로 좋은 곳이다. 해변이 서쪽을 향하고 있어 일
몰 시간에 맞춰서 방문하면 해가 넘어가는 아름다운 모습을 눈
에 담을 수 있다. 이호테우해수욕장 옆 이호항에는 제주의 상징
인 '조랑말'을 닮은 등대 두 개가 서 있다.
푸른 바다가 붉게 물들어 가는 해 질 녘 즈음 이곳을 찾아보자.
제주의 대표 일몰 명소답게 눈물 나도록 멋진 풍경을 선사한다.

지도 P.200-A1 **주소** 제주시 이호일동 375-43

제주동문시장

제주에서 가장 규모가 크고 오래된 상설 재래시장. 다양한 종류의 해산물은 물론 신선한 제철 식재료, 오메기떡, 빙떡 같은 제주 토속 먹거리까지, 큰 규모만큼 각양각색의 먹거리들로 가득하다. 그날그 날 공수해오는 싱싱한 제주 해산물과 육지에서는 보기 힘든 제주 향토음식 등을 구경하는 재미만으로도 쏠쏠한 곳. 공항 가까이에 있어 제주를 떠나기 전 또는 제주에 도착하자마자 방문하는 여행 필수 코스이기도 하다. 사시사철.언제 가도 구매 가능한 감귤류와 당일 새벽에 들어온 제주 은갈치, 부위별로 포장하여 판매하는 흑 돼지는 제주를 떠나기 전 사가는 필수 아이템. 신선한 해산물은 가 격대에 맞춰 포장 판매도 한다. 종류별로 구매하여 식당에서 간단 히 먹어도 좋고 포장해서 숙소로 가져가서 먹어도 좋다. 밤이면 야 시장(P.206)까지 합세하여 여행자의 발길을 붙잡는다.

지도 P.201-B1 **주소** 제주시 동문로4길 9(동문공설시장 주차장), 제주시 이도1동 1330-5(동문재래시장 주차장) **전화** 064-752-3001 **운영** 매일 07:00~20:00

WRITER'S PICK

안 먹고 가면 섭섭하지!
제주동문시장 추천 먹거리

딱새우튀김 / 도넛 / 분식 / 활어회 / 오메기떡 / 감귤

동문시장 야시장

매일 저녁 6시, 동문시장 8번 출입구 (Gate8)에서는 야시장이 펼쳐진다. 떡볶이, 순대 등 기본 분식부터 닭강정, 멘보샤, 랍스터 치즈구이까지 다양한 먹거리로 여행객의 눈길과 입맛을 모두 충족시킨다. 취향에 맞게 골라 먹으며 천천히 시장을 둘러보는 재미가 있는 곳. 야시장은 자정까지 하지만 동문시장은 저녁 8시쯤이면 문을 닫기 때문에 시장에서 장을 미리 보고 천천히 야시장을 즐기면 좋다. 특히 주말이면 많은 인파로 붐벼 먹거리를 사는 데 대기시간이 긴 편이다. 동문시장 주변에는 여러 곳의 공영주차장이 있는데 '동문재래시장 주차빌딩'이 야시장과 가장 가깝다.

지도 P.201-B1 **주소** 제주시 관덕로14길 20 **운영** 매일 19:00~24:00(동절기 18:00~24:00)

제주 민속오일시장

1905년부터 시작된 제주 민속오일시장은 제주 전체에서 가장 오래되고 규모가 큰 오일시장이다. 1,000개가 넘는 점포가 날짜 끝자리 2일, 7일마다 문을 연다. 여기서 못 구하는 것은 제주도 어디에 가도 없다고 할 만큼 다양한 물품이 거래된다. 65세 이상의 할머니들이 직접 생산한 농산물을 판매하는 '할망장터'도 들러볼 만하고, 시장 한쪽 먹거리 장터에서 다양한 제주 토속음식도 저렴하게 맛볼 수 있다.

지도 P.202 **주소** 제주시 오일장서길 26 **전화** 064-743-5985

용아 되고 싶은 이무기가 하늘로 승천하려다 뜻을
이루지 못해 생겨났다는 전설을 가진 용두암

용두암 & 용연구름다리

제주 여행 하면 빼놓지 않는 명소로 오랜 사랑을 받아온 용두암은 공항에서 가깝고 대형 주차장이 있어
단체 관광객의 일정에서 절대 빠지지 않는 곳이다. 용두암은 높이 10m 몸 길이만 30m에 달하는 거대 기
암괴석으로 용암이 분출하면서 생긴 암석이다. 용의 머리를 닮았다 해서 붙여진 이름인데 긴 세월 파도에
의해 깎이고 깎여 예전의 용의 모습과는 많이 달라졌다. 그래도 용담 카페거리, 용담해안도로의 시작점이
자 제주 환상 자전거길과 올레길 17코스가 가로지르는 명실공히 제주 여행의 상징이다. 용두암에서 길을
따라 5분만 걸으면 나오는 용연구름다리도 놓쳐서는 안 될 명소다. 계곡과 바닷물이 만나 짙푸른 빛깔을
내는 용연을 구름다리를 건너며 내려다 볼 수 있다. 밤이면 구름다리 위로 조명이 켜져 운치를 더한다.

지도 P.201-A1 **주소** 제주시 용두암길 15(용두암 공영주차장)

절물자연휴양림

제주 시내에서 가장 가까워 찾아가기 쉽고 50년이 훌쩍 넘은 삼나무숲이 우거져 있는 인기 자연휴양림이다. 휴양림은 삼나무숲과 절물오름으로 구성되어 있다. '절물'이란 이름은 옛날 이 자리에 있던 절 인근에서 샘물이 나온다 하여 붙여졌다고 한다. 현재 절은 없어졌지만 휴양림 한가운데 약수터는 그대로 남아 있다. 약수는 신경통과 위장병에 좋다고 알려져 있다.

휴양림 산책로는 데크를 깔아두었을 뿐만 아니라 경사가 완만해 노약자와 어린이들도 이용하기 쉽다. 특히 유모차를 끌고 다니기에도 어려움이 없어 어린아이들이 있는 가족 여행자들에게 제격이다. 하루에 전체를 둘러보기 힘들 정도로 규모가 넓기 때문에 숲속의 집이나 휴양관 같은 숙박시설을 이용해 하루 정도 머무르면서 천천히 둘러보아도 좋다. 매월 1일 홈페이지에서 다음 달 숲속의 집 사용분을 예약 받는다.

지도 P.200-B2 **주소** 제주시 명림로 584 **전화** 064-728-1510 **홈페이지** www.foresttrip.go.kr(예약) **운영** 07:00~18:00(동절기 ~17:00) **요금** 성인 1,000원, 어린이 300원(주차비 별도)

☑ TRAVEL TIP

숫모르 편백숲길

한라생태숲 ▶ 절물자연휴양림 ▶ 노루생태관찰원까지 이어지는 8km의 숲길. 2012년 말에 개통된 이 숲길은 편백나무림으로 구성되어 있어 편백숲길이란 이름이 붙여졌다. 상쾌한 숲 향기를 맡으며 걷는 쾌감이 있다. 길을 따라 걸으면 2시간 반 정도 소요된다.

한라생태숲

한때 목장으로 이용되며 망가졌던 곳을 생태숲으로 조성하여 2009년에 개장하였다. 난대식물에서 한라산 고산식물까지 다양한 제주 자생식물들을 한자리에 모아 놓았다. 한라산 특산식물인 구상나무와 제주 왕벚나무도 여기에서는 한자리에서 만나볼 수 있다. 이 모든 것이 무료로 관람이 가능하다는 것! 매일 오전 10시와 오후 2시에 진행되는 숲 해설 프로그램을 체험하면 제주의 숲을 이해하는 데 한결 도움이 된다. 숲에 오기 전에 미리 음식을 준비해 오면 생태숲 곳곳에 있는 피크닉 존에서 먹을 수도 있으니 참고하자. 짧게는 30분부터 길게는 멀리 절물자연휴양림까지 이어지는 코스가 있다.

지도 P.200-B2 ▶ 주소 제주시 516로 2596 전화 064-710-8688 운영 매일 09:00~18:00(동절기 ~17:00) 요금 무료

삼양검은모래해변

보통 백사장이라고 하면 흰색의 모래를 떠올리는데, 삼양검은모래해변은 다른 해변과 달리 모래가 검은색이다. 어두운 화산암으로 만들어진 모래는 철분의 함량이 높아 어두운 색을 띤다고 한다. 덕분에 모래찜질을 하면 신경통, 관절염, 피부염 등에 효과가 있다고 알려져 있다. 제주에서도 삼양검은모래해변은 '모살뜸'이 유명하다. 찜질방이 생기면서 거의 사라졌지만 예전에는 전문 찜질사가 모래찜질을 도와주기도 했다. 따스한 햇볕을 받으면 일반 모래보다 온도가 더 올라가는데, 모래찜질 10분+바다에서 몸 식히기 코스를 두세 번 정도 반복하면 병원 갈 필요가 없다는 말이 있을 정도다. 다른 해변들에 비해 상대적으로 덜 알려져 있어 조용한 편이다.

지도 P.200-B1 ▶ 주소 제주시 삼양이동 1960-4

제주책방 & 제주사랑방

1949년에 지어졌던 돌담집을 도시재생지원센터에서 매입해 리모델링 후 사랑방과 책방으로 만들어 무료 운영하고 있다. 안거리(안채)와 밖거리(바깥채)를 따로 지어 마주 보는 형태로 지은 전형적인 제주 전통가옥이면서도 일제강점기의 시대가 반영된 일본 근대 주택 형태가 묘하게 섞여 있다. 책방 한쪽에는 제주에 관련된 다양한 책들을 편안하게 볼 수 있도록 준비해 두었다. 나머지 한쪽은 여행객과 시민들이 각종 모임을 진행하거나 편하게 쉴 수 있도록 사랑방으로 운영 중이다. 여행 일정 초반에 잠시 들러 다양한 제주 여행 서적들을 보면서 일정을 잡기에 좋은 곳이다.

지도 P.201-B1 **주소** 제주시 관덕로17길 27-1 **전화** 064-727-0613 **운영** 매일 12:00~20:00 **요금** 무료

☑ TRAVEL TIP

제주 전통가옥의 안거리, 밖거리 문화

제주 전통가옥의 특징 중 하나로, 안거리(안채)와 밖거리(바깥채)로 공간을 구성해 놓은 방식이다. 우리나라 전통가옥인 한옥의 경우 남녀유별이란 유교적 이념 때문에 보통 안채는 여자, 바깥채는 남자의 공간이라는 개념이 있는 반면, 제주는 다르다. 자립정신이 강한 제주인의 생각처럼 안채는 부모가, 바깥채는 자식(또는 자식 내외)이 사용하도록 해 독립적인 가족 형태를 유지하도록 했다.

바이제주

제주 기념품 상점으로는 가장 큰 규모에 속하는 곳. 제주를 모티브로 300여 명의 작가가 만든 다양한 기념품이 있다. '구경만 해야지' 하고 들어가선 나도 모르게 지갑을 열게 되는 곳이다. 공항과 5분 거리밖에 되지 않아 일상으로 돌아가기 전 지인 선물을 챙기기에도 좋다. 용담해안도로와 맞닿아 있어서 산책과 함께 차분히 여행을 마무리하기에 제격이다.

지도 P.201-A1 **주소** 제주시 서해안로 626 A동 **전화** 064-745-1134 **영업** 09:00~21:00

수상한집

건물 안에 다시 작은 집을 품고 있는, '수상한' 이 집은 간첩 조작 사건으로 여러 해 무고한 옥살이를 한 김광보 선생의 집이다. 감옥에 있을 때 부모님께서 직접 지으신 집이 지금은 김광보 선생과 같은 국가 폭력 피해자들을 기억할 수 있도록 만든 공간으로 다시 태어났다. 널따란 유리창으로 들어온 볕이 온화하게 감싸주는 건물 속 집에는, 옥살이 당시 읽었던 책과 소품도 그대로 전시되어 있고 당시를 기억할 만한 기사와 영상이 진실과 정의를 말해주고 있다. 이 외에도 카페와 게스트하우스, 그리고 세월호 추모의 공간도 겸하고 있다. 밝은 기억을 남기기 위한 여행이지만, 우리 주변을 잠시 둘러보고 한 템포 쉬어갈 수 있는 쉼표 같은 곳이다.

지도 P.200-B1 **주소** 제주시 도련3길 14-4 **전화** 064-757-0113 **운영** 10:00~21:00 **요금** 무료

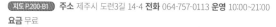

제주도립미술관

건물 자체부터 작품성이 뛰어나다. 물 위에 떠 있는 듯한 외관은 바다 위에 떠 있는 제주도를 표현하고 넓은 중정과 건물 창은 제주의 하늘을 담은 듯하다. 열린 기둥 사이로 제주 바람이 막힘 없이 흘러넘친다. 전시 일정에 따라 변화는 있지만 제주를 중심으로 표현한 현대 작품들이 관광객들에게 잔잔한 휴식을 안겨주는 곳이다. 신제주와 한라산 사이 중산간에 자리 잡고 있어 한라산을 옆에 두고 한적하게 산책하기에도 좋다.

지도 P.200-A2 **주소** 제주시 1100로 2894-78 **전화** 064-710-4300 **운영** 09:00~18:00, 월요일 휴무 **요금** 성인 2,000원, 어린이 500원

김만덕기념관

김만덕은 제주에 대기근이 왔을 때 전 재산을 내놓아 제주도 민을 구했던 의인이다. 당시 김만덕이 내놓았던 쌀은 300석 이었다. 이는 제주도민 전체를 열흘 동안 먹일 정도의 대단한 양이었다. 300석의 가격을 떠나 쌀농사가 힘든 제주의 특성과 당시 대기근으로 인구가 급격하게 줄고 있었던 상황을 고려하면, 실로 엄청난 가치를 지닌 기부였다. 이를 전해 들은 정조는 '의녀 반수'라는 벼슬을 하사하였고, '출륙금지령'이 있던 제주에서 만덕은 제주를 떠나 한양에서 정조를 알현하고 금강산 유람까지 하였다.

지도 P.201-B1 **주소** 제주시 산지로 7 **전화** 064-759-6090 **운영** 09:00~17:00, 월요일 휴무

☑ **TRAVEL TIP**
기념관 옆에는 제주 전통가옥을 살려 토속 음식을 맛볼 수 있는 '김만덕 객주'도 운영하고 있다. 제주 전통 초가도 구경하고 식사도 가능하다. 토속 음식인 몸국과 고사리육개장이 대표 메뉴이고 예스러운 분위기에 해물파전에 제주막걸리 한 잔도 잘 어울린다.
주소 제주시 건입동 1297 **전화** 064-727-8800 **운영** 11:00~22:00, 월요일 휴무 **예산** 몸국 9,000원 고사리육개장 9,000원

아라리오 뮤지엄

'Simple with Soul(영혼을 머금고 있는 단순함)' 아라리오 뮤지엄의
창업자, 컬렉터이자 아티스트인 ㈜아라리오 김창일 회장의 철학이
다. 이 개념을 적용하여 버려진 건물을 최소한의 개보수를 거쳐 뮤지
엄으로 재탄생시켰다. 탑동시네마는 문을 닫은 극장을, 병원과 모텔
건물은 아라리오 동문모텔I, II로 거듭났다. 기존 건물을 거의 건드리
지 않은 듯한 거칠지만 단순한 인테리어는 오히려 전시된 작품을 더
욱 돋보이게 해준다. 앤디 워홀 작품을 비롯해 비디오 아티스트 백남
준 작품 등 뛰어난 현대 미술품들이 전시되어 있다.

지도 P.201-B1 **주소** 제주시 탑동로 14(탑동시네마), 산지로 37-5(동문모텔I), 산지
로 23(동문모텔II) **전화** 064-720-8201 **홈페이지** www.arariomuseum.org **운
영** 10:00~19:00, 월요일 휴무 **요금** 성인 기준 탑동시네마 15,000원, 동문모텔I, II
20,000원

수목원길 야시장

AR체험과 아이스뮤지엄이 있는 수목원테마파크 옆, '수
목원길 야시장'이라는 이름으로 플리마켓과 푸드트럭이
뭉쳤다. 한시적으로 운영하였다가 반응이 좋아 연중 오픈
하게 되었다. 하늘에 어둠이 드리우면 나무 사이를 가로
지르는 수많은 전등이 숲을 밝히고, 푸드트럭에서 풍기
는 다양한 음식과 플리마켓의 기념품들이 관광객들의 코
와 눈을 자극한다. 대부분의 플리마켓이 주말에만 열리
는 반면, 수목원길 야시장 플리마켓에서는 매일 제주를
닮은 다양한 소품을 판매한다. 먹거리는 푸드트럭을 이
용하고 생맥주는 수목원테마파크 매점에서 테이크아웃
이 가능하다. 아무래도 나무가 많은 곳이다 보니 여름에
는 산모기에 대한 대비가 필요하다. 비가 오는 정도에 따
라 열리지 않는 경우가 있으니 사전에 전화로 확인하자.

지도 P.202 **주소** 제주시 은수길 69 **운영** 18:00~23:00(동절기~22:00)
전화 064-742-3700(수목원테마파크)

제주시 중심 맛집

갯것이식당

#향토음식맛집 #도민맛집 #물회시키면 소면 밥은 덤

제주 원도심에 자리한 향토음식 전문점으로 관광
객과 도민들 모두에게 오래전부터 알려진 식당이
다. 소라, 한치, 자리물회는 물론 갈칫국, 보말국, 성
게국, 옥돔구이 등 제주의 향이 그대로 담긴 음식
들이 즐비하다. 밥은 공깃밥으로 나오지 않고 제주
스타일로 낭푼(양푼)에 나와서 각자 먹을 만큼 덜
어 먹으면 된다. '갯것'은 바다에서 나는 것들이라
는 뜻으로 제주바다가 키운 신선
한 해산물로만 음식을 만드
는 곳이라는 뜻이다. 다양
한 종류의 물회를 추천하
며 물회를 시키면 소면과
밥이 함께 나온다.

지도 P.201-B2 주소 제주시 가령로 9
전화 064-724-2722 영업 매일 08:30~21:00 예산 소라물회
14,000원, 보말국 12,000원, 성게국 14,000원

경일낙지

#도민맛집 #낙지볶음맛집 #화끈한 매운 맛에 땀샘 폭팔

제주 신도심 쪽에 위치한 도민들에게 많
은 사랑을 받는 맛집이다. 메뉴는 낙
지볶음과 제육복음 두 가지로 언
뜻 보면 단출해 보이지만, 맛을 보
는 순간 '아, 보통의 맛이 아니구나'
라는 생각이 번쩍 든다. 메인 메뉴인
낙지볶음을 시키면 하얀 순두부와 달걀
말이가 같이 나온다. 통통하게 살이 오른 낙지를

화끈하게 매운 양념에 볶아낸 낙지볶음과 미역무침을 밥에 넣고 비벼
먹으면 침샘과 땀샘이 동시에 폭발한다. 화끈한 매운맛에 스트레스가
확 풀리는 느낌. 점심시간에 가면 대기시간이 좀 길 수 있다.

지도 P.202 주소 제주시 다랑곶길 30 전화 064-742-2427 영업 11:00~21:00(브
레이크타임 15:00~17:00), 매주 일요일 휴무 예산 낙지볶음 13,000원, 제육볶음
13,000원

국시트멍

#고기국수맛집 #돈쌈 #퓨전고기국수

일본식 라멘을 떠올리게 하는 퓨전 고기국수 전
문점이다. 고기는 앞다리살을 사용하는데 종이처
럼 얇은 것이 특징이다. 덕분에 부드럽게 씹히면서
도 고기 맛이 충분히 느껴진다. 메뉴판에는 없지
만 '돈쌈'을 주문하면 얇은 고기와 야채를 준다. 쌈
같은 고기에 파와 오이를 싸서 양념장에 찍어 먹는
데, 촉촉하게 녹아드는 고기 맛에 아삭한 야채의
식감이 어우러져 몇 번이고 젓가락질을 하게 만든
다. 여름에만 맛볼 수 있는 산도롱한면도 있다. 고
기국수의 시원한 버전으로, 더위가 싹 가시는 맛이
다. 근처에 공영주차장이 있어 주차하기도 편하다.
인기만큼이나 대기가 긴 편.

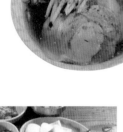

지도 P.202 **주소** 제주시 진군길
31-3 **전화** 064-725-7004 **영업**
매일 08:00~17:00
(주말 ~16:00) **예산**
고기몬딱수
8,000원

넝쿨하눌가든

#도민맛집 #오리탕 #몸보신에 제격

번호표는 기본, 대기시간이 얼마큼 걸리든 반드시
먹고야 말겠다는 의지를 불태우는 마성인 맛의 오
리탕을 맛볼 수 있는 집. 도민들이 육지에서 지인이
찾아오면 가장 먼저 데리고 가는 맛집 중 하나다.
오리탕이라고 하면 특유의 오리 기름 때문에 기름
지다고 생각할 수 있는데, 배추와 미나리를 듬뿍
넣어 오리탕답지 않게 시원한 국물 맛을 만들어 준
다. 묵직할 것 같지만 깔끔한 맛이라 해장국으로도
많이 찾는다. 들깻가루를 듬뿍 넣고 먹어야 제맛.
오후 4시면 마감하니 시간을 체크할 것.

지도 P.200-A2 **주소** 제주시 대원북길 21 **전화** 064-744-
7555 **영업** 10:00~16:00, 매주 일요일 휴무 **예산** 오리탕
11,000원

다올정식당

#갈치구이와 수육이 한 상에 #가성비 최고

수육과 갈치구이가 함께 나오는 정식 전문점이다. 1인분에 8,000원이라는 가격에 수육만 해도 감사한 데 갈치구이까지 함께 나오다니, 믿어지지 않는다. 신선한 갈치가 입고되지 않을 때만 고등어구이로 나가고 대부분 갈치구이가 나온다. 여기에 제주산 황게장과 잡채 등 맛깔나는 밑반찬이 가득 깔린다. 좁은 골목인데다 찾는 사람이 많아 주차가 불편한 점만 빼고는 매일 출근 도장을 찍고 싶은 곳이다.

지도 P.201-B2 **주소** 제주시 동광로16길 34 **전화** 064-724-8788 **영업** 매일 11:00~20:00(일요일 ~15:00) **예산** 수육정식 9,000원

아살람레스토랑

#할랄음식 #아랍요리

예멘 내전을 피해 제주로 들어온 난민을 돕던 주인이, 할랄음식을 구하지 못해 고생하는 사람들을 위해 식당 문을 열었다. 덕분에 예멘 주방장이 만드는 현지 음식을 제주에서도 맛볼 수 있게 되었다. 숯불에 익힌 케밥과 아랍식 빵인 쿠브즈가 함께 나오는 바비큐, 토마토 베이스의 진한 수프와 닮은 깔라야 등 쉽게 접해보지 못하는 아랍요리가 여행자들을 반기다. '이살람'은 아랍어로 평화를 뜻한다.

지도 P.201-B1 **주소** 제주시 중앙로2길 7 1층 **전화** 064-751-1470 **영업** 12:00~22:00, 매주 수요일 휴무 **예산** 양고기 케밥과 쿠브즈 16,000원 케밥 랩 7,000원

두루두루식당

#백종원의 3대천왕 #쥐치

도민들이 저녁 술 한 잔을 기울이기 위해 많이 찾던 식당인데 백종원의 3대천왕에 나오면서 그 인기가 식을 줄 모르는 곳이다. 수족관을 가득 채우고 있는 쥐치로 바로바로 요리해서 나온다. 달달하면서도 매콤한 조림 양념과 쫄깃한 식감이 일품인 쥐치가 만나 최고의 맛을 선사한다.

지도 P.202 **주소** 제주시 삼무로3길 14 **전화** 064-744-9711 **영업** 16:00~24:00, 비정기 휴무(전화 문의 필요) **예산** 객주리조림(중) 40,000원

도토리키친

#청귤소바 #데이트 명소 #배틀트립 방영

SNS에서 청귤소바로 알려진 소바 맛집. 무와 생와사비를 잘 섞은 특제소스에 충분히 적신 소바 한 젓가락, 그리고 청귤을 같이 올려 먹는다. 시원한 소바 맛에 상큼한 청귤이 씹히면서 식감과 맛을 배가시켜준다. 소바 말고도 이름도 생소한 롤카베츠도 곁들이면 좋다. 일종의 만두 같은 음식인데 만두피가 밀가루가 아니라 양배추로 싸서 익혔다. 속이 꽉 차서 먹으면 든든하면서도 건강해지는 느낌이다. 기존 조천읍에서 최근 공항 근처 탑동으로 이전했다.

지도 P.201-A1 **주소** 제주시 북성로 59 **전화** 064-782-1021 **영업** 11:00~17:00, 비정기 휴무 **예산** 청귤소바 9,000원, 크림 롤카베츠 16,000원

산지물

#물회맛집 #독특한 물회들이 가득

활어회를 포함한 다양한 제주 향토음식을 전문으로 하지만 특히 물회를 잘한다. 기본적인 자리물회와 한치 물회, 전복과 해삼·소라까지 어지간한 물회는 전부 있거니와 다른 곳에서는 보기 힘든 쥐치물회와 어랭이물회까지 있다. 어랭이는 용치놀래기나 어렝놀래기를 제주에서 부르는 말이다. 낚시를 하는 사람들에게는 흔한 잡어이지만 여기서는 훌륭한 물회 재료가 된다. 물회와 함께 나오는 반찬도 알차다. 자리돔을 튀겨서 만든 강정에 돔베고기와 순대가 함께 나온다.

지도 P.201-B1 **주소** 제주시 임항로 26 **전화** 064-752-5599 **영업** 08:00~23:00 **예산** 활한치 물회 18,000원, 어랭이물회 18,000원

넉둥베기

#접짝뼈국 맛집 #도민도 줄 서는 집

20년 넘게 한자리에서 제주 향토 음식을 대접하고 있다. 대표 메뉴는 제주식 고사리육개장과 접짝뼈국. 특히 여기 접짝뼈국의 고기는 크기부터가 남다르다. 따로 밥을 먹지 않아도 배가 부를 정도로 그릇보다 훨씬 큰 고기가 함께 나온다. 자극적이지 않고 속을 편안하게 채워주는 느낌이다. 영업시간은 아침 9시부터 오후 2시로 정해져 있지만 재료 소진으로 더 일찍 문을 닫는 경우도 많고 대기를 좀 해야 하는 편이라 늦은 점심에는 미리 전화해보고 가는 것이 좋다.

지도 P.201-A1 **주소** 제주시 서문로 9-1 **전화** 064-743-2585 **영업** 09:00~14:00, 수요일 휴무 **예산** 접짝뼈국 10,000원, 고사리육개장 10,000원

남원바당

#돔베고기 맛집 #제주토속음식전문

각재기국이나 멜국, 장태국 등을 파는 제주 토속음식점으로, 도민들이 많이 찾는 곳이다. 돔베고기를 주문하면 각재기 구이와 항정국이 함께 나온다. 고등어 구이는 흔하게 봤어도 각재기 구이는 쉽게 접해보지 못했을 것이다. 노르웨이산 고등어만큼이나 기름지고 고소한 맛이 일품이다. 삼겹살 부위로 만드는 돔베고기는 굵은소금에만 찍어서 먹거나 갈치속젓에 싸서 먹는다. 여기에 멜조림을 별도로 추가해서 돔베고기와 함께 쌈을 싸 먹으면 금상첨화.

지도 P.201-B2 **주소** 제주시 천수로8길 7 **전화** 064-755-3388 **영업** 08:30~22:00(브레이크타임 평일 15:00~17:00), 월요일 휴무 **예산** 돔베고기 25,000원, 멜조림 8,000원

쉐프의 스시이야기

#가성비 좋은 #회전초밥집 #대기가 길어요

제주 누웨마루거리 근처에 있는 회전초밥집. 늘 많은 관광객으로 붐비는 인기 식당이다. 가격도 유명 초밥집치고는 저렴한 편이라 인기가 높다. 회전 테이블을 따라 앉고 식사하는 사람들 바로 뒤에 앉아 대기를 해야 하는 시스템이다. 주말이면 대기 인원이 많아 앉아서 먹고 있는 것 자체가 부담이 될 정도로 인기가 높다. 식사 시간은 최대 1시간 30분으로 정해져 있다.

지도 P.202 **주소** 제주시 신광로 36 **전화** 064-745-7785 **영업** 11:30~21:30(브레이크타임 14:30~17:00), 월요일 휴무 **예산** 접시당 1,500~2,000원

슬기식당

#국물이 생각날 때 #동태찌개맛집 #오후 2시면 끝

날씨가 쌀쌀해져 뜨끈한 국물이 생각날 때 찾으면 후회 없는 곳. 메뉴는 동태찌개 한 가지로 매운맛과 순한 맛 중에 선택할 수 있다. 아침 10시에 문을 열어서 오후 2시면 영업이 끝난다. 줄을 안 서는 날이 없을 정도니 사실상 1시 전에는 가야 점심을 먹을 수 있다. 맵고 짜고 자극적인 맛인데 이상하게 자꾸만 생각나는 맛이다. 정해진 영업 시간과 휴무일이 있긴 하지만 주인장 개인 사정으로 쉬는 날도

많으니 미리 전화를 해보고 가는 것이 좋다.

지도 P.201-B1 **주소** 제주시 사라봉7길 36 **전화** 064-757-3290 **영업** 10:00~14:00, 요일 휴무 **예산** 동 8,000원

돈물국수

#꿩메밀칼국수 맛집 #특제 김치도 일품

꿩메밀칼국수 하나로 약 20년간 한자리에서 사랑 받는 집. 걸쭉하면서도 텁텁하지 않고 고소한 맛이 일품이다. 보통 메밀면은 찰기가 없어서 잘 끊어지는 편인데 이 집은 다르다. 메밀면이 맞나 싶을 만큼 식감이 살아있고 국물 맛도 진국이다. 찬바람 부는 겨울에 뜨끈하게 속을 데우기 좋고 메밀의 찬 성분 덕에 여름에도 어울리는 음식이다. 특히 국수와 영혼의 단짝인 이 집의 특제 김치까지 맛있다. 여름에만 맛볼 수 있는 진한 맛의 검은콩국수도 인기 메뉴.

지도 P.201-B1 **주소** 제주시 연무정동길 2 **전화** 064-758-5007 **영업** 11:00~19:00, 일요일 휴무 **예산** 꿩메밀칼국수 8,000원, 검은콩국수 8,000원

연동길

#제주 최고 낙지볶음 #구수한 청국장도 인기

연동길은 제주에서 낙지볶음 맛집이 모여 있어 낙지골목으로도 불리는 곳에 있다. 낙지볶음에 나오는 소면을 먼저 비벼 먹고 밥과 야채를 넣어 비벼 먹는다. 통통한 낙지를 넉넉하게 담아주어 더욱 좋다. 이 집의 낙지볶음만큼 인기 좋은 메뉴가 바로 청국장이다. 구수하면서도 매운맛을 잘 달래준다. 기본으로 하나가 나오는데, 단골들은 청국장을 추가해서 인당 하나씩 먹을 정도로 인기가 높다.

 지도 P.202 주소 제주시 은남2길 23 전화 064-748-9363 영업 10:30~21:30 예산 낙지볶음 2인 26,000원

통통한 낙지를 아낌없이 준다.

순두부엔짬뽕

#국내산 콩 #오후 3시까지 한정 판매

국내산 콩으로 매일 아침 제주 재래식 두부를 만든다. 순두부찌개도 흠잡을 데 없이 맛이 좋은데, 불맛 살살 나는 순두부짬뽕이 인기 메뉴. 칼칼하게 매운 짬뽕에 순두부가 들어가서 한결 먹기 좋아진다. 자극적인 음식이지만 순두부 덕분에 몸에 조금은 덜 미안한 느낌이 들기도 한다. 다만 오전 10시에서 오후 3시까지 한정 판매만 하기에 순두부짬뽕을 맛보고 싶다면 시간 맞춰 방문해야 한다. 이른 아침부터 문을 열어두기에 순한 순두부로 아침 속을 달래기 좋다.

지도 P.200-A2 주소 제주시 통물길 30 전화 064-745-4499 영업 07:00~20:00 예산 순두부짬뽕 10,000원

요술식탁

#수비드 조리 #빨간 비트밥 #플레이팅 장인

수비드 조리법은 밀봉한 고기를 일정한 온도의 물에 오
랫동안 익히는 방식이다. 밀봉한 덕에 육즙이 살아 있
고 불에 의한 단백질 경화가 없어 부드러운 것이 특징.
요술식탁은 수비드 전문 요리점으로 월정리에서 얼마
전 지금의 자리로 옮겼다. 빨간 비트 밥을 수비드 방식
으로 조리된 선홍색 한우가 감싸서 나온다. 건드리기가
아까울 정도로 예쁜 플레이팅도 인상적이다. 밥에 한우
한 점을 올리고 깻잎과 고추냉이를 올려 초밥처럼 먹으
면 된다. 고기를 어느 정도 먹다가 비트 밥이 남으면, 수
란과 함께 비벼 먹으면 된다.

지도 P.201-B1 **주소** 제주시 관덕로6길 10 **전**
화 064-803-0776 **영업** 11:30~19:30(브
레이크타임 15:00~17:00), 수요일 휴
무 **예산** 제주한우수비드 19,000원

윤옥

#라멘 전문 #바삭한 닭껍질교자

제주에서 키워진 닭을 사용해 온종일 육수를 내고, 직접 면을 뽑아
라멘을 끓인다. 진한 닭 육수의 '윤라멘'이 기본이고 맵기를 조절
한 신윤라멘도 인기가 높다. 기본적으로 얇은 면으로 나오지만,
별도로 굵은 면으로 교체할 수도 있다. 곁들임 메뉴로 닭 껍질
교자도 추가해 보자. 이름 그대로 닭 껍질로 만두를 만들어
튀겨냈다. 일반 교자보다 더 바삭하면서도 고소함이 두 배 이
상이다.

지도 P.200-A1 **주소** 제주시 구남동2길 19-4 **전화** 010-2492-4636 **영업**
11:30~20:00(브레이크타임 15:30~17:30), 수요일 휴무 **예산** 윤라멘 9,000원

텐동아우라

#믿고 먹는 대학교 앞 맛집
#입까짐 주의 #텐동 맛집

제주대학교 정문 앞 텐동
맛집. 요리하는 모습을
볼 수 있도록 개방한 주
방에서 쉴 새 없이 튀김
을 튀겨낸다. 특제소스가
올라간 밥 위로 갓 튀겨낸 튀김
이 가득 올라간다. 입천장이 까질
정도로 바삭한 튀김에 같이 내어주는 생와사비
를 곁들어 먹으면 느끼하지도 않고 고소한 맛이
일품이다. 반숙 정도의 온천 달걀을 추가하여 밥
에 넣고 비비면 더 깊은 맛을 느낄 수 있다.

지도 P.200-B2 **주소** 제주시 제주대학로7길 9 **전화** 010-
8610-3774 **영업** 11:00~16:00, 일요일 휴무 **예산** 텐동
8,500원

옹기밥상

#건강한 한상 #1인 1옥돔 #오징어볶음 맛집

부모님을 모시고 가거나 손님과 식사를 해야 할 때 가면 거의 실패할 리 없는 가정식 식당이다. 1인분에
14,000원이 기본인 옹기밥상을 시키면 1인당 옥돔 튀김이 하나씩 나오고 수육과 오징어 볶음까지 푸짐한
한상차림이 나온다. 수육과 옥돔 튀김도 나쁘지 않지만, 특히 오징어볶음 맛집
이라고 소개해도 될 만큼 맛이 기가 막힌다. 양념은 칼칼하면서도 달달하
고 오징어는 부드럽고 쫄깃하다. 직접 키워 내오는 쌈채소와 함께 건강
함을 곁들여 보자.

지도 P.200-A2 **주소** 제주시 미리내길 171-4 **전화** 064-711-6991 **영업** 11:00~
16:00, 일요일 휴무 **예산** 옹기밥상 1인 14,000원

오일등식당

#메뉴는 동태찌개 단 하나 #합석은 기본 #국물이 시원해요

동태찌개 하나로 정평이 난 맛집. 커다란 동태가 세 덩어리나 들어가는데 무와 양파를 많이 넣고 끓여서 시원하면서도 달달한 맛이 특징이다. 선상낚시, 갈치 배낚시로 유명한 도두항 근처에 있다. 점심때면 인근 도민들이 줄을 서서 먹는 곳이라 합석하는 경우도 많다. 합석이 조금 불편해도 칼칼하고 시원한 맛에 자주 찾게 된다. 동태찌개 단일 메뉴 식당이지만 성게 미역국은 따로 주문이 가능하니 아이들과 함께 가도 나쁘지 않다.

지도 P.200-A1 **주소** 제주시 도공로 22-1 **전화** 064-713-1197 **영업** 10:00~20:00, 둘째·넷째 주 월요일 휴무 **예산** 동태찌개 10,000원

오현돼지불백

#허영만의 백반기행에 등장 #한치불고기 #제주한치맛집

한치불고기백반이 맛있는 곳. 원래도 인기가 높았는데, TV프로그램 '허영만의 백반기행'에 소개되면서 찾는 이들이 더 많아졌다. 매콤달콤한 양념이 진하게 밴 돼지고기와 야들야들한 식감이 일품인 한치를 함께 볶아서 먹는다. 한치는 오래 익히면 질겨질 수 있으니 먼저 먹고, 돼지고기를 나중에 먹는 것을 추천한다. 메인 요리인 한치불고기 외에 밑반찬이 10가지가 넘게 나오는데 이 집의 또 다른 인기 비결이다. 메인 요리가 익어가는 동안 밑반찬만으로도 밥 한 공기 뚝딱할지 모른다.

불백을 먹고 볶은밥은 선택이 아니라 필수

지도 P.201-B1 **주소** 제주시 성지로 58-2 **전화** 064-724-2861 **영업** 10:00~21:00, 토요일 휴무 **예산** 한치돼지불백 15,000원

장수물식당

#백종원이 선택한 #고기국수맛집 #돔베고기는 서비스

공항 가까이에 있는 고기국수와 돔베고기를 잘하
는 집이다. 근처 유명한 올래국수집보다 대기시간
이 짧고 맛은 큰 차이가 없다. 인기 셰프 백종원이
다녀가면서 더 알려졌다. 묵직한 중면을 사용한 고
기국수에는 기본적으로 수육이 올라가는데, 국수
를 시키면 돔베고기를 작은 접시로 따로 내준다.
고기 누린내도 나지 않고 부드럽고 쫄깃한 것이 특
징. 시원하고 감칠맛 도는 국물은 기본, 고기국수
속 고기와 따로 서비스로 주는 돔베고기까지 양이
넉넉해 좋다.

지도 P.202 **주소** 제주시 연문2길 18 **전화** 064-749-0367 **영
업** 09:00~19:30, 둘째·넷째 주 화요일 휴무 **예산** 고기국수
9,000원, 돔베고기 30,000원

제주국담

#색다른 고기국밥 #맑은국물이 진리 #고기만두도 필수

돼지 뼈를 우려 묵직하게 만드는 일반적인 제주 고기국수와는 달리 청정 제주 돼지고기로만 맑게 끓여내
는 것이 특징인 고기국밥집이다. 조미료를 전혀 사용하지 않는데도 불구하고 담백함과 감칠맛이 연하게
배어 있다. 자극적이지 않고 유난히 깔끔하면서도 맑은 국물이 당길 때 찾으면 실망하지 않는다. 종이처럼
얇게 썰려 나오는 고기를 양념장에 찍어 밥과 함께 먹으면 된다. 곁들임 메뉴로 고기만두도 빼먹으면 아쉽
다. 몇 개 먹으면 느끼해지는 일반 만두와 달리 식감과 모양을 모두 살리면서 맑은 국밥과 궁합이 좋다.

지도 P.202 **주소** 제주시 신대로12길 17 **전화** 064-749-7100 **영업** 09:00~21:00(브레이크타임 15:00~17:00), 일요일 휴무 **예산**
제주국밥 10,000원, 고기국수 10,000원

제주침시술소

#소바맛집 #침은 놓지 않아요 #간판빼고 신상

침시술소에서 소바를 판다? 사장님의 센스가 엿보이는 재미있는 곳이다. 침시술소였던 간판을 그대로 두는 바람에 '오로라식품'이라는 원래 이름 말고 '제주침시술소바'라고 더 알려졌다. 냉소바가 주메뉴인데 쫄깃하면서도 진한 깊이감이 느껴진다. 양이 조금 적은 편이라 사이드 메뉴를 곁들이거나 처음부터 곱빼기로 시키는 것을 추천한다. 냉소바와 더불어 김치소바도 추천 메뉴. 식감이 약간 떨어질 수 있는 메밀면에 열무김치를 추가해 아삭한 식감은 물론 감칠맛을 더한다.

지도 P.201-B2 **주소** 제주시 동

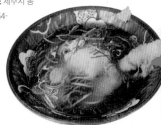

광로 12 1층 **전화** 064-
900-2717 **영업**
11:00~15:00 **예산**
냉소바 8,000원

수복강녕

#가성비 떡갈비 #색다른 흑돼지요리

작은 가정집을 개조해 만든 식당에서 떡갈비 하나만 전문적으로 판다. 제주산 흑돼지로 만든 떡갈비 정식이 12,000원. 손이 많이 가는 음식 치고는 가격이 합리적이어서 인기다. 1인분 200g으로 어지간한 떡갈비 식당보다 양이 많은 편이다. 간이 약한 반찬들을 떡갈비와 함께 싸 먹으면 맛이 배가 된다. 부부 둘이서 운영하는 데다가 은근한 불에 천천히 구워 나오는 메뉴이다 보니 예약 전화는 필수다. 당일 방문도 가능은 하지만 대기 시간이 길 수 있다.

지도 P.202 **주소** 제주시 선덕로3
길 40 **전화** 064-744-3564 **영업**
11:00~19:00(브레이크타임
15:00~17:30), 토요일 및 공휴
일 ~14:00, 일요일 휴무 **예산**
돼지 떡갈비 정식 12,000원

탐나버거

#귤창고 개조 #수제버거 맛집 #분위기 깡패

귤을 저장했던 창고를 멋지게 개조해서 만든 수제버거집이다. 흑돼지버거는 은근 매운
편이고 새우버거의 소스도 맛있다. 달걀 흰자를 듬뿍 으깨 넣은 정통 타르타
르 소스가 인상적. 수제버거 외에도 통새우 감바스도 나쁘지 않다. 감바
스(새우) 알 알히요(마늘)라는 스페인 요리로, 새우와 마늘에 올리브
오일을 넣고 끓인 요리다. 바게트 빵에 새우와 마늘을 올려 먹으면
색다른 향에 놀라게 된다. 여기는 사실 포토존이 매력적인 곳이다.
귤밭과 마당 곳곳에 만들어 둔 포토존에서 인생사진을 찍어보자.

지도 P.200-A2 **주소** 제주시 아연로 438-13 **전화** 070-4038-0410 **영업** 11:00~20:30
예산 흑돼지버거 9,900원, 통새우 감바스 14,900원

뽕이네각재기

#갈치조림이 기본 반찬 #각재기국 맛집

시원한 각재기국과 해물뚝배기 맛이 일품인
곳. 메인 메뉴도 좋지만 기본 반찬이 마음에
든다. 쌈 싸 먹기 좋은 멜젓에 직접 담근 오징
어젓갈과 갈치속젓이 나온다. 짭짤하면서도
깊은 맛이 흰 쌀밥을 마구 부른다. 여기에 반
찬으로 갈치조림이 더해진다. 따로 시켜 먹어
도 비싼 갈치조림이 기본으로 깔리다니. 가성
비 좋다는 말은 여기를 빼면 이야기가 안 될
정도다. 이른 아침부터 해장하기 좋은 곳. 외
도동(제주시 우정로5길 10)에도 분점이 있다.

지도 P.201-B2 **주소** 제주 동광로 150 **전
화** 064-722-5193 **영업** 08:00~15:00,
둘째·넷째 토요일 휴무 **예산** 각
재기국 9,000원, 해물뚝배기
10,000원

태광식당

#공항에서 가까운 #한치주물럭 #도민 반 관광객 반

언제 가도 도민과 관광객들로 북적이는 한치주물럭맛집. 보통 제주 사람들이 좋아하는 한치는 물회로 즐겨 먹는 편인데, 이 집에서는 주물럭으로 맛볼 수 있다. 2인 이상 가면 한치주물럭에 돼지주물럭을 반반 섞어 먹는 것을 추천한다. 여기에 국수 사리까지 추가해서 말아 먹고 마지막에 밥 한 공기를 볶아 먹으면 세상 부러울 것이 없다. 공항에서 가까이 있어 제주에 도착하고 나서나 떠나기 전에 들르기 좋다.

지도 P.201-A1 **주소** 제주시 탑동로 144 **전화** 064-751-1071 **영업** 11:00~22:00(브레이크타임 15:00~17:00), 일요일 휴무 **예산** 한치주물럭 16,000원, 돼지고기주물럭 13,000원

황금손가락

#초밥맛집 #2층 무인카페 무료 #한라산 전망은 덤

가성비가 뛰어난 초밥집으로 초밥이 먹고 싶지만 일식 전문점을 가기는 부담될 때 찾기 좋다. 인기가 좋아지면서 제주 곳곳에 분점이 생겨 접근하기 더 좋아졌다. 기본인 모듬초밥을 시키면 메밀, 새우튀김, 알밥이 코스로 나온다. 여기에 뜨끈한 우동은 무한리필까지 되니 가성비 맛집으로도 부족함이 없다. 식당 2층에는 무인 카페가 운영된다. 공짜라고 하지만 에스프레소 기계가 3대가 있고 대형 얼음 보관용 통도 있다. 가게에서 보이는 한라산 전망이 좋아서 따로 카페를 찾을 필요가 없다.

지도 P.200-A2 **주소** 제주시 1100로 2961 **전화** 064-746-8281 **영업** 11:00~21:00, 월요일 휴무 **예산** 모듬초밥 14,000원

호근동

#돔베고기맛집 #시청 근처 맛집 #오후 5시부터 시작

서귀포시에 있는 동네 이름과 같아서 자칫 헷갈릴 수 있는데, 여기서의 호근동은 제주시청 근처 먹자골목에서 오랜 기간 돔베고기와 순대 맛집으로 알려진 식당이다. 오후 5시부터 영업을 시작하고 밥집이기보다는 퇴근 후 도민들이 저녁과 함께 술 한 잔 걸치는 곳이라 보면 된다. 말랑하면서도 부드러운 돔베고기가 인기. 담백하게 소금간만 해서 먹어도 좋고 멜젓과의 궁합도 수준급이다.

지도 P.201-B2 **주소** 제주시 광양10길 17 **전화** 064-752-3280 **영업** 17:00~다음 날 02:00 **예산** 돔베고기(소) 28,000원

키친요디

#숙성 흑돼지 돈가스 #치즈 듬뿍

흑돼지 고기를 300시간 이상 습식과 건식으로 숙성시켜서 돈가스를 만든다. 독보적으로 두꺼운 고기임에도 퍽퍽하지 않고 부드러움이 입안 가득 남는다. 고온에서 튀기지 않고 저온으로 튀겼기 때문이라는데, 트랜스지방 생성도 고온 튀김 방식보다 적다고 한다. 치즈 돈가스를 좋아한다면 두툼한 치즈를 흑돼지 고기와 튀김옷으로 감싼 '치즈멘치카츠'도 좋은 선택이다. 키친요디의 시그니처 메뉴는 '라클렛 치즈 흑돼지 돈가스'. 돈가스 위에 라클렛 치즈를 마치 진득한 용암이 흐르듯 듬뿍 올려준다. 두툼한 흑돼지 돈가스와 치즈를 동시에 맛볼 수 있어 인기다.

지도 P.200-B1 **주소** 제주시 동화로1길 53-13 **전화** 010-6582-0711 **영업** 11:30~18:00, 매주 일요일 휴무 **예산** 라클렛 치즈 흑돼지 돈가스 17,000원

제주시 중심 카페

마음에온

#분위기 무엇 #제주고택 카페 #제주 청보리 라테

칠성로 시장통에서 좁은 문을 지나 들어가면 완전히 다른 세상에 온 듯한 느낌을 받는다. 마치 <이상한 나라의 앨리스>처럼 푸른 잎으로 둘러싸인 좁은 골목 안을 지나면 마법같이 카페가 등장한다. 밖의 분위기와는 달리 내부는 제주의 오래된 고택으로 순식간에 다른 공간으로 순간 이동을 한 느낌이다. 제주 청보리의 맛과 향을 그대로 담아낸 제주 청보리 라테도 맛있고 호두 정과, 곶감 단지 등 카페 분위기와 잘 어울리는 디저트도 썩 잘 어울린다.

지도 P.201-B1 **주소** 제주시 칠성로길 29-1 **전화** 010-6605-0953 **영업** 10:00~20:00, 금요일 휴무 **예산** 제주 청보리 라테 6,000원, 제주 바당 커피 4,500원

듀포레

#뷰 맛집#베이커리도 수준급

용담해안도로 카페거리에서도 바다 뷰가 특히나 뛰어난 '뷰 맛집'이다. 일주도로와 바다 사이에 자리 잡아 가리는 것 하나 없이 오롯이 제주 바다를 감상할 수 있다. 게다가 제주공항에서 불과 100m 정도 떨어져 있어서, 비행기가 지척에서 뜨고 내린다. 3층 옥상에 올라 비행기와 함께 남기는 사진은 듀포레에서만 가능한 특별함이다. 바다 뷰만 좋은 것이 아니라 베이커리노 수준급. 이탈리아 베로나 지역에서 시작된 빵 '팡도르'에 바닐라빈 크림이 가득 올라간다. 퍽퍽한 식감의 팡도르와 부드러운 크림이 찰떡궁합을 이룬다.

지도 P.201-A1 **주소** 제주시 서해안로 579 **전화** 064-746-4515 **영업** 10:00~21:00 **예산** 크림팡도르 8,000원, 아메리카노 6,000원

어제보다오늘

#디저트 카페 #바다 뷰 #합리적인 가격

카페에서 이호테우 해수욕장이 한눈에 펼쳐진다. 다른 바다 뷰 카페들과 달리 음료 가격이 비싸지 않은 부분도 마음에 든다. 케이크와 무스에 진심인 디저트 카페로 다양한 모양의 디저트가 쇼윈도 앞에서 한참을 망설이게 만들며 선택 장애를 일으킨다. 다른 건 몰라도 '이글루티라미수'는 꼭 주문 리스트에 넣도록 하자. 진짜 이글루를 축소해 놓은 듯한 앙증맞은 모습으로 하얗게 내린 눈까지 제대로 표현했다. 너무 아까워 감히 (?) 포크를 들 수가 없을 정도.

지도 P.200-A1　**주소** 제주시 서해안로 68 **전화** 064-805-1116 **영업** 11:00~21:00, 월요일 휴무 **예산** 이글루티라미수 6,000원

에오마르

#뷰카페인가 베이커리카페인가
#해 질 녘 바다 전망

삼양검은모래해변을 한눈에 내려다보는 곳에 자리 잡았다. 2개 층에 가까운 대형 전면 창으로 시원스레 제주 바다를 품에 안는다. 마치 대형 스크린을 통해 힐링 영상을 보는 듯한 느낌이다. 뷰가 좋을 뿐만 아니라 전문 베이커리가 아님에도 빵류 대부분이 맛이 있고, 음료도 기대 이상이다. 해 질 녘 짙은 바다와 붉은 노을을 감상하기에도 좋다.

지도 P.200-B1　**주소** 제주시 선사로8길 13-6 **전화** 010-9803-2412 **영업** 09:00 - 20:50 **예산** 아메리카노 6,000원

리듬 앤 브루스

#목욕탕 카페 #구 쌀다방 #레트로풍

구제주의 오래된 상권인 관덕로 부근에서 명성을 떨치던 '쌀다방'이 이번에는 목욕탕을 리모델링하여 카페를 열었다. 카페 이름도 리듬 앤 브루스로 바꾸었다. 이름만큼 카페에는 향기로운 커피 향과 함께 잔잔한 음악이 어우러진다. 쌀다방 시절부터 시그니처 메뉴였던 쌀다방라테는 '쌀라테'로 개명하고 '리듬썸머라테'도 추가하였다. 동문시장에서 공수한 세 가지 곡물에 우유, 에스프레소를 넣은 쌀라테는 역시나 명불허전. 2층에는 앤티크 소품, 디퓨저, 금속 공예 같은 소품 숍이 있다.

지도 P.201-A1 **주소** 제주시 무근성 7길 11 **전화** 070-7785-9160 **영업** 11:00~20:00, 목요일 휴무 **예산** 쌀라테 6,000원, 리듬썸머라테 6,500원

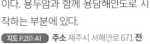

앙뚜아네트(용담점)

#전망 최고 #데이트 코스로 최고 #공항 근처

제주시 중심부에서 가장 좋은 전망을 자랑하는 카페 겸 비스트로. 섬이라는 특수성 때문에 바다 전망을 자랑하는 카페들이 많이 있지만 바다와 바로 맞닿아 있는 곳은 드물다. 음료와 베이커리, 수제버거류 모두 평균 이상의 맛이다. 넘실거리는 제주 바다를 바라보며 먹는 음식이 어찌 맛이 없을 수가 있으랴. 가격이 조금 비싼 편이긴 하지만 자릿값이 포함된 것이리면 이해가 된다는 편이 대부분이다. 용두암과 함께 용담해안도로 시작하는 부분에 있다.

지도 P.201-A1 **주소** 제주시 서해안로 671 **전화** 064-713-2220 **영업** 09:00~21:00 **예산** 아메리카노 6,000원, 클래식버거 13,000원

먹쿠슬낭

#공항에서 5분 #애플망고

제주에서는 '멀구슬나무'를 먹쿠슬낭이라 부르는데,
카페 정원에 있는 커다란 멀구슬나무를 따서 카페
이름도 먹쿠슬낭이라 지었다. 공항에서 차로 5분 정
도면 도착할 정도로 가까워 제주 여행 첫 발걸음으
로 적당하다. 먹쿠슬낭은 제주산 애플망고 전문점이
다. 빙수, 주스, 에이드 등 애플망고로 만든 먹거리가
시그니처이고, 가장 인기 있는 메뉴는 단연 제주애
플망고빙수. 우유빙수 위에 애플망고가 넉넉하게 올
려지고, 망고 아이스크림이 토핑으로 올라간다.

지도 P.201-A2 **주소** 제주시 오라로 24 **전화** 064-747-0360 **영
업** 09:00~21:00 **예산** 제주생애플망고빙수 17,000원

미스틱3도

#정원카페 #사진 찍기 좋은 곳 #아이와 함께

제주 카페 중 정원이 상당히 큰 편이고 사진 찍기 좋
은 곳이다. 한라산을 배경으로 제주를 함축해 놓은
듯 아기자기한 모습에 곳곳이 포토존이 된다. 대형 창
문으로 정원을 내려다보며 쉬기도 좋고 커피 한 잔 들
고 나가 정원을 거닐기에도 나쁘지 않다. 카페 옆에는
요즘은 찾는 사람이 많지 않지만, 예전 인기 관광지였
던 신비의 도로가 인근에 있다. 착시현상의 일종으로
오르막길처럼 보이는 도로는 실제 내리막길이라 차가 저절로 움직이는 듯한 느낌을 준다.

지도 P.200-A2 **주소** 제주시 1100로 2894-49 **전화** 064-743-2905 **영업** 09:00~20:00 **예산** 롱블랙 4,800원

오드씽

#마운틴 뷰 #밤에는 디제잉 #수영복 지참

너도 나도 앞다투며 바닷가에 들어서는 카페들과 달
리, 중산간 한가운데 자리 잡아 한라산의 앞마당 뷰
가 파노라마처럼 펼쳐진다. 낮에는 카페로 운영하고
밤에는 디제잉과 함께하는 힙한 펍으로 변신한다. 바
당에는 커다란 풀장이 있어 이국적인 인생사진을 남
기기에도 최적이다. 수영복만 있다면 무료로 이용할
수 있다(수영은 어른들만 가능). '오드씽'은 카페가 자
리 잡은 오등동의 옛 지명이다.

지도 P.200-A2 **주소** 제주시 고다시길 25 **전화** 070-7872-1074
영업 10:00~24:00 **예산** 아메리카노 6,000원~

제주시 동부

함덕, 김녕, 월정리로 이어지는
제주에서 가장 핫한 바다와 인기
있는 오름들을 보유한 지역이다.
제주 숲의 숨구멍 곶자왈과 국내 최초
세계자연유산에 빛나는 거문오름 용암동굴계까지 제주의 특징을
모두 모아 놓은 곳이 바로 제주시 동부다. 진한 제주의 향기를
맡고 싶다면 지금 당장 제주시 동부 지역으로 떠나보자.

제주시 동부 베스트 여행지

BEST 1

함덕해수욕장 **P.46, P.240**
#제주에 왔다면 꼭 가는 #요즘 핫한
여행지 #에메랄드빛 바다

BEST 2

거문오름 & 세계자연유산센터 **P.241**
#예약은 필수 #오름의 왕
#산수국 명소

BEST 3

월정리해수욕장 **P.46, P.245**
#달이 머물다 간 곳 #카페거리
#하얀 풍력발전기

BEST 4

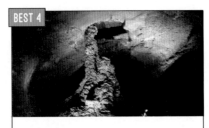

만장굴 **P.157, P.246**
#세계자연유산 #세계 최고 용암석주
#날씨 영향 없는 여행지

BEST 5

제주돌문화공원 **P.242**
#제주다움을 간직한 곳
#제주에서만 볼 수 있는 돌

BEST 6

비자림 **P.152, P.248**
#숲을 따라 걸으면 #힐링이 절로

제주시 동부
추천 코스

※ 당일 여행 코스 기준입니다.

COURSE 1 **친구 또는 연인**과 함께라면

1 월정리해수욕장
P.46, P.245

―― 자동차 20~25분 ――

2 안돌오름
P.246

―― 자동차 10분 ――

3 메이즈랜드
P.248

―― 자동차 20분 ――

4 지미봉
P.145

―― 성산항까지 자동차 15분+배 15분 ――

5 우도
P.384

COURSE 2 **아이**와 함께라면

1 함덕해수욕장
P.46, P.240

―― 자동차 25~30분 ――

2 에코랜드
P.242

―― 자동차 25~30분 ――

3 놀놀
P.70

―― 도보 10분 ――

4 비자림
P.152, P.248

―― 자동차 1시간 30분 ――

5 제주해녀박물관
P.175

COURSE 3 **가족**과 함께라면

1 제주돌문화공원
P.242

―― 자동차 10~15분 ――

2 거문오름
P.241

―― 자동차 25~30분 ――

3 만장굴
P.157, P.246

―― 자동차 20~25분 ――

4 제주레일바이크
P.249

―― 자동차 25~30분 ――

5 종달구좌
해안도로
P.188

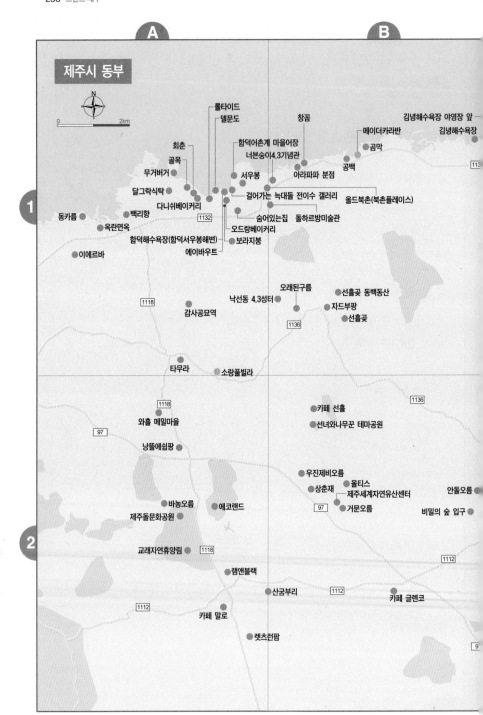

제주시 동부

N

0 ──── 2km

A B

롤타이드
델문도
창꼼
김녕해수욕장 야영장 앞
메이더카라반
김녕해수욕장
회춘
골목
함덕어촌계 마을어장
너븐숭이4.3기념관
서우봉
곰막
공백
무거버거
아라파파 분점
1113
달그락식탁
걸어가는 녹대들 전이수 갤러리
올드북촌(북촌플레이스)
백리향
다니쉬베이커리
동카름
숨어있는집 돌하르방미술관
옥란면옥
1132
오드랑베이커리
함덕해수욕장(함덕서우봉해변)
에이바우트
보라지봉
이에르바

오래된구름
선흘곶 동백동산
낙선동 4.3성터
자드부팡
감사공묘역
1136
선흘곶

1118

타무라
소랑풀빌라

1136
카페 선흘
1118
선녀와나무꾼 테마공원
와흘 메밀마을
97
낭뜰에쉼팡
우진제비오름
올티스
안돌오름
상춘재
제주세계자연유산센터
바농오름
에코랜드
97
거문오름
비밀의 숲 입구
제주돌문화공원
교래자연휴양림
1118
1112
램앤블랙
산굼부리
1112
1112
카페 글렌코
카페 말로
렛츠런팜
9

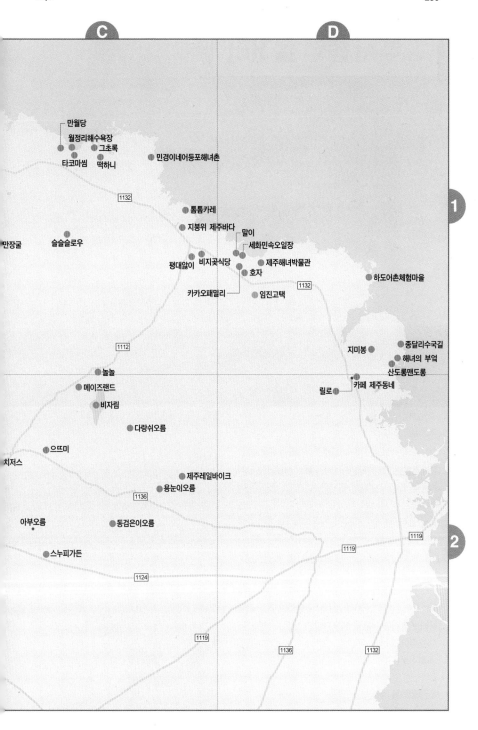

C

D

만월당
월정리해수욕장
그초록
타코마씸　떡하니
민경이네어등포해녀촌

1132

톰톰카레
지붕위 제주바다
말이
세화민속오일장

만장굴
슬슬슬로우
평대앓이　비지곶식당
제주해녀박물관
호자
하도어촌체험마을
카카오패밀리
임진고택
1132

1112

종달리수국길
지미봉
해녀의 부엌
놀놀
산도롱맨도롱
메이즈랜드
릴로
카페 제주동네
비자림

다랑쉬오름

으뜨미
치저스

제주레일바이크
용눈이오름
1136

아부오름
동검은이오름
1119
1119
1119

2

스누피가든

1124

1119
1136
1132

제주시 동부 **볼거리**

함덕해수욕장

최근 관광객들 사이에서 입소문 난 해수욕장. 해외 휴양지를 연상케 하는 이국적인 풍광과 인근에 자리한 각종 편의시설(호텔, 먹거리, 슈퍼마켓 등) 덕분이다. 뿐만 아니라 수심이 얕은 편이라 아이들이 물놀이를 즐기기에 좋기 때문에 가족여행자들에게 강력 추천하는 곳이다.

해수욕장 바로 옆으로 시우봉이란 오름이 자리하고 있어 '함덕서우봉해변'이란 이름으로도 불린다. 제주 올레길 19코스의 일부이기도 한 이곳은 서우봉에서 해변까지 이어지는 산책로가 잘 조성되어 있다. 서우봉에는 봄이면 유채꽃, 가을이면 코스모스가 흐드러지게 피어 장관을 연출한다. 특히 서우봉에서 해변을 내려다보는 전망이 매우 아름다우니 서우봉에도 꼭 올라보는 것을 추천한다.

지도 P.238-A1 **주소** 제주시 조천읍 함덕리 1004-5(해수욕장 주차장)

거문오름 & 제주세계자연유산센터

2007년 제주는 국내 최초로 '제주 화산섬과 용암동굴'이라는 이름으로 세계자연유산에 등재되었다. 한라산, 성산일출봉과 함께 거문오름 용암동굴계가 그 대상이다. 거문오름에서 시작된 용암이 해안까지 흘러가며 만장굴, 김녕굴 등을 만들었다. 정상에서 바라보는 화산 분화구가 매력적인 거문오름은 인터넷으로미리 탐방 예약을 해야만 관람이 가능하다. 오전 9시부터 진행되는 탐방은 30분 간격으로 전문 해설사의생생한 오름 이야기와 함께 진행된다. 1일 450명으로 제한되어 있어 성수기에는 예약을 서둘러야 할 수도있다. 총 세 가지의 탐방 코스가 있는데 모두 1시간 내외로 정상까지 탐방할 수 있다. 매년 6월이면 탐방로를 따라 산수국이 피어 더욱 아름답다.

지도 P.238-B2 **주소** 제주시 조천읍 선교로 569-36 **전화** 064-710-8980 **운영** 거문오름
09:00~13:00, 제주세계자연유산센터 09:00~18:00, 화요일 휴무 **요금** 제주세계자연유산센터
3,000원, 거문오름탐방 2,000원

올티스

세계자연유산인 거문오름 주변 곶자왈 숲에 있는 올티스는 유기농 녹차 농장이다. 하루 단 4번, 한번에 10명에게만 프라이빗한 '녹차 테이스팅 클래스'가 진행된다. 1시간 정도 진행되는 동안 올티스에서 생산되는 녹차, 홍차, 호지차 그리고 말차 시음과 설명이 이어진다. 한적하고 드넓은 녹차 밭을 바라보며 전문가가 내려주는 차를 마시는 순간, 제주 자연을 통으로 선물 받은 느낌이 든다. 티클래스가 끝나면 올티스 녹차밭과 곶자왈 숲 산책이 허락된다. 햇살도 잠시 쉬어가는 곳에서 나 자신에게 힐링을 선물해보자.

지도 P.238-B2 **주소** 제주시 조천읍 거문오름길 23-58 **전화** 064-783-9700 **운영** 10:30~16:30 **예산** 1인 20,000원
(예약 필수)

에코랜드

영국에서 맞춤 제작된 관광용 기차를 타고 편안하게 제주 곶자왈을 누비며 체험할 수 있는 테마파크다. 메인역에서 출발하여 총 4개의 역을 지나는데 한 방향으로만 운영된다. 역마다 내려서 최대한 시간을 보내고 다음 역으로 이동하는 것이 좋다. 넓은 호수를 따라 걷기도 하고 포토존에서 인생사진도 남겨보자. 짧게 돌면 2시간 정도 걸리지만, 곶자왈 산책이나 족욕을 즐기며 시간을 보내다 보면 반나절도 부족하다.

지도 P.238-A2 **주소** 제주시 조천읍 번영로 1278-169 **전화** 064-802-8020 **홈페이지** theme.ecolandjeju.co.kr **운영** 09:00~18:00(계절에 따라 변경) **요금** 성인 14,000원, 어린이 10,000원

제주돌문화공원

에코랜드와 남조로를 사이에 두고 마주하고 있는 제주돌문화공원은 제주의 다양한 돌과 돌로 만들어진 제주만의 특별한 문화가 전시되어 있다. 제주 형성과정을 시대순으로 설명하는 돌박물관을 시작으로 곶자왈 숲을 거닐고 야외에 선시된 들문화 전시로 이어진다. 용암이 만들어낸 작품들은 어느 하나 독특하지 않은 것이 없다. 제주다움을 가장 잘 표현하고 있는 곳이기도 하다.

지도 P.238-A2 **주소** 제주시 조천읍 남조로 2023 **전화** 064-710-7731 **운영** 09:00~18:00, 첫째 주 월요일 휴무 **요금** 성인 5,000원, 청소년 3,500원

선녀와나무꾼 테마공원

부모님을 모시고 떠난 여행에서 빛을 발하는 코스로 항상 다섯 손가락 안에 드는 곳이다. 어린 친구들이 가면 '정말 이런 시절이 있었다고?' 하는 궁금증이 들고, 나이가 있는 사람들은 연신 '맞아 맞아~', '옛날엔 그랬었지' 이런 이야기가 절로 나온다. 옛 추억을 떠올리며 웃음 짓다가 문득 가슴이 아려지는 묘한 곳이다. 공원 안에 있는 시골 먹거리 장터에서는 파전에 막걸리 한 잔을 걸칠 수도 있고 콩쿠르 무대에서 노래 실력을 뽐낼 수도 있다. 전체 90% 정도의 구간이 모두 실내로 되어 있어 비가 오는 날이나 바람에 세게 부는 날에도 편안하게 관람할 수 있다.

지도 P.238·B2) 주소 제주시 조천읍 선교로 267 전화 064-784-9001 운영 09:00~18:30 요금 성인 13,000원, 어린이 10,000원

돌하르방미술관

'돌로 만든 하르방'이라는 뜻의 돌하르방은 제주의 상징이다. 예전 읍성을 지키는 일종의 수호신 같은 의미로 만들어졌다고 추정하고 있다. 어찌 보면 육지의 장승과 비슷하기도 하지만 장승의 신앙적인 기능 외에 위치를 표시하기도 하고 입구를 지키는 수문장의 역할을 하기도 했다. 돌하르방미술관은 제주 곳곳에 있는 48개의 돌하르방을 재현하여 전시하며 더불어 곶자왈 산책로를 따라 각종 조형물을 전시해 놓은 야외 미술관이다. 미술을 전공한 주인장이 20년간 하나하나 손수 만들었다. 입구에는 카페가 있고 아이들을 위한 작은 도서관이 함께 운영되고 있다.

지도 P.238·B1) 주소 제주시 조천읍 북촌서1길 70 전화 064-782-0570 운영 09:00~18:00(동절기 ~17:00) 요금 성인 7,000원, 어린이 5,000원

세화민속오일시장

제주시 동부 지역에서 제법 큰 오일장이다. 매달 5일과 10일에 열린다. 제주시 민속 오일시장에 비하면 규모는 작아도 갈치, 제주 돌우럭 등 각종 해산물과 로컬 과일과 야채를 저렴한 가격에 살 수 있다. 특히 세화해변이 바로 옆에 있어서 간단히 장을 보고 바다를 보며 산책하기 좋다. 아침 7시 정도에 시작해서 점심시간 이후에는 대부분 정리하는 편이라 오전에 들르는 것이 좋다.

지도 P.239-D1 **주소** 제주시 구좌읍 세화리 1500-44

스누피가든

20세기 절반에 달하는 오랜 기간 동안 전 세계적으로 사랑을 받았던 만화 '피너츠'의 주인공 찰리 브라운과 스누피의 이야기를 주제로 한 야외 정원이다. 시크하고 귀여운 스누피가 워낙 많은 사랑을 받아 만화 제목을 스누피라고 기억하는 사람들도 있을 정도로 많은 인기를 누렸던 캐릭터다. 피너츠 만화의 주요 에피소드를 녹여낸 테마 형식의 정원으로 추억의 만화 장면을 떠올리며 산책하기에 좋다. 산책로 곳곳에 있는 사진 포인트마다 잠시 멈추다 보면 반나절도 빠듯할 정도로 볼거리가 많다.

지도 P.239-C2 **주소** 제주시 구좌읍 금백조로 930 **전화** 064-1899-3929 **영업** 09:00~19:00(동절기 ~18:00) **요금** 성인 18,000원, 어린이 12,000원

김녕해수욕장

협재, 함덕, 월정리 등 다른 해수욕장에 비해 이름은 덜 알려졌지만,
한편으로는 언제 가도 사람이 많지 않아 한가함을 만끽할 수 있는 해
수욕장이다. 사람이 붐비지 않다 보니 마음껏 물놀이를 즐기기에도
좋고 서핑이나 수상스키 등 수상스포츠를 자유롭게 즐기기에도 좋다.
해변에 자리한 넓은 야영장에서는 캠핑을 즐길 수도 있다.

〔지도 P.238-B1〕 **주소** 제주시 구좌읍 해맞이해안로 7-6(해수욕장 주차장), 제주시 구
좌읍 김녕리 493-3(구좌읍 무료 주차장)

☑ **TRAVEL TIP**

대체로 주차장이 붐비지 않는
편이지만, 해수욕장 주차장이
붐비는 여름 성수기에는 구좌읍
무료 주차장을 이용하면 혼잡하지도
않고 해변과 야영장도 모두 가까워
편리하다.

월정리해수욕장

하얀 백사장, 쪽빛 바다, 파도를 즐기는 서퍼들 그리고 그 뒤로 보이는 하얀 풍력발전기… 카메라에 담는
즉시 인생사진을 선사해 관광객 사이에서 유명한 핫플레이스다. 해변가를 따라 즐비한 카페와 맛집들 덕
분에 늘 많은 사람으로 북적인다. 핫플레이스인 만큼 한 달이 멀다 하고 새로운 건물이 세워지고 새로운
가게가 문을 열 정도로 그 인기가 대단하다. 차 한 잔의 가격이 비싼 편이지만 멋진 바다 풍경을 편하게 앉
아 즐길 수 있는 비용이 포함되어 있다고 생각하면 수긍이 간다. 주로 카페와 퓨전 맛집, 브런치 전문점들
이 있다. 공영주차장 규모가 협소해 자리가 금세 차니 유의하자.

〔지도 P.239-C1〕 **주소** 제주시 구좌읍 월정리 33-3

만장굴

전체 길이가 7km에 달하는 세계적인 규모의 용암동굴. 거문오름에서 흘러나온 용암이 바다로 흘러나가면서 만든 3개의 동굴(벵뒤굴, 만장굴, 김녕굴) 중 하나이다. 만장굴은 그중에서도 압도적인 규모를 자랑하며 유일하게 일반인에게 공개되는 동굴이기도 하다. 관람이 가능한 제2 입구에서 용암 석주가 있는 약 1km 구간만 볼 수 있다. 수십만 년 전에 만들어진 굴로 추정됨에도 불구하고 상태가 고스란히 잘 보존된 편이다. 동굴을 따라 걷다 보면 용암이 만들어 낸 신비로운 지형들을 마주할 수 있다. 1년 내내 11~18℃를 유지하고 있어 여름에는 시원하고 겨울에는 따뜻하다. 동굴 끝쪽에 있는 용암 석주는 약 7.6m로 세계에서 가장 큰 크기를 자랑한다.

지도 P.239-C1 **주소** 제주시 구좌읍 만장굴길 182 **전화** 064-710-7903 **운영** 09:00~18:00, 첫째 주 수요일 휴무 **요금** 성인 4,000원, 어린이 2,000원(7세 미만 무료)

☑ **TRAVEL TIP**
만장굴이 세상에 알려지기 시작한 건 전문 탐험대가 아닌 김녕초등학교 선생님과 학생들의 공이 크다. 1946년 만장굴 제1 입구에서 마땅한 탐험장비도 없이 수차례의 탐험만으로 제3 입구까지 발견했다고 한다.

비밀의 숲(안돌오름)

최근 SNS 사진 명소로 인기를 끄는 곳. 안돌오름 바로 아래에 있어 태그로 #안돌오름이라고 알려지고 있지만 사실 오름 아래 있는 자그마한 숲이다. 20m가량 높게 자란 50년생 측백나무가 묘하게 2~3갈래로 갈라지면서 독특한 분위기를 만들어낸다. 인생사진을 찍으려는 관광객들에게 최고 인기다. 개인 사유지로 소유주가 얼마 전부터 입장료 2,000원을 받고 있다. 유료화가 되었지만 오히려 관리가 되면서 마음 편히 사진을 찍을 수 있어 좋다. 숲 시작을 알리는 에메랄드색 카라반은 사진 속 배경이 되기도 하고 몇 가지 음료도 저렴하게 판매한다.

지도 P.238-B2 **주소** 제주시 구좌읍 송당리 2173 **요금** 1인 3,000원, 음료 2,000원

용눈이오름

제주에서 살며 제주의 아름다운 모습을 카메라에 담아 온 사진작가 고 김영갑(1957~2005)씨. 특히 제주의 오름을 사랑한 그는 루게릭병으로 생을 마감할 때까지 오름의 아름다운 모습들을 카메라에 담았다. 그의 작품에 가장 많이 등장하는 오름이 바로 이 용눈이오름이다. 정상까지 10분이면 오를 정도로 낮은 용눈이오름은 정상 분화구 둘레길을 돌며 제주 동부를 조망하기에 좋다. 정상에 서면 멀리 성산일출봉과 우도가 한눈에 들어온다. 아쉽게도 용눈이오름은 2021년부터 자연휴식년제 대상으로 지정돼 2023년까지 2월까지 출입이 불가하다.

지도 P.239-C2 **주소** 제주시 구좌읍 종달리 4650(용눈이오름 주차장)

다랑쉬오름

제주 동부 지역 오름 중 가장 높은 오름이다. 가파른 길을 따라 올라가면 정상이 등장한다. 오름에는 푹 파인 분화구가 보이는데, 분화구 깊이가 꽤 깊어 한라산 백록담과도 비교될 정도로 규모가 큰 편이다. 분화구 모양이 달처럼 생겼다고 하여 '월랑봉'이라 불리기도 한다. 분화구를 따라 걷는 굼부리(분화구를 뜻하는 제주 방언) 둘레는 1.5km로 오름을 오르는 시간과 둘레를 도는 시간까지 합치면 1시간 30분 이상 잡아야 한다. 높은 오름이 자신 없다면 바로 옆 아끈다랑쉬오름을 올라보자.

지도 P.239-C2 **주소** 제주시 구좌읍 세화리 2705(주차장)

비자림

500~800년생 비자나무들이 자생하는 비자나무숲. 2,800여 그루의 비자나무가 밀집해 있는 비자림은 단일 수종 숲으로는 세계 최대 규모를 자랑한다. 사방으로 뻗은 비자나무 가지들이 하늘을 가리면서 시원한 그늘을 드리워 주는 덕분에 무더운 여름에도 산책을 즐길 수 있다. 숲의 입구에 들어서면 기분 좋은 비자나무 향이 나는데, 신체의 피로회복과 스트레스 해소에 좋다고 알려져 있다. 유모차나 휠체어도 편하게 다닐 수 있도록 숲길을 갖춰 놓았다. 숲 전체를 돌아보는 데 50분 정도면 충분하다. 비자나무 외에도 다양한 식물들이 자생하고 있어 아이들과 함께 자연을 탐방하는 재미가 있는 곳. 피톤치드를 한껏 머문 숲의 기운을 만끽하며 산림욕을 즐겨보자.

비자나무 열매는 천연 구충제 역할을 하기도 한다.

지도 P.239-C2 주소 제주시 구좌읍 비자숲길 55 전화 064-710-7912 운영 09:00~17:00 요금 성인 3,000원, 어린이 1,500원

메이즈랜드

제주에 미로 찾기 붐을 일으켰던 김녕미로공원보다 훨씬 규모가 큰 미로공원. 제주의 상징 돌, 바람, 여자 세 가지 주제의 대형 미로와 미로/퍼즐 박물관이 있어 아이가 있는 가족을 위한 여행지로 좋다. 애기동백나무로 만들어 늦겨울부터 봄까지 꽃 속을 거닐게 만들었고, 10만 개가 넘는 현무암으로 쌓아 올리고 화산송이를 깔아 제주가 아니면 볼 수 없는 특별한 미로를 만들었다. 지도 없이 무턱대고 걷다가는 다음 일정이 꼬일 수도 있다.

지도 P.239-C2 주소 제주시 구좌읍 비자림로 2134-47 전화 064-784-3838 운영 09:00~18:00(계절에 따라 변동) 요금 성인 11,000원, 어린이 8,000원

카카오패밀리

세계 10대 슈퍼 푸드인 카카오에 일반적으로 들어가는 유화제나 인공색소 등을 전혀 사용하지 않고, 오로지 사탕수수에서 만들어진 비정제 원당만을 사용해 다양한 카카오 제품을 만든다. 최상급 과테말라 카카오를 직수입하여 직접 로스팅하고 전통 방식으로 갈아서 만드는 초콜릿을 판매한다. 첨가물이 전혀 들어가지 않은 카카오닙스에서부터 생초콜릿과 카카오 라테까지 다양한 상품이 준비되어 있다. 제주 감귤과 백련초가 들어간 카카오닙스는 기념품으로도 인기다.

지도 P.239-D1 **주소** 제주시 구좌읍 구좌로60 **전화** 064-782-1238 **영업** 11:00~19:00(일요일 휴무) **예산** 제주 생초콜릿 11,000원

제주레일바이크

용눈이오름을 지척에 두고 제주 동부 중산간을 한껏 눈에 담을 수 있는 곳에 자리 잡은 레일바이크. 오르막길이 많으면 다리의 힘이 많이 들어가 자칫하면 엄청난 노동(?)이 될 수 있는데, 제주레일바이크는 완만한 경사로 설계되어 있어 힘들게 페달을 굴리지 않고 여유롭게 풍경을 즐길 수 있다. 한가롭게 풀을 뜯는 제주 한우, 오리가 노니는 호수 등 군데군데 시선을 강탈하는 포인트가 많다. 아이들이 좋아할 만한 동물 먹이 주기 체험도 가능하다.

지도 P.239-C2 **주소** 제주시 구좌읍 용눈이오름로 641 **전화** 064-783-0033 **운영** 09:00~17:30 **요금** 2인승 30,000원

제주시 동부 맛집

곰막

#동복리의 옛이름 #해산물 향토요리전문 #수족관 구경은 덤

함덕에서 김녕으로 넘어가는 곳에 있는 '동복리'라는 작은 마을을 옛날에는 '곰막', '곳막'으로 불렀다. 옛 마을 이름을 딴 음식점답게 회국수와 물회 등 해산물 향토요리가 주 메뉴다. 우럭 한 마리를 통으로 넣은 활우럭탕의 맛이 상당한데 적당히 맵고 살은 쫄깃하다. 무와 파가 넉넉하게 들어가서 해장국으로도 손색이 없을 정도로 시원한 국물 맛을 자랑한다.

지도 P.238-B1 주소 제주시 구좌읍 구좌해안로 64 전화 064-727-5111 영업 09:00~21:00, 화요일 휴무 예산 활우럭탕 15,000원, 활한치회국수 15,000원

식당 옆에 있는 대형수족관. 아이들의 볼거리로 좋다.

낭뜰에쉼팡

#제주식 한정식 #흑돼지제육볶음이 맛집

제주도민들의 단골집에 가면 돼지고기와 생선구이가 같이 나오는 '정식'이라는 메뉴를 심심찮게 볼 수 있는데, 이 '정식' 메뉴를 고급화한 제주식 한정식을 맛볼 수 있는 집이다. 정갈하게 나오는 한 상 차림이 1인 1만 3,000원. 정식 치고는 가격이 제법 높지만 넉넉한 흑돼지제육볶음에 10가지가 넘는 반찬을 보면 이해가 가는 수준이다. 정식 외에 다른 메뉴도 가격 대비 나쁘지 않다.

지도 P.238-A2 주소 제주시 조천읍 남조로 2343 전화 064-784-9292 영업 09:00~20:30 예산 낭뜰정식 14,000원, 쌈채 7,000원

달그락식탁
#인생 치즈돈가스 #치즈를 아끼지 않고 듬뿍

함덕 맛집으로 인기가 날로 더해지는 곳. 제주 최고의 치즈돈가스라 말해도 아깝지 않다. 돈가스 안에 치즈가 들어간 것이 아니라 치즈를 얇은 고기로 감쌌다는 표현이 정확하다. 젓가락으로 치즈를 콕 집어 들어 올리면 끝도 없이 늘어난다. 돈가스를 다 먹을 때까지도 치즈가 굳어지지 않는다. 다른 메뉴들도 전체적으로 깔끔하고 맛있다.

지도 P.238-A1 **주소** 제주시 조천읍 신흥로 2 **전화** 064-784-3707 **영업** 11:00~19:00(브레이크타임 15:00~17:00), 수요일 휴무 **예산** 치즈돈가스 12,000원, 딱새우파스타 12,000원

동카름
#스트레스가 해소되는 #매콤한 낙지볶음 #바다 전망은 덤

신촌 포구와 맞닿아 있는 제주식 구옥을 멋지게 개조했다. 메뉴는 낙지볶음 단 하나. 스트레스도 잊게 하는 알싸한 매운맛이 매력적이다. 창문 밖으로 펼쳐지는 시원한 제주 바다를 벗삼아 매운 낙지를 먹으며 땀을 한 바가지 흘려주고 나면 '잘 먹었네~' 하는 소리가 절로 난다. 맵기 조절은 가능하지만 아이들이 먹기에는 다소 부담스럽다. '동카름'은 제주 방언으로 동쪽 마을이라는 뜻이다.

지도 P.238-A1 **주소** 제주시 조천읍 신촌9길 40-3 **전화** 064-784-6939 **영업** 11:00~20:30(브레이크타임 15:00~17:00), 월요일 휴무 **예산** 낙지볶음 2인 19,000원

램앤블랙

#양갈비 전문 #시원한 얼큰탕은 필수

양고기 중에서도 갈비 부분만 전문으로 하는 집.
호주산 생후 1년 미만의 어린 양을 사용해서 양고
기 특유의 잡내가 없다. 숯이 들어간 화로에서 직
원이 최적의 상태로 구운 고기를 테이블의 미니 화
로에 올려 온기를 유지해준다. 한우와 구분하기 힘
들 정도로 부드럽고 육즙이 풍부하다. '양 얼큰탕'
도 추천 메뉴. 소고기 고추장찌개와 비슷한데 더
진하고 얼큰하다.

지도 P.238-A2 **주소** 제주시 조천읍 교래1길 45 **전화** 064-
782-7575 **영업** 11:30~22:00(브레이크타임 15:00~17:00),
비정기적 휴무 **예산**
프리미엄 양갈비
28,000원

만월당

#전복죽이 질렸다면 #전복리소토 #월정리 핫플레이스

월정리에서 리소토 맛집으로 이름을 날리고 있는
곳. 흔한 전복죽에 질렸다면 이 집 전복리소토가
제격이다. 게우(전복 내장)와 크리미한 리소토의
맛이 잘 어울린다. 느끼한 음식을 싫어한다면 해산
물 파스타도 추천 메뉴. 매콤한 토마토소스가 짬뽕
느낌도 나면서 계속 손이 가는 맛이다. 두툼한 고
기 사이에 치즈와 파인애플이 들어가 고소함을 더
해주는 함박스테이크도 추천한다.

지도 P.239-C1 **주소** 제주
시 구좌읍 월정1길 56 **전
화** 064-784-5911 **영업**
11:00~20:00(브레이크
타임 15:00~17:00) **예
산** 전복리소토 18,500
원, 딱새우 로제파스타
18,500원

민경이네어등포해녀촌

#우럭 한 마리를 통째로 튀김 #물회국수와 찰떡

통째로 튀긴 우럭 위에 양념이 올려져 나오는 우럭정식맛집
이다. 바싹 튀긴 우럭은 머리부터 꼬리까지 등뼈를 제외하고
는 모두 먹을 수 있다. 과자 같은 바삭한 식감에 매콤 짭조름한
양념이 잘 어울린다. 우럭은 먹기 좋게 손질해 준다. 튀긴 우럭에
는 한치와 전복 그리고 문어까지 들어간 민경이네 물회국수가 찰떡궁
합이다. 튀긴 음식의 느끼함을 물회가 깔끔하게 씻어준다.

지도 P.239-C1 주소 제주시 구좌읍 해맞이해안로 830 전화 064-782-7500 영업 09:00~19:00, 목요일 휴무
예산 우럭정식(2인) 32,000원, 민경이네 물회국수 15,000원

무거버거

#수제버거 #함덕바다 바로 앞
#마늘버거 강추

함덕해수욕장 근처 인기
수제버거 맛집. 장기간 공사
를 통해 건물을 새로 올리고
최근 다시 문을 열었다. 3면의 건
물에서 모두 함덕바다를 볼 수 있도록 전
좌석이 창문을 보고 앉도록 했다. 대표 메뉴는
마늘, 당근, 시금치버거. 당근버거는 당근색의 빵
사이에 튀긴 당근과 당근소스로, 마늘버거는 편
마늘과 볶은 양파에 마늘소스로 맛을 냈다. 당근
과 시금치버거가 사진발(?)은 잘 받지만 맛은 마
늘버거가 최고다.

지도 P.238-A1 주소 제주시 조천읍 조함해안로 356 영
업 10:00~20:00 예산 마늘버거/당근버거/시금치버거 각
9,500원

백리향

#가성비 끝판왕 #백반정식 #혼밥 가능

'백리향'은 꽃 향기가 백 리까지 퍼져나간다고 해서 붙여진 이름이다. 꽃의 이름처럼 조천읍에서 다른 지역까지 맛집으로 소문이 났다. 주 메뉴는 가성비 끝판왕인 백반정식. 1인 7,000원이라는 매력적인 가격에 국과 반찬은 기본, 고등어구이와 제육볶음까지 나온다. 백반정식도 좋지만 약간의 사치(?)를 부려 갈치구이를 추가 주문해보자. 1인 1마리의 갈치가 나오는데 크기는 조금 작지만 1인분에 한 마리가 통으로 나오는 음식점은 제주에서도 드물다. 모든 메뉴가 1인 주문도 가능하니 혼자 가도 환영이고 여럿이 가면 골고루 섞어 시킬 수 있어 좋다.

지도 P.238-A1 **주소** 제주시 조천읍 신북로 244 **전화** 064-784-9600 **영업** 09:00~16:00, 일요일 휴무 **예산** 백반정식 8,000원, 갈치구이 15,000원

비지곶식당

#현지인 추천 #제주에 얼마 없는 #뼈다귀 해장국집

제주에 뼈다귀 해장국집이 별로 없기도 하지만 이 집보다 맛있는 집을 아직 찾지 못했다. 구좌읍 해장국 맛집으로 소문난 이 집은 이른 아침부터 사람들로 북적인다. 우거지와 뼈다귀가 넉넉하게 들어가고 살도 제법 많이 붙어 있다. 국물은 보통의 뼈다귀 해장국과 달리 고추장찌개 맛에 더 가깝다. 보기보다 맵지 않아서 아이들도 곧잘 먹는 편.

지도 P.239-C1 **주소** 제주시 구좌읍 일주동로 3002 **전화** 064-784-7080 **영업** 06:00~16:00, 일요일 휴무 **예산** 뼈다귀 해장국 8,000원

롤타이드

#친구와 술 한 잔 #아보카도 베지 타코

번잡스러운 도심을 떠나 한적한 제주에 여행 왔더라도, 여행 메이트와 밤 늦도록 술잔을 기울일 곳은 필요한 법. 저녁부터 시작하는 롤타이드는 거기에 딱 알맞은 식당이다. 제주 최고 인기 해변 바로 앞에 자리 잡은 덕에 넘실거리는 은은한 파도소리가 분위기를 한껏 달궈준다. 미국식 타코와 버펄로윙 전문점으로 맥주와 곁들여 함덕해변의 밤을 책임져준다. 그릴에 구운 파인애플과 아보카도로 만든 과카몰리가 듬뿍 들어간 '아보카도 베지 타코'가 의외의 인기 메뉴.

지도 P.238-A1 **주소** 제주시 조천읍 조함해안로 490 **전화** 064-784-4499 **영업** 17:00~24:00, 2주차·4주차 수요일 휴무 **예산** 제주 포크 타코 11,000원부터

산도롱맨도롱

#이제는 갈비국수가 대세 #홍갈비국수는 진리

성산읍에서 꽤 유명했던 산도롱맨도롱이 얼마 전 구좌읍 종달항 근처로 자리를 옮겼다. 돔베고기와 국수를 전문으로 하지만, 이 집은 갈비국수가 인기다. 쌀국수와 고기국수의 장점만 모아서 만든 느낌인데, 베트남 고추로 맛을 낸 동남아풍 매콤한 쌀국수 국물과 중면이 썩 잘 어울리고 숙주가 식감을 한껏 살려준다. 그 위로 불향이 가득한 커다란 갈비 한 덩어리가 올라간다. '산도롱'은 제주 방언으로 시원하다는 뜻이고 '맨도롱은 따뜻하다는 뜻이다.

지도 P.239-D1 **주소** 제주시 구좌읍 해맞이해안로 2284 **전화** 064-782-5105 **영업** 07:30~17:00, 화요일 휴무 **예산** 홍갈비국수 14,000원

상춘재

#청와대요리사가 만든 #비빔밥 #특제 소스가 매력

원래 '상춘재'는 청와대에 있는 전통 한옥 건물로 외빈을 맞이하는 곳
이다. 청와대에서 오랜 기간 요리사로 있었던 주인장이 제주로 내려
와 국빈처럼 손님을 맞겠다며 상춘재(常春齋; 항상 봄 같은 마음으
로)라는 이름으로 식당을 열었다. 제주 시내 아라동에 있었다가 사람
들이 너무 많이 찾는 바람에 지금의 한적한 곳

으로 이사했다. 비빔밥이 주력 메뉴로 통
영 멍게, 제주산 문어가 올라간다. 고
추장이 아닌 특제 소스를 사용해 맵
지 않고 깊은 맛을 낸다.

지도 P.238-B2 **주소** 제주시 조천읍
선진길 26 **전화** 064-725-1557 **영업**
10:00~16:00, 월요일 휴무 **예산** 멍게비빔밥
13,000원, 꼬막비빔밥 13,000원

슬슬슬로우

#백종원도 엄지척 #돔베초밥 들어봤?

제주에서 흔하게 만날 수 있는 돔베고기이지만 여
기서는 더욱 특별하게 '돔베밥'으로 만날 수 있
다. 초밥에 돔베고기 한 점이 올라가고 그 위에 매
콤한 고추장 소스와 마늘이 어우러진다. 삼겹살 부
분을 사용해서 퍽퍽하지 않고 일일이 불맛을 입혀
서 나온다. 시그니처 메뉴인 돔베라면은 맵기가 아
주 적당하고 국물은 진하다. 매운 라면이 먹고 싶
다면 마라탕과 비슷한 중국식 돔베라면을 추천하
고 모자반이 듬뿍 들어가 제주 몸국을 생각나게
만드는 제주식 돔베라면도 추천한다.

지도 P.239-C1 **주소** 제주시 구좌읍 덕행로 207 **전화** 010-
9261-9284 **영업** 11:30~19:00, ※비정기적 휴무로 인스타그
램(@slslslow) 공지 **예산** 돔베라면 11,000원

선흘곶

#쌈밥정식 #제주산 재료만 사용하는 #로컬맛집

동백이 아름다운 선흘리 동백동산 입구에 있는 쌈밥 전문점. 이름도 숲을 뜻하는 제주 방언 '곶'을 따서 지었다. 메뉴는 쌈밥정식 단 하나. 제주 한정식의 기본인 고등어구이와 돔베고기가 함께 나온다. 계절마다 달라지는 각종 쌈채에 돔베고기와 갈치속젓을 싸 먹으면 제주의 향이 고스란히 배어 나온다. 도민들 사이에서 인기가 높아 평일 점심시간에도 자리 잡기가 쉽지 않다.

지도 P.238-B1) **주소** 제주시 조천읍 동백로 102 **전화** 064-783-5753 **영업** 10:30~20:00, 화요일 휴무 **예산** 쌈밥정식 17,000원

숨어 있는집

#닭똥집튀김 #느끼함은 소스로 잡는다 #칼국수도 별미

이름처럼 골목에 숨어 있던, 아는 사람만 찾는 맛집인데 최근 확장 이전했다. 치킨집이지만 메인보다 똥집튀김과 시원한 해물칼국수가 더 인기인 곳. 제주에서 직접 손질한 닭을 사용해서 육질이 부드럽고, 얇고 바삭한 튀김옷이 일품이다. 덕분에 닭이 식어도 퍼퍼하지 않아 좋다. 함께 나오는 세 가지 소스가 이 집의 명물이다. 매콤한 간장소스와 새콤한 맛의 하얀 소스가 느끼함을 잡아준다.

지도 P.238-A1) **주소** 제주시 조천읍 함덕30길 14-5 **전화** 064-782-1579 **영업** 18:00~24:00, 수요일 휴무 **예산** 바삭닭 20,000원, 바삭똥집 13,000원, 해물칼국수 9,000원

옥란면옥

#보기 드문 황해도냉면 맛집 #시원하면서도 깊은 맛이 일품

냉면 하면 함흥냉면과 평양냉면을 떠올리기 쉬운데, 우리나라 백령도에는 황해도식 냉
면도 있다. 백령도 황해도식 냉면은 사골로 육수를 내고 면은 메밀로 만들고,
먹을 때 까나리 액젓을 살짝 넣어 감칠맛을 살리는 것이 특징이다. 옥란면
옥은 제주도 메밀을 사용해 황해도식 메밀 냉면을 만든다. 과일을 갈아
만든 양념장과 사골 육수 그리고 제주 무로 담근 동치미가 더해져 시원
하면서도 깊은 맛이 난다.

지도 P.238-A1 **주소** 제주시 조천읍 신북로 163 **전화** 064-783-1505 **영업**
10:30~16:00, 일요일 휴무 **예산** 물냉면 10,000원, 녹두빈대떡 9,000원

으뜸미

#우럭튀김정식 #노키즈존

제주 전역에서 잡히는 붉은색의 생선인 쏨뱅이를
도민들은 '우럭'이라고 부른다. 으뜸미는 양식이 없
고 고급 어종인 쏨뱅이를 통으로 튀겨 위에 매콤
달콤한 양념장을 올려 나오는 우럭 튀김 맛집이다.
먹기 좋게 손질해주는 우럭 튀김은 지느러미까지
씹어 먹을 수 있을 정도로 바싹 튀겨 나온다. 매콤
하면서도 고소한 맛에 밥도둑이 따로 없다. 아이가
중학생 이상인 경우에만 함께 들어갈 수 있는 노
키즈 존으로 운영된다.

지도 P.239-C2 **주소** 제주시 구좌읍
중산간동로 2287 **전화**
064-784-4820 **영업**
09:30~15:00, 목요일
휴무 **예산** 우럭정식
13,000원(2인 이상)

타코마씸

#타코에 맥주 #월정바다가 코앞에

월정리 바다를 마주하고 있는 멕시코 음식 타코 전
문점. 시원한 바다를 보며 타코에 맥주 한 잔을 기
울이기에 좋다. 실내가 좁아서 동시에 3팀 이상 앉
지 못하는 것과 음식이 조금 늦게 나오는 것이 다
소 아쉽다. 무척이나 친절하신 사장님 혼자 열일
하시느라 그렇겠지만, 그만큼 미리 만들어 놓지 않
고 바로 조리해서 나온다는 의미다. 날씨가 좋으면
테이크아웃해서 바닷가에서 즐겨도 좋겠다. '~마
씸'은 존대의 의미의 제주 방언으로 '~요', '~입니다'
라는 뜻이다.

지도 P.239-C1 **주소** 제주시 구좌읍 해맞이해안로 474 **전화**
064-782-0726 **영업** 11:00~20:00(브레이크
타임 16:30~17:30), 비정기
적 휴무. 인스타그램
(@tacomassim)
참고 **예산** 흑돼지
타코 9,000원

톰톰카레

#신선한 구좌 채소로 만든 #채식카레맛집

2013년 소소하게 시작하여 몇 번씩 자리를 이전하
면서도 인기를 놓치지 않고 지금의 돌담집에 안착
했다. 구좌 지역의 채소로 만든 일본식 카레와 토
마토소스에 생크림이 들어간 인도식 카레, 그 둘을
반반 모아놓은 반반카레가 주 메뉴다. 둘 다 순하
고 부드러운 맛이 특징. 구운 치즈 톳 카레도 별미.
톳이 들어간 카레에 생치즈를 올려 오븐에 구운
리소토 스타일이다. 어린이 카레가 별도 메뉴로 있
어서 아이들과 함께 가도 좋다.

지도 P.239-C1 **주소** 제주시 구좌읍 해맞
이해안로 1112 **전화** 070-7799-1535
영업 11:30~20:00(브레이크타임
15:00~17:00), 월요일 휴무 **예산** 구좌 야
채 카레 10,000원, 어린이 카레 5,000원

타무라

#제주에서 태국 여행 #세계 3대 수프 #팟타이 맛집

제주 돌로 꾸며진 건물 외관과 달리 내부는 독특하고 이국적인 인테리어에 눈이 간다. 타무라는 조천읍 대흘리에서 태국 음식 맛집으로 소문난 곳이다. 기본 메뉴인 쌀국수와 더불어, 아삭한 숙주나물이 듬뿍 들어간 팟타이가 대표 메뉴. 피시 소스의 짭짤한 맛과 새콤 달달한 팟타이 소스가 맛깔스럽게 어우러지면 금방이라도 태국으로 데려가는 느낌이다. 세계 3대 수프로 손꼽히는 똠얌꿍도 인기 메뉴. 전체적으로 가격대가 높은 편이다.

지도 P.238-A1 **주소** 제주시 조천읍 중산간동로 670 **전화** 064-783-9460 **영업** 11:00~22:00(브레이크타임 15:00~17:00), 목요일 휴무 **예산** 팟타이 13,000원, 쌀국수 10,000원

평대앓이

#분위기 깡패 #SNS맛집 #웰컴키즈존

SNS 인기 음식점답게 고풍스러운 실내 인테리어가 인상적인 곳. 좁은 식당 곳곳에 포토존을 마련해 놓았다. 수비드 조리법으로 조리한 흑돼지스테이크와 앓이덮밥이 먹을 만하다. 스테이크는 부드러운 식감이고 앓이덮밥은 아보카도와 명란의 조화가 고소하면서도 깊은 맛을 선사한다. 1인 식당으로 사장님이 혼자 조리와 서빙, 계산까지 하느라 무척 바쁘다. 5인 이상은 받지 않고 최대 4팀 정도밖에 들어가지 못해서 대기가 좀 긴 편이다.

지도 P.239-C1 **주소** 제주시 구좌읍 비자림로 2718-3 **전화** 064-783-2470 **영업** 11:30~20:00(브레이크타임 15:00~17:00), 화·수요일 휴무 **예산** 수비드 제주흑돼지 스테이크 18,000원, 앓이덮밥 16,000원

회춘

#작명센스 #한정식맛집 #날씨 좋은 날엔 야외 테이블

오랜 시간 빈집으로 남아 있던 돌담집을 살려 멋진 공간으로 재탄생해서 붙여진 이름이다. 작은 병원 이었던 곳을 개조했는데 아직도 주방 옆에는 당시에 사용하던 오래된 약병이 남아 있다. 회춘의 뜻 에는 중한 병이 낫고 다시 건강해진다는 뜻도 있 다. 구옥에 숨을 불어 넣어서 '회춘', 병든 사람을 낫게 해주는 공간이었기에 '회춘'. 이렇게 보나 저 렇게 보나 멋들어진 이름이다. 1인 1만 2,000원의 한정식을 시키면 삼삼한 고등어 김치찜과 돔베고 기, 한 상 가득 정갈한 반찬들이 나온다. 도로와 맞 닿은 입구와 달리 건물 뒤에는 야외 테이블이 있 다. 함덕해수욕장을 바라보며 야외에서 식사도 가 능하다. 식사 후에 주는 메밀차도 놓치지 말자.

지도 P.238-A1 **주소** 제주시 조천읍 신북로 489 **전화** 064-782-0853 **영업** 11:00~21:00(브레이크타임 15:00~17:00), 수 요일 휴무 **예산** 회춘정식 14,000원

호자

#바삭한 튀김옷 #돈까스 맛집 #직접 구운 치아바타

일본식 돈가스와 치아바타로 만든 샌드위치로 인 기몰이 중인 곳. 경기도 하남시에서 20년 넘게 운 영을 하다가 제주도로 이전했다. 동그란 쟁반에 다 소곳이 플레이팅 되어 나오는 모습에서부터 마구 SNS에 올리고 싶은 욕구가 생겨난다. 바삭한 튀김 옷에서부터 깊은 내공이 느껴지며 비싼 물가의 제 주치고 가격도 부담이 없어 한 번 더 놀라게 된다. 부드럽게 씹히는 식감이 매력적인 치아바타는 매 장에서 직접 만든다.

지도 P.239-D1 **주소** 제주시 구좌읍 세화8길 7 **전화** 064-784-0412 **영업** 11:00~19:00, 월요일 휴무 **예산** 등심돈가스 7,500원, 샌드위치 7,000원

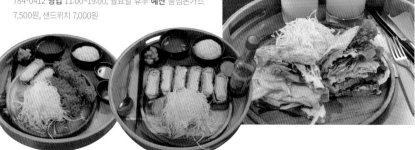

제주시 동부 카페

걸어가는늑대들 전이수갤러리

#그림도 감상하고 # 기부도 하는

TV 프로그램 '영재발굴단'을 통해 세상에 알려진 전이수 작가의 갤러리 겸 카페. 깊이 세상을 바라보고, 주변에 귀 기울일 줄 아는 섬세한 작가가 전이수갤러리를 통해 세상과 계속 소통하고 있다. 성인 9,000원의 입장료를 내면 작가의 갤러리를 볼 수 있고, 되돌려주는 5,000원권의 쿠폰으로 기념품 구매나 카페를 이용할 수 있다. 나머지 4,000원은 미혼모센터와 국경 없는 의사회 등에 기부된다. 작가의 그림을 감상하면서 동시에 기부에도 동참할 수 있어 일반적인 다른 카페와는 다른 감동과 위로를 받을 수 있을 것이다. 한 달에 한두 번 전이수 작가가 직접 작품을 설명하는 특별 도슨트는 일찍 마감되는 편이니 예약을 서두르도록 하자.

지도 P.238-A1 **주소** 제주시 조천읍 조함해안로 556 **전화** 010-2592-9482 **운영** 10:30~19:30(전시관람 ~18:00) **예산** 위로커피 6,500원

그초록

#아보카도와 커피의 조합 #상상그이상의 맛

매장 여기저기에 있는 다양한 식물을 보며 카페의 이름이 녹색과 관계있나 보다 싶겠지만, '그처럼'이라는 제주 방언을 따서 지었다고 한다. 원의미가 어떻든 이 카페는 녹색과 관계가 깊다. 아보카도를 이용한 '초록커피'가 시그니처 메뉴. 아보카도와 커피라니? 상상만으로 감히 맛을 유추하기 힘든 조합이다. 맛은 마치 아포카토(아이스크림에 에스프레소를 넣은 커피)와 비슷한데 더 건강한 맛이라고 이야기하면 조금 이해가 될지 모르겠다.

지도 P.239-C1 **주소** 제주시 구좌읍 행원로7길 23-16 **전화** 010-7777-4244 **영업** 10:00~19:00, 목요일 휴무 **예산** 초록커피 7,500원, 아보카도 샌드위치 12,000원

올드북촌

#색다른 분위기를 원한다면 #북카페 #분위기 끝판왕

바다, 돌담, 감귤… 비슷한 분위기는 질렸고 색다른 감성이 필요하다
면 올드북촌이 답이다. 제주에 흔하지 않은 북카페로 매달 새로운 책
들이 들어오고 책과 함께 힐링할 수 있는 차분한 분위기다. 계절
마다 메뉴가 달라지긴 하지만 직접 만드는 딸기우유와 귤주스
가 추천 메뉴. 유기농 설탕과 신선한 딸기로 청을 만들어 우
유에 섞은 딸기우유는 한 번 빠지면 계속 생각난다. 주인장
과 가족이 함께 지은 숙소 '북촌플레이스'와 함께 운영된다.

지도 P.238-A1 **주소** 제주시 조천읍 일주동로 1437 **전화** 010-6835-1782
영업 13:00~21:00(평일 ~20:00), 월요일 휴무

이에르바

#쑥전파는 카페 #여름에 딴 귤로 만든 에이드

돌담 창고를 심플하면서도 감각적으로 개조한 카페. 베이커리를 자랑하는
다른 카페들과 달리 여기는 '엄마봄쑥전'이 메인 메뉴다. '카페에 웬 쑥전?'
할 텐데, 쑥 가루로 만든 일종의 팬케이크라 보면 된다. 제주 벌꿀을 가득 뿌
린 쑥전이 달달하면서도 속이 편안해진다. 여기에 제철 과일이 더해져 나온
다. '하귤에이드' 한 잔을 곁들이면 부러울 것이 없다. 여름에 딴다고 해서 '하
귤'이라고 불리는 귤로 담근 에이드로 진하면서도 상큼한 맛이 특징이다.

지도 P.238-A1 **주소** 제주시 조천읍 신촌남1길 33-8 **전화** 010-5682-7741 **영업**
11:00~18:00, 금·토요일 휴무 **예산** 엄마봄쑥전 13,000원

카페 말로

#예스키즈존 #반려견 동반 가능 #말 먹이 주기 체험

'말로 통했고 말이 통했다.' 카페 입구에 쓰인 말이다. 말을 좋아하는 카페 주인 부부의
이야기다. 그래서 이름도 '말로'로 지었다. 카페 곳곳에는 말과 관련된 인테리어가 넘쳐나고, 드넓
은 방목지에는 8마리의 조랑말들이 사람들의 손길을 기다린다. 물론 맨손으로 가면 서운해하니 카페에서
2,000원짜리 당근컵을 사가야 한다. 화이트 초코에 피스타치오가 들어간 '말로나라테'와 화이트 초코에
제주말차가 들어간 '그린한라테'가 인기 메뉴.

지도 P.238-A2 **주소** 제주시 조천읍 남조로 1785-12 **전화** 010-6691-5197 **영업** 11:00~18:00, 수요일 휴무 **예산** 말로나라테
6,500원, 당근먹이 2,000원

자드부팡

#유럽풍 #세잔의 저택 이름 #SNS 폭풍업뎃

내비게이션의 안내를 따라 선흘 곶자왈 숲속으로
깊이 들어가다 보면, 카페가 있을 것 같지 않은 감
귤밭 한가운데 유럽풍의 멋진 건물이 짠~하고 나
타난다. 프랑스의 지역 이름이기도 한 '자드부팡'은
프랑스 화가 '폴 세잔'이 40년간 살았던 서택의 명
칭이기도 하다. 그런 느낌을 담으려 했는지 카페에
머무는 동안 프랑스 시골 마을에 잠시 와 있는 듯
한 색다른 분위기를 선물한다. 'SNS 폭풍업뎃'하
느라 시간 가는 줄 모르게 되기도. 이탈리아 전통
크림빵 '마리토쪼'가 시그니처 메뉴.

지도 P.238-B1 **주소** 제주시 조천읍 북흘로 385-216 **전화**
070-7715-0202 **영업** 11:00~17:00, 매주 토·일
휴무 **예산** 마리토쪼 6,000원 아메
리카노 5,500원

보라지붕

#당근케이크 맛집 #SNS 업로드각
#함덕 추천 카페

오랫동안 버려져 볼품없던 구옥도 '금손 주인'을 만나면 모두가 부러워하는 멋진 공간으로 다시 태어난다. 돌담집을 리모델링하면서 신안 퍼플섬처럼 지붕을 모두 보라색으로 칠했다. 그래서 카페 이름도 '보라지붕'이라고 붙였다. 돌담의 검은색과 보라색이 의외의 조화로움을 보여준다. 카페 안에도 예전 구옥의 편안함을 그대로 살려 차분하면서도 아늑하고, 외부는 트렌드를 따라 캠핑장 느낌을 살려 놓았다.

지도 P.238-A1 **주소** 제주시 조천읍 함덕19길 6 **전화** 064-782-6827 **영업** 10:00~22:00(일요일 15:00~), 첫째 주 일요일 휴무 **예산** 당근케이크 6,000원

카페 선흘

#브런치카페 #직접 구운 치아바타 #빵닭에 맥주

브런치 맛집으로 인기가 날로 높아지고 있다. 전문 베이커리 카페는 아닌데 직접 구운 카페에서 치아바타가 맛이 좋다. 여기에 치즈 퐁뒤가 더해진 브런치 세트는 이 집 만의 인기 메뉴다. 저녁에는 '빵닭'이라는 메뉴를 추천한다. 묵직한 팬에 닭고기를 넣고 위에 빵을 덮어 오븐에 구워낸 요리다. 이탈리아식 씬피자 도우 같기도 하고 인도 요리에 빠지지 않는 '난' 같기도 한 빵을 뜯어 닭고기를 싸서 퐁뒤에 찍어 먹는다. 1시간 전에 미리 전화 예약을 해야만 먹을 수 있다.

지도 P.238-B2 **주소** 제주시 조천읍 선교로 198 **전화** 010-4134-0275 **영업** 10:00~20:00, 수요일 휴무 **예산** 선흘 브런치 14,000원, 빵닭 32,000원

시원한 맥주가
절로 생각나는 맛이다.

제주의 색을
오롯이 담은

서귀포시 동부

제주를 대표하는 여행지 성산일출봉부터 광치기해변을 따라
섭지코지로 이어지는 핵심 라인은 화산의 산물 오름과 바다 그리고
해안 절경을 모두 여행할 수 있다. 덕분에 표선면과 남원읍이
그늘에 가려지기도 하지만 거기도 깊이 들여다보면 숨겨진 맛집과
볼거리가 구석구석 여행자를 맞이해준다. 신흥
관광지 머체왓숲길, 가족여행지 유진팡 등 숨어
있는 나만의 보물 찾기를 하러 떠나보자.

서귀포시 동부 베스트 여행지

BEST 1

성산일출봉 P.157, P.272

#오름의 왕 #일출 명소
#제주도 대표 여행지

BEST 2

광치기해변 P.65, P.273

#용암해변 #성산일출봉을 배경으로
#인기 포토 스폿

BEST 3

섭지코지 P.274

#명품 해안선이 펼쳐지는 곳
#선녀바위의 전설

BEST 4

표선해수욕장 P.278

#제주에서 가장 큰 모래사장
#캠핑과 물놀이를 한 번에

BEST 5

머체왓숲길 P.154, P.282

#알려지지 않은 #신상 숲길
#때묻지 않은 자연 그대로

BEST 6

빛의 벙커 P.276

#몰입형 미디어아트
#벙커 안에 펼쳐진 빛의 향연

서귀포시 동부 추천 코스

※ 당일 여행 코스 기준입니다.

COURSE 1 **친구 또는 연인**과 함께라면

 자동차 20~25분 자동차 25~30분 3 자동차 20~25분 4 자동차 20분 5

알로에 숲 휴N탐
P.280

따라비오름
P.145

유민미술관
P.275

제주허브동산
P.280

머체왓숲길
P.154, P.282

COURSE 2 **아이**와 함께라면

표선해수욕장
P.278

제주해양동물박물관
P.71

유진팡
P.278

1 자동차 15분 2 자동차 30분 3 자동차 20~25분 4 자동차 30분 5

아쿠아플라넷
제주
P.276

사려니숲길
P.60, P.152

COURSE 3 **가족**과 함께라면

빛의 벙커
P.276

혼인지
P.163

1 자동차 10~15분 2 자동차 10~15분 3 자동차 10~15분 4 자동차 15~20분 5

성산일출봉
P.157, P.272

섭지코지
P.274

제주민속촌
P.163

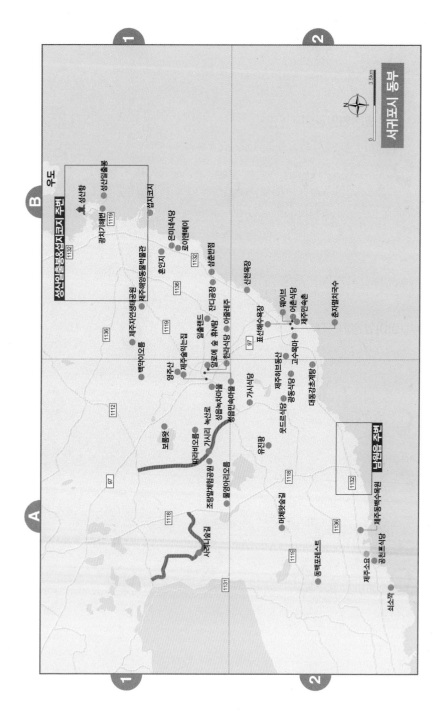

서귀포시 동부

0 3.5km

N

우도

성산일출봉&성지코지 주변

성산일출봉
성산항
성지코지
광치기해변
1119
1132

남원읍 주변

은미식당
포이앤메이
1132
춘인지
삼춘반점
1136
신천목장
제주해양동물박물관
제주자연생태공원
1119
웨이브
이촌식당
제주민속촌
표선해수욕장
이룸랜드
춘자멸치국수
백아이오름
곶자왈 숲 휴Nx함
1136
한라식당 이룸레주
영주산
제주솔오는집
97
보롬왓
제주허브동산
고수목마
광동식당
대동강초계탕
성읍녹차마을
가시식당
1112
따라비오름
가시리 녹산로
성읍민속마을
웃드르식당
유진팡
조랑말체험공원
물영아리오름
1118
1132
마체왓술길
97
사려니술길
1118
1119
제주동백수목원
1136
공천포식당
공천포리스트
동백포레스트
제주소음
소소깍
1131

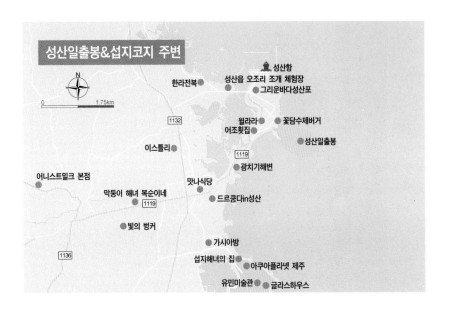

성산일출봉&섭지코지 주변

N
0 1.75km

성산항
한라전복
성산읍 오조리 조개 체험장
그리운바다성산포
1132
윌라라 꽃담수제버거
어조횟집
이스틀리
성산일출봉
어니스트밀크 본점
1119
광치기해변
막둥이 해녀 복순이네 맛나식당
1119
드르쿰다in성산
빛의 벙커
1136
가시아방
섭지해녀의 집
아쿠아플라넷 제주
유민미술관 글라스하우스

태흥2리 어촌계식당

범일분식

N
0 1km

마므레 로빙화

큰엉해안경승지

남원읍 주변

서귀포시 동부 볼거리

성산일출봉

제주를 대표하는 여행지로 우리에게 익숙한 곳이다. 화
산활동으로 생겨난 오름인데, 다른 오름들과는 달리 바
닷속 마그마가 분출하면서 만들어진 오름이다. 육지와
떨어진 섬이었으나 퇴적작용으로 지금처럼 육지와 이
어졌다. 살짝 가파른 계단을 따라 20여 분 정도 올라가
면 높이 180m의 정상에 도착한다. 정상에 오르면 바다
를 배경으로 시원하게 펼쳐진 오름을 마주한다. 사발 무
양처럼 움푹 파인 정상은 그 너비만 해도 8만여 평에 달
한다고 한다. 분화구를 주변으로 99개의 크고 작은 봉
우리가 둘러싸고 있다. 그 모습이 성 같다고 하여 '성산
(城山)'이라는 이름이 붙여졌다고 한다. 성산일출봉을
배경으로 또는 정상에 올라서 보는 일출이 장관이라 해
돋이 명소로도 인기가 높다. 덕분에 이른 아침(7시)부터
문을 연다.

지도 P.271-상단 **주소** 서귀포시 성산읍 성산리 1 **운영** 07:00~20:00,
매월 첫째 주 월요일 휴무 **요금** 성인 5,000원, 어린이 2,500원

광치기해변

성산일출봉과 섭지코지 사이에 자리하는 해변.
일반적인 모래사장으로 된 해변이 아니라 용암
이 굳으며 생겨난 독특한 모양의 지질이 특징이
다. 모래 또한 현무암 재질이라 어두운 색을 띤
다. 용암으로 만들어진 지질과 그 위를 덮고 있
는 푸른 이끼가 어우러져 장관을 연출한다. 독
특한 지형에 뒤로는 성산일출봉이 우뚝 서 있어
대충 찍어도 인생사진이 나오는 포토 스폿이기
도 하다. 이끼가 미끄럽고 바위 지형이라 다칠
수 있으니 걸어다닐 때 주의할 것.

지도 P.271-상단 **주소** 서귀포시 성산읍 고성리 224-1(공영
주차장)

섭지코지

드나드는 길목이 병목처럼 좁다고 해서 '협지' 또는 '섭지'라고 불리던 곳이다. 여기에 지형이 코끝처럼 툭 튀어나와 있다고 해서 '코지'라는 단어가 붙어 '섭지코지'가 되었다. 섭지코지 주차장에서부터 선녀바위까지 이어지는 해안선이 일품이다. 한쪽에서는 파도가 하얀 포말 꽃을 피워내고 다른 한쪽에서는 유채꽃이 노란 물결을 만들어낸다. 여기에 멀리 성산일출봉이 배경이 되어주니 발걸음마다 탄성이 절로 나온다. 해안선을 따라 걷다 보면 새하얀 등대 앞으로 우뚝 솟은 바위가 시선을 끈다. 선녀바위라고도 하고 선돌(서 있는 돌)이라고도 하는 바위다. 용왕의 아들이 선녀를 기다리다 돌이 되었다는 전설이 전해온다.

지도 P.270-B1 **주소** 서귀포시 성산읍 고성리 62-4

유민미술관 & 글라스하우스

세계적인 건축가 안도 다다오가 설계한 유민미술관과 글
라스하우스가 함께 이어져 있다. 위로 솟은 형태가 아닌
땅으로 들어간 형태의 유민미술관은 안도 다다오 특유의
노출 콘크리트와 제주 화산석의 조화로 건물 자체가 예
술작품처럼 보인다. 고 유민 홍진기 선생(1917~1986)이
오랜 기간 수집한 낭시파 유리공예를 전시하고 있다. 오
디오 가이드를 챙기면 미술품에 대한 이해가 더 쉽고 재
밌어진다. 글라스하우스는 유민미술관과는 달리 노출 콘
크리트는 최소화하고 이름에 걸맞게 유리로 제주 바다를
품은 듯한 모습이다. 1층에는 남자들의 로망 Zippo 라이
터 전시관이 있고 2층은 카페 겸 식당으로 운영된다.

지도 P.271-상단 **주소** 서귀포시 성산읍 섭지코지로 107 **전화** 064-
731-7791 **운영** 09:00~18:00, 화요일 휴무 **요금** 성인 12,000원, 오디
오가이드 1,000원

아쿠아플라넷 제주

광치기에서 섭지코지로 이어지는 해안선에 자리 잡은 아시아 최대 규모의 수족관. 500여 종, 3만여 마리의 해양생물이 전시되어 있다. 수족관 전시 외에도 공연장에서 펼치는 오션 뮤지컬과 아이들을 위한 실내 놀이터 등 가족 단위로 즐길거리가 풍부하다. 특히 '제주의 바다'라는 이름을 가진 메인 수조는 단일 수조는 세계 최대 크기를 자랑한다. 파노라마처럼 펼쳐진 대형 수조를 넋 놓고 바라보고 있으면 마치 그 속에 들어가 있는 듯한 착각이 든다. 메인 수조에서 진행되는 해녀 공연과 가오리 먹이 주기도 챙겨 보자. 모두 실내 관람이라 변덕스러운 제주 날씨에 영향을 받지 않아 좋다.

지도 P.271-상단 **주소** 서귀포시 성산읍 섭지코지로 95 **전화** 1833-7001 **운영** 09:30~19:00 **요금** 성인(종합권) 39,000원, 어린이(종합권) 37,300원

빛의 벙커

프랑스에서 시작된 몰입형 미디어아트로 세계에서 세 번째, 프랑스가 아닌 타국에서는 처음으로 제주에서 빛으로 승화된 그림을 마주할 수 있게 되었다. 정부가 해저 광케이블을 관리하던 곳에 900평 규모의 벙커를 짓고 흙을 덮어 위장해놓았다. 이 넓은 벙커의 벽에 수십 대의 빔프로젝트로 유명 작가들의 그림을 쏘고 음악을 더해 몰입하게 만든다. 전시실을 자유롭게 거닐며 관람을 하기도 하고 자리에 털썩 주저앉아 감상해도 된다. 현재 모네, 르누아르, 샤갈의 그림이 전시되고 있으며, 전시 주제는 1년마다 변경된다. 비가 오거나 날씨가 궂은 날 가기에 좋다.

지도 P.271-상단 **주소** 서귀포시 성산읍 고성리 2039-22 **전화** 1522-2653 **홈페이지** www.bunkerdelumieres.com **운영** 10:00~18:00(하절기 ~19:00) **요금** 성인 18,000원, 어린이 10,000원

일출랜드

단체 여행객들의 필수 코스 중 하나. 천연동굴 미천굴을 중심으로 민
속촌, 온실, 현무암 분재정원과 아열대 산책로까지 제주의 특징들을
이용하여 만든 멀티 관광지. 일출랜드의 중심인 미천굴은 1,700m
중 365m 구간을 공개해 놓았다. 만장굴과 비슷하게 대형 동공이 특징
이다. 동굴 안에는 라이트 아트 전시가 되어 있어 자칫 단조로울 수도
있는 동굴 산책을 좀 더 풍성하게 해준다. 일출랜드의 아열대 산책로
는 하늘을 향해 곧게 뻗은 야자수들이 길게 이어져 있다. 어느 계절에
찾아도 유행을 타지 않고 외국에 온 듯한 사진 배경을 제공한다.

지도 P.270-B1 **주소** 서귀포시 성산읍 중산간동로 4150-30 **전화** 064-784-2080 **운
영** 08:30~18:00 **요금** 성인 9,000원, 어린이 5,000원

쇠소깍

제주의 투명 카약 붐을 일으켰던 곳으로, 효돈천과 바다가 만나는 지점에 있다. 한라산 끝자락에서 솟아나
는 용천수와 바다가 섞여 독특한 에메랄드빛 물색을 만들어 낸다. 바다의 영향을 받아 밀물과 썰물에 따라
시시각각 물색이 달라진다. 효돈을 예전에는 쇠돈이라 불렀다. 여기에 연못이라는 뜻의 '소'와 끄트머리라
는 뜻의 제주 방언 '깍'이 더해져 쇠소깍이라는 이름이 되었다. 투명 카약 체험은 관리에 어려움이 있어서
현재는 전통 나룻배 모양으로 바뀌었다. 천천히 물살에 몸을 맡기고 물길을 따라 이어지는 절경을 감상하
는 데 도움이 된다.

지도 P.270-A2 **주소** 서귀포시 남원읍 하례리 1889

표선해수욕장

제주시 지역에 비해 해수욕장이 상대적으로 부족한
서귀포시에서 그나마 비췻빛 바다색을 보여주는 곳
이다. 모래사장 크기로 보면 제주에서 가장 크다. 물
이 얕아서 아이들과 함께 물놀이나 모래 놀이를 하기
에도 최적이다. 다만 밀물과 썰물의 차이가 커서 시간
대를 못 맞추면 한참을 기다려야 바닷물이 들어오기
도 한다. 해수욕장과 이어져 있는 야영장도 수준급.
야자수와 푸른 잔디가 색다른 분위기를 연출한다.

지도 P.270-B2　**주소** 서귀포시 표선면 표선리 44-4

유진팡

제주에서 귤 따기 체험은 많이 접해 봤어도 바나
나 따기 체험은 생소할 것이다. 유진팡은 열대과일
전문 농장으로 바나나, 파파야, 파인애플 등을 재
배하고 있다. 1시간 30분가량 진행되는 농장 체험
은 해설사와 함께 열대 과일을 농장을 견학하고,
동물 먹이 주기, 바나나 따기 체험 등 국내에서 흔
히 접해보지 못하는 경험을 선사한다. 견학 후에는
바나나 구이, 바나나 칩 등 농장에서 직접 키우고
가공한 간식도 제공한다. 유일한 단점은 열대 환경
이 1년 내내 유지되기에 항상 모기가 많다. 여름에
도 소매가 긴 옷을 준비하는 것이 체험 만족도를
높이는 방법. 추가 비용을 내면 바나나 잼
과 식초 만들기를 체험해 볼 수도 있다.

지도 P.270-A2　**주소** 서귀포시 남원읍 원님
로399번길 31-7 **전화** 064-762-3116 **운영**
10:00~17:00 **요금** [생태 체험] 성인 10,000
원, 미취학 5,000원

보롬왓

'바람(보롬) 부는 밭(왓)'이라는 뜻으로 계절에 따라 다양한 꽃을 배경으로 사진을 남길 수 있는 명소다. 봄 유채꽃을 시작으로 튤립과 청보리가 이어지고 메밀꽃과 수국에서 절정을 이룬다. 드넓은 라벤더밭으로 유명한 인기 여행지 홋카이도 비에이를 연상케하는 보라색 라벤더 물결은 여기에서만 가능한 풍경이다. 별도의 입장료 외에 5,000원을 내면 보롬왓의 명물 깡통열차도 탈 수 있다. 미니 트랙터로 끄는 알록달록 무지개색 깡통열차를 타고 꽃밭을 달리는 느낌이 싱그럽다.

지도 P.270-A1 **주소** 서귀포시 표선면 번영로 2350-104 **전화** 064-742-8181 **운영** 09:00~18:00 **요금** 성인 5,000원, 어린이 3,000원

농장에서 생산된 로컬 재료로 만든 다양한 식음료를 선보이는 카페.

조랑말체험공원

매년 제주 최대 규모의 유채꽃 축제가 열리는 가시리는 조선 최대 말을 키우는 마장이었다. 여기에 제주 조랑말에 관련된 목축 문화와 역사를 알리는 조랑말박물관과 체험 승마장 그리고 식당과 카페가 만들어졌다. 조랑말박물관에는 말에 관련된 유물과 전시품 100여 점이 전시되어 있다. 체험 승마장에서는 말 먹이 주기와 승마 체험이 기다리고 있고, 마음카페에서는 아이들 말똥 모양 쿠키 만들기 체험도 곁들일 수 있다. 따로 찾기보다는 유채꽃 시즌에 방문하면 좋다.

지도 P.270-A1 **주소** 서귀포시 표선면 가시리 산41 **전화** 064-787-0960 **운영** 09:00~18:00 **요금** 무료(체험비 별도)

제주허브동산

허브는 라틴어로 '푸른 풀'을 뜻하는 HERBA에서 시작된 단어로 보통 향이 있거나 약용으로 사용되는 식물을 말한다. 제주허브동산에서는 2만 6,000평에 약 150종의 허브가 자라고 있다. 꽃을 테마로 하는 여느 공원에 식상해졌다면 색다름과 편안함이 있는 허브 동산을 걷는 것을 추천한다.
대낮 꽃 구경에 이어 밤에는 빛 구경이 이어진다. 꽃밭에 숨어있던 화려한 조명이 해넘이와 함께 켜진다. 완전히 어두워졌을 때보다 해가 막 넘어가는 '개와 늑대의 시간' 쯤이 인생사진을 남기기에 좋다.

지도 P.270-B2 **주소** 서귀포시 표선면 돈오름로 170 **전화** 064-787-7362 **운영** 09:00~22:00 **요금** 성인 12,000원, 어린이 9,000원

알로에 숲 휴N탐

김정문알로에에서 운영하는 식물원으로 전 세계 600여 종의 알로에 중 450여 품종을 보유하고 있다. 사우디아라비아와 남아프리카가 원산지인 알로에가 지구 반대편인 제주에 이렇게 많은 종류가 모여 있다는 것이 마냥 신기하다. 곳곳에 포토존을 마련해 놓아 사진 찍기에도 좋은 이곳이 무료로 운영된다는 것은 더 낯설다. 식물원 관람 후에는 김정문알로에 제품들을 저렴하게 구매할 수도 있는데, 딱히 사지 않아도 관람에 아무 지장이 없다.

지도 P.270-A1 **주소** 서귀포시 성산읍 성읍정의현로32번길 43 **전화** 064-787-3593 **운영** 09:00~18:00 **요금** 무료

큰엉해안경승지

바다를 향한 바위가 입을 크게 벌리고 있는 듯, 절벽에 동굴처럼 뚫린 큰 바위 그늘(큰 언덕)을 '큰엉'이라 한다. 올레길 5코스의 바다 절벽을 따라 걷다 보면 신영영화박물관 뒤편쯤에 있다. 큰엉과 주변 산책로의 절경이 멋있지만, 사실 사람들이 여기를 찾는 이유는 따로 있다. 산책로를 따라 이어지는 아열대 식물들이 보는 각도에 따라서 한반도 모양을 만들어 내기 때문. 계절에 따라 차이는 약간씩 있기는 해도 나뭇잎 사이로 한반도가 그려지고 보는 각도에 따라 수평선이 남한과 북한을 나눠주는 것까지도 닮아 있다.

지도 P.271-하단   **주소** 서귀포시 남원읍 남원리 2379-7(주차장)

시야 각도를 잘 맞춰서 나만의 한반도 모양을 찾아보자.

물영아리오름

신령스러운 산이라는 뜻의 '영아리'. 이름처럼 신비로운 느낌이 드는 오름이다. 분화구에 습지가 형성된 독특한 형태의 오름이기도 하다. 정상에 물이 있다고 하여 '물'영아리다. 분화구에 있는 습지는 우리나라에서 5번째로 지정된 람사르 습지이기도 하다. 멸종 위기종들을 비롯해 다양한 습지 생물들이 자생하고 있다. 이 습지는 비가 오면 화구 호수가 되기도 한다. 오름치고는 제법 높아서 숨이 찰 정도. 왕복 1시간 30분 정도 소요된다. 비 온 뒤 가면 더 진한 숲 내음을 느낄 수 있고 정상의 화구호도 함께 감상할 수 있다.

지도 P.270-A1   **주소** 서귀포시 남원읍 수망리 산 182-7(물영아리 주차장)

용암과 물이 만들어낸 서중천의 물길.

머체왓숲길

사려니오름 동남쪽 중산간에 자리한 숲길로, 제주 숲길 중 상대적으로 덜 알려졌다. 돌(머체)이 많은 밭
(왓)이라는 뜻의 머체왓. 즉, 돌이 많은 숲길이다. 한남리 머체왓숲길 방문객지원센터에서 시작되는 숲길은
너른 목장을 시작으로 삼나무, 편백나무 숲을 지나 서중천 생태길까지 돌아볼 수 있다. 울창한 숲길과 머
체오름을 지나 서중천까지 도는 머체왓숲길(6.7km), 서중천과 소하천 가운데 형성된 지역이 마치 작은 용
을 닮았다 하여 지어진 이름의 머체왓소롱콧길(6.3km), 서중천 계곡을 끼고 걷는 서중천탐방로(7km) 세
가지 코스로 나뉜다. 각각 2시간~2시간 30분 정도 소요된다. 원시 그대로의 자연과 숲을 가로지르는 서중
천의 조화가 아름답다. 머체왓소롱콧길을 따라가다가 중간 머체왓 숲길이 만나는 곳으로 돌아오면 1시간
정도 걸리는데 짧으면서도 머체왓 숲의 진한 매력도 모두 볼 수 있다.

지도 P.270-A2 **주소** 서귀포시 남원읍 서성로 755 **전화** 064-805-3113(머체왓숲길 방문객지원센터)

서귀포시 동부 맛집

가시식당

#걸쭉한 순댓국 #제주식 두루치기 #착한가격

40년 넘게 인기를 이어온 맛집. 현지인들도 줄 서서 먹을 정도다. 주 메뉴는 순댓국과 두루치기. 돼지 뼈로 우려낸 걸쭉한 순댓국과 돼지고기에 무생채, 콩나물 그리고 파무침을 같이 볶아 먹는 제주식 두루치기를 많이 찾는다. 두루치기에 함께 나오는 몸국은 두루치기와 환상 궁합을 보인다. 제주산 목살과 삼겹살 구이도 1인분에 1만 3,000원 정도로 저렴한 편. 가시리 유채꽃길 끝 자락에 있다.

지도 P.270-A2 **주소** 서귀포시 표선면 가시로565번길 24 **전화** 064-787-1035 **영업** 08:30~19:00, 둘째·넷째 주 일요일 휴무 **예산** 두루치기 9,000원, 순대백반 9,000원

가시아방

#돔베고기맛집 #비빔국수는 필수 #넓은 주차장

'가시'는 제주 방언으로 '각시'이고 아방은 아버지라는 뜻으로 각시 아버지, 즉 장인어른이라는 이름의 식당이다. 고기국수와 돔베고기 전문점이다. 어떻게 조리해도 기본은 하는 게 돼지고기라지만 이 집은 다르다. 쫄깃함과 부드러움이 가장 이상적으로 버무려진 돔베고기를 제공한다. 돔베고기가 비싸고 양이 많아 부담스럽다면 커플 메뉴를 추천한다. 고기국수와 비빔국수에 돔베고기 절반이 부담 없는 가격으로 제공된다. 비빔국수 양념이 특히 맛있는 곳. 단, 대기가 긴 편이다.

지도 P.271-상단 **주소** 서귀포시 성산읍 섭지코지로 10 **전화** 064-783-0987 **영업** 10:30~21:00, 수요일 휴무 **예산** 커플 메뉴 32,000원, 고기국수 8,000원, 비빔국수 8,000원

광동식당

#이 가격 실화? #푸짐한 흑돼지두루치기

제주 가성비 맛집 하면 이 집을 빼고 이야기할 수 없다. 백돼지가 아닌 제주산 흑돼지로 만든 두루치기가 1인에 8,000원이다. 가격이 저렴하다고 양이 적을 것으로 생각하면 큰 오산이다. 큰 양푼에 양념된 흑돼지를 한가득 내어준다. 먹고 싶은 만큼 덜면 되고 나중에 모자라면 얼마든지 더 달라고 해도 된다. 생고기도 마찬가지. 1만 원이면 1인분이 훌쩍 넘는 250g의 제주산 흑돼지를 도톰하게 썰어 구워준다. 솥뚜껑에 지글지글 구워지는 소리부터가 남다르다. 갈치속젓과 유채나물처럼 육지에서 흔히 먹어보지 못하는 반찬도 일품이다.

지도 P.270-A2 주소 서귀포시 표선면 세성로 272 전화 064-787-2843 영업 11:00~20:00, 수요일 휴무 예산 흑돼지두루치기 9,000원(2인 이상), 생모둠구이 12,000원(250g)

그리운바다성산포

#신선할 때만 가능한 #갈치회와 고등어회

제주에서도 성산 쪽에서 잡은 은갈치는 최고로 친다. 제주 동쪽 바다와 우도 근처가 수심이 깊고 물살이 빨라 실한 크기의 은갈치가 많이 잡히기 때문. 구이나 조림도 좋지만, 신선한 은갈치로만 먹을 수 있다는 갈치회를 놓치지 말자. 미역에 갈치회와 와사비를 올려 먹는다. 이 집은 고등어회도 인기가 높다. 고등어 역시 신선할 때만 회로 먹을 수 있기 때문에 다른 곳에서는 쉬이 먹기 힘들다. 와사비밥에 고등어를 올려 깻잎에 싸 먹으면 이제껏 경험하지 못한 고소함이 느껴진다. 한 상 차림을 시키면 갈치회와 고등어회에 회국수, 황게장, 성게전복미역국이 함께 나온다.

지도 P.271-상단 주소 서귀포시 성산읍 성산등용로 94 전화 064-784-2128 영업 09:00~21:00, 화요일 휴무 예산 은갈치회 15,000원, 고등어회 35,000원

기름이 가장 많이 오르는 가을 갈치가 특히 제맛!

로이앤메이

#중국 가정식 전문점 #100% 예약제 운영

제주까지 와서 웬 중국집이냐 싶겠지만, 로이앤메
이는 보기 드문 중국 가정식 전문점이다. 중국인
남편 로이와 한국인 아내 메이가 만나 문을 열었
다. 주 메뉴는 중국 가정식 한 상 차림으로 중국식
오이무침, 전복찜 그리고 구운 고추와 가지가 어우
러진 량차이가 기본으로 제공되고 세 가지의 메인
메뉴를 선택하는 방식이다. 돼지고기와 파를 춘빙
에 싸 먹는 징장로우쓰와 마라가 듬뿍 들어가 매콤
한 사천식 마파두부가 일품. 집 한쪽을 개조한 작
은 식당이라 100% 예약제로만 운영되고 주말에
는 영업을 하지 않아 방문하기가 쉽진 않다. 하지만
그럼에도 충분히 찾아올 만한 가치가 있는 곳이다.

지도 P.270-B1 **주소** 서귀포시
성산읍 온평상하로15번길
12-7 **전화** 064-782-8108
영업 11:30~16:00, 토·
일요일 휴무 **예산** 중국
가정식 한 상 차림(1인)
35,000원

마므레

#정통바비큐 #색다른 흑돼지 구이 #캠핑 스타일

색다른 흑돼지 요리가 먹고 싶다면 마므레가
답이다. 캠핑을 좋아하는 주인장이 직접 만든
정통 바비큐를 선보이는 곳. 바비큐 그릴에서
천천히 구워진 덕에 기름기가 쏙 빠져 담백하
면서도 차콜 훈연향이 은은하게 배어난다. 직
화로 굽는 방식이 아니라 만드는 시간도 오래
걸리고 손이 많이 가는 것에 비해 가격도 비
싸지 않다. 메인 메뉴는 통삼겹, 포크립, 양갈
비로 2인분 이상씩 주문 가능하고 세트를 시
키면 종류별로 맛볼 수 있다.

지도 P.271-하단 **주소** 서귀포시 남원읍 태위로 456 **전**
화 064-764-8592 **영업** 11:00~21:00 **예산** 통삼겹
17,000원, 폭립 20,000원

범일분식

#떡볶이 튀김 안 팔아요 #순대만 팔아요

분식집이라고 이름을 지었지만, 우리가 아는 떡볶이나 튀김을 파는 곳이 아니다. 메뉴는 순댓국과 순대가 전부. TV프로그램에도 여러 번 소개된 곳으로 일반적인 순댓국하고는 맛이 제법 다르다. 들깻가루가 듬뿍 들어간 순댓국은 몸국이나 고사리해장국처럼 걸쭉하다. 호불호가 갈릴 맛이긴 한데 먹으면 먹을수록 구수한 맛에 빠져든다. 영업시간은 오후 5시까지지만 재료가 소진되면 일찍 문을 닫는다. 어떨 때는 늦은 점심시간에도 재료 소진으로 일찍 마감하는 경우도 많다.

지도 P.271-하단 **주소** 서귀포시 남원읍 태위로 658 **전화** 064-764-5069 **영업** 09:00~17:00, 토요일 휴무 **예산** 순대백반 8,000원

삼춘반점

#삼춘들이 하는 맛집 #흑돼지탕수육 #상큼한 귤소스

제주에서는 자신보다 나이 많은 사람을 가리켜 성별에 상관없이 '삼춘'이라 통칭한다. 동네 삼춘들이 모여 문을 연 중식 카페가 바로 이곳, 삼춘반점이다. 흑돼지가 듬뿍 들어간 시원한 맛의 짬뽕으로 입소문이 나고 있지만, 이 집의 진짜 별미는 찹쌀탕수육과 중화비빔밥이다. 흑돼지를 도톰하게 썰어 하얗게 튀겨낸 탕수육에 귤향 가득한 소스가 코끝을 자극한다. 파채를 조금 올려 소스와 함께 먹으면 금상첨화! 불향 가득 볶아낸 야채가 듬뿍 들어간 중화비빔밥도 최고의 맛을 선사한다.

지도 P.270-B1 **주소** 서귀포시 성산읍 신산중앙로 5-5 **전화** 064-784-3737 **영업** 11:00~16:00, 월요일 휴무 **예산** 삼춘짬뽕 8,000원, 찹쌀탕수육 15,000원

섭지해녀의 집
#겡이죽 한 그릇에 #바다향이 듬뿍 #성산일출봉이 한눈에

독특한 제주의 맛을 느끼고 싶다면 겡이죽 한 그릇을 추천한다. 제주에서는 게를 '깅이(성산 쪽에서는 겡이라 부른다)'라 한다. 바닷가에서 잡은 작은 게를 갈아서 그 육즙에 쌀을 넣고 끓인 죽이다. 색은 대게 내장에 밥을 비빈 것과 비슷하지만, 맛은 더욱 구수하고 진하다. 옛날 해녀들은 잡은 전복과 소라는 공출당하거나 내다 팔고, 정작 본인들은 바다에 흔한 보말과 깅이로 끼니를 해결했다고 한다. 먹을 것이 풍부해진 요즘, 깅이죽을 하는 식당이 거의 없는데 이 집에서 맛을 볼 수 있다.

[지도 P.271-상단] **주소** 서귀포시 성산읍 섭지코지로 95 **전화** 064-782-0672 **영업** 07:00~20:00 **예산** 겡이죽 10,000원, 해물칼국수 10,000원

칼슘과 키토산이 풍부해서 관절염에 특히 효과가 있다고 전해지는 깅이죽.

막둥이 해녀 복순이네
#해녀가 직접 잡은 해산물로 만든 #성게칼국수 맛집

해녀가 잡은 신선한 해산물로 음식을 만들어 주는 맛집. 대표 메뉴는 해산물 물회와 성게 칼국수다. 해산물 철에 따라 들어가는 해산물이 달라진다. 살얼음이 담긴 시원한 물회에 하얀 쌀밥을 말아 후루룩 먹으면 이만한 여름 보양식이 따로 없을 정도로 든든하다. 칼국수는 성게알을 푸짐하게 넣어 시원하면서도 감칠맛이 돈다. 해녀가 직접 잡은 해산물로만 판매하기에 기상 상황에 따라 물질을 나가지 못하게 되면 일부 메뉴는 품절되기도 한다.

[지도 P.271-상단] **주소** 서귀포시 성산읍 서성일로 1129 **전화** 064-783-2300 **영업** 10:30~17:00(첫째·셋째 수요일 휴무) **예산** 해산물 물회 12,000원, 성게 칼국수 12,000원

웨이브

#해변을 바라보며 #수제버거를 먹을 수 있는 곳
#치킨버거 맛집

서귀포에서 가장 아름다운 바다로 손꼽히는 표선 해변을 내려다보며 수제 버거와 맥주 한잔을 기울 이기 좋은 곳이다. 고소하게 구워 나오는 빵 사이 로 두꺼운 패티와 수제 소스가 어우러진다. 대표 메뉴인 제주버거도 맛있고 엄청난 크기의 치킨 패 티가 들어가는 크리스피 치킨버거도 여느 수제 버 거집에서 보기 힘든 비주얼과 맛을 자랑한 다. 늦은 오후 3층 야외 테이블에서 맥주와 함께 먹는 버거는 해외 에 와 있는 듯한 느낌을 준다.

지도 P.270-B2 **주소** 서귀포시 표선 면 표선당포로 10-4 3층 **전화** 064-787-7801 **영업** 11:00~20:00 **예산** JEJU 버거 12,500원

웃드르식당

#신선한 생고기 #가성비 맛집 #김치냉국수

청정 제주에서 키운 신선한 생고기를 저렴하고 부 담 없이 즐길 만한 곳이다. 생고기 200g에 12,000 원인데 오겹살과 앞다리살을 반반 섞어 준다. 도톰 한 고기를 육즙이 달아나지 않게 잘 구워서 웃드르 식당 시그니처 부추장아찌와 함께 먹으면 두 눈이 번쩍 뜨일 것만 같다. 한적한 시골 도롯가에 자리 잡아 그렇지 시내였다면 줄서서 먹을 만큼이나 가 성비, 가심비 모두 만족시키는 곳이다. 후식으로 김 치냉국수도 추천 메뉴. 깔끔한 국물이 느끼해진 입 맛을 시원하게 달래준다.

지도 P.270-A2 **주소** 서귀포시 표선면 토산세화로 37 **전화** 064-787-1259 **영업** 10:00~20:00, 격주 일요일 휴무 **예산** 생 고기 200g 12,000원

은미네식당

#부드럽고 질기지 않은 #돌문어볶음

제주 바다는 숨기 좋은 돌이 많고 모래가
섞인 지형으로 돌문어가 서식하기에 최적
이라 돌문어가 많이 잡힌다. 제주산 돌문
어로 만든 음식도 여러 가지가 있다. 한창
유행했던 문어 라면과 문어 덮밥을 맛보
았다면 돌문어볶음도 좋은 선택이다. 문
어는 잘못 익히면 질길 수 있는데, 은미네
는 부드럽고 질기지 않아 좋다. 간이 심심
하기도 하지만 덕분에 아이들도 같이 먹
을 수 있다. 낙지볶음처럼 밥에 올려 쓰~
윽 비벼 먹으면 된다.

지도 P.270-B1 **주소** 서귀포시 성산읍 온평관전로
41 **전화** 064-784-3491 **영업** 09:00~20:00, 둘째·넷
째 주 수요일 휴무 **예산** 돌문어볶음 12,000원(2인
이상 주문 가능), 성게보말미역국 15,000원

춘자멸치국수

#합석은 기본 #멸치국수맛집 #뼛속까지 시원해

테이블 단 두 개에 합석은 기본, 메뉴는 멸치국수 딱 하나. 특별할
것 없는 멸치국수지만 여기서만큼은 특별하다. 뼛속까지 시원한 국
물에 굵은 중면을 듬뿍 올려 양은냄비에 담아 내온다. 4,000원이라는
가격이 믿기지 않는 묵직한 맛이다. 모르는 사람끼리 어깨를 닿으며
먹어도 맛과 저렴한 가격 덕분에 다시 찾게 된다. 면은 미리 삶아두었
다가 손님이 오면 바로 말아준다. 20~30분 단위로 면을 삶기에 타이밍
에 따라 면이 조금 퍼지는 경우도 있지만, 중면이라 그나마 다행이다.

지도 P.270-B2 **주소** 서귀포시 표선면 표선동서로 255 **전화** 064-787-3124 **영업**
08:00~18:00 **예산** 멸치국수 4,000원, 곱빼기 5,000원

태흥2리 어촌계식당

#현지인만아는곳 #제주식맑은지리탕 #자연산회

마을 어촌계에서 운영하는 믿을 만한 횟집이다. 제주 회 하면 생각나는 다금바리부터 돌돔, 방어 등 자연산을 주로 취급한다. 그날그날 자연산 횟감에 따라 추천하는 메뉴가 달라지는데 뭘 먹어야 할지 고민이라면, 그냥 자연산 모둠회를 시키면 된다. 사실 메인 회도 좋지만, 전복, 뿔소라, 게우젓 등이 나오는 곁들임 음식이 압권이다. 신선해야만 먹을 수 있는 고소한 고등어회도 기본으로 나온다. 전복 내장과 뿔소라 살로 만든 게우젓은 제주에서도 맛보기가 쉽지 않은 밥도둑이다. 미역이 듬뿍 들어간 맑은 지리탕도 제주의 향이 물씬 난다. 육지와 달리 고추장을 넣지 않고 맑게 끓여낸다.

지도 P.271-하단 **주소** 서귀포시 남원읍 남태해안로 509 **전화** 064-764-4487 **영업** 11:00~21:00 **예산** 자연산 모둠회 150,000원, 옥돔지리 15,000원

한라식당

#제주고사리 #성읍민속마을맛집 #흑돼지와 고사리 조합

성읍민속마을 안에 있는 흑돼지 구이집. 다른 곳과 달리 흑돼지와 함께 구워 먹을 수 있도록 제주 고사리를 듬뿍 준다. 한라산의 기운과 해풍으로 자란 제주 고사리는 돼지고기와 궁합이 좋다. 섬유질이 풍부하고 돼지고기의 비타민 B1 분해를 도와 흡수를 빠르게 해준다. 제주 고사리 가격이 상당히 높은 편임을 고려하면 흑돼지 가격도 나쁘지 않다. 식사 전후 제주 전통 초가와 돌담을 구경하기 좋다.

지도 P.270-A1 **주소** 서귀포시 표선면 성읍정의현로22번길 8 **전화** 064-787-2026 **영업** 10:00~21:00 **예산** 흑돼지오겹살 20,000원

한라전복

#양념이 필요 없는 #전복밥 #전복뚝배기도 강추

종달리와 김녕을 잇는 해안도로에는 유난히 전복
맛집들이 많다. SNS에서 인기인 명진전복보다는
개인적으로 이 집을 추천한다. 보통 전복밥은 마가
린하고 양념간장을 넣어 먹는데, 고소하긴 하지만
마가린과 간장 맛인지 전복 맛인지 구분이 안 갈
때도 있다. 여기는 별다른 양념 없이 나오는 그대
로 먹는데도 먹으면 먹을수록 깊이가 있는 맛이다.
전복 내장을 넉넉하게 넣은 돌솥밥에 물을 넣기만
해도 누룽지가 전복죽처럼 걸쭉해진다. 마치 누룽
지로 끓인 전복죽처럼 구수하면서도 진한 맛
이 난다. 전복이 한가득 올라간 전복
뚝배기도 제주에서 세 손가락에
들어갈 정도로 인기다.

지도 P.271-상단 **주소** 서귀포시 성산
읍 해맞이해안로 2732 **전화** 064-
782-5190 **영업** 10:00~20:00,
수요일 휴무 **예산** 전복돌솥밥
15,000원, 전복뚝배기 15,000원

대동강초계탕

#초계탕 맛집 #전통 북한 음식 #시원한 국물이 일품

어복쟁반, 평양온반 등 평소에 쉽게 접하기 힘든
전통 북한 음식을 맛볼 수 있다. 메인 메뉴는 북한
의 대표 보양식으로 알려진 초계탕. 초계탕은 육수
(탕)에 식초(초)와 겨자(평안도에서 겨자를 '계'라
고 한다)가 들어간 것으로 평안도 지방에서 겨울에
주로 먹는 궁중 음식이다. 초계탕에는 닭구이, 메
밀전, 닭무침이 함께 한 상 차려지고 메밀면이 따로
나온다. 늦은 오후에는 준비한 재료 소진으로 일찍
문을 닫는 경우도 있으니 미리 전화하고 출발
하는 것이 안전하다.

지도 P.270-A2 **주소** 서귀포시
표선면 일주동로 6246-1 **전화**
064-787-5553 **영업** 11:00~
20:00(첫째·셋째 수요일 휴무)
예산 초계탕 15,000원(2인 이
상 주문)

서귀포시 동부 카페

로빙화
#해먹카페 #헝가리 요리 굴라시 #수제버거와 맥주

'로빙화'는 봄에 피는 꽃으로 생명이 짧아 빨리 시드는 꽃이다. 주로 차밭에 심는데 로빙화가 영양분이 되어 차의 향기를 좋게 해주기 때문이란다. 통나무 카페를 배경으로 멋진 바다 전망을 제공하는 해먹 사진이 유명해지면서 찾는 이가 많아지고 있다. 외형만 멋진 게 아니다. 레스토랑 부럽지 않은 식사도 한몫하는데, 수비드 방식으로 조리하여 육즙을 가득 머금고 있는 수제버거와 맥주 한 잔이 로빙화의 인기 메뉴다. 특히 헝가리 전통 요리인 '굴라시'는 쌀쌀한 계절의 별미로 꼽힌다. 고기와 토마토 베이스의 뜨끈한 스튜에 빵을 찍어 먹으면 여행의 피로가 한 방에 녹아내린다.

지도 P.271-하단 **주소** 서귀포시 남원읍 남태해안로 13 **전화** 010-5197-8216 **영업** 10:00~22:00 **예산** 비프 버거 10,000원, 굴라시 12,000원

로빙화라는 이름은 여행작가인 카페 주인의 닉네임이기도 하다.

아줄레주
#독보적인 에그타르트 #작은 리스본

한적한 시골 마을 신풍리를 시끌벅적하게 만든 주인공. 포르투갈식 에그타르트 맛집인 아줄레주는 제주에서도 거의 독보적인 맛으로 압도적인 인기를 자랑한다. 에그타르트는 원래 포르투갈 리스본에서 시작된 디저트로, 노릇하게 구워진 페이스트리 도우에 커스터드 크림이 가득 올라가 바삭하면서도 부드러운 맛이 매력적이다. 아줄레주 에그타르트도 리스본의 전통 레시피를 그대로 따랐다. 겹겹이 살아 있는 페이스트리를 씹을 때마다 바삭하게 부서지는 소리가 맛을 압도할 정도. 아줄레주(Azulejo)는 포르투갈 국립 타일박물관 이름으로 카페 외관을 멋들어진 타일로 마감을 해서 SNS 사진 배경으로도 인기가 높다.

지도 P.270-B1 **주소** 서귀포시 성산읍 신풍하동로19번길 59 **전화** 010-8518-4052 **영업** 11:00~19:00, 화·수요일 휴무 **예산** 에그타르트 2,500원, 아메리카노 5,000원

어니스트밀크

#목장에서 운영하는 카페 #고소하고 진한 우유의 맛

인적이 드문 중산간동로에 커다란 우유갑 모양의 건물이 자리 잡았다. 제주 한아름목장에서 운영하는 유제품 전문 카페. 전북 고창에서 20년간 목장을 운영하신 부모님의 노하우를 전수 받아 넓은 제주 초지에서 방목하여 키운 건강한 소의 우유만을 생산한다. 질 좋은 우유는 질 좋은 아이스크림과 요거트로 직접 가공하여 판매한다. 고소함과 진한 우유의 맛이 시중에 판매되는 우유와는 확실히 구별되는 정도. 매일 오후 2시와 4시에는 송아지 우유 주기 체험도 무료로 진행된다.

지도 P.271-상단 **주소** 서귀포시 성산읍 중산간동로 3147-7(본점) **전화** 070-7722-1886 **영업** 10:00~18:00, 수요일 휴무 **예산** 순수밀크 아이스크림 4,000원, 요거트류 5,000~

잔디공장

#녹색의 향연 #식물이 주는 편안함 #잔디우유

음료에 자연을 담는 카페가 있다. 성산읍에 새로 생긴 신상 카페 잔디공장은 내부가 온통 녹색의 향연이다. 마치 작은 식물원에라도 들어온 것 같은 느낌이다. 카페 곳곳에 있는 소품 하나에도 아기자기함이 묻어나 예쁜 사진 속 배경이 되어준다. 덕분에 SNS를 보고 방문하는 사람들이 많아지고 있다. 녹차와 초콜릿으로 직접 만드는 잔디우유와 녹차 잼을 이용한 토스트가 메인 메뉴다. 달곰하면서도 녹색이 주는 느낌이 먹으면 주변의 녹색 식물들처럼 건강해질 것만 같다.

지도 P.270-B1 **주소** 서귀포시 성산읍 일주동로5154번길 5 **전화** 070-7576-2553 **영업** 11:00~19:00 **예산** 잔디우유 6,500원, 잔디토스트 4,500원

제주 관광
일번지

서귀포시 중심

크게 서귀포 시내와 중문권으로 나뉜다. 시내권에는 도민
맛집과 폭포, 개성 강한 카페들이 있고, 중문권에는 관광에
특화된 박물관들이 많다. 서귀포 중심권을 지나치고는
제주를 다녀왔다고 할 수 없을 정도로 다양한
볼거리가 모여 있는 곳이다. 시내와 중문권은
생각보다 거리가 멀리 떨어져 있기 때문에
동선을 잘 짜야 시간을 낭비하지 않는다.

서귀포시 중심
베스트 여행지

BEST 1

정방폭포 P.300

#제주 3대 폭포
#바다로 바로 떨어지는 해안폭포

BEST 2

천지연폭포 P.303

#무태장어 서식지 #산책로가 매력
#밤에도 볼 수 있어요

BEST 3

외돌개 P.302

#홀로 우뚝 솟아 있는 바위
#해안선을 따라 걸어보기

BEST 4

감귤박물관 P.306

#제주에게 감귤이란 #감귤따기 체험
#아이와 함께 가기 좋은 여행지

BEST 5

여미지식물원 P.312

#동양 최대 유리온실 #365일 꽃구경
#다양한 볼거리가 가득

BEST 6

서귀포매일올레시장 P.310

#서귀포 최대 규모 시장
#시장 구경하는 재미가 쏠쏠

서귀포시 중심
추천 코스

※ 당일 여행 코스 기준입니다.

COURSE 1 **친구 또는 연인**과 함께라면

1 돈내코 원앙폭포
P.73

자동차 5분

2 새섬
P.392

자동차 15분

천제연폭포
P.311
3

자동차 30분

중문색달해수욕장
P.312
4

자동차 10분

5 사우스
바운더
P.132

COURSE 2 **아이**와 함께라면

1 감귤박물관
P.306

자동차 15분

천지연폭포
P.303
2

자동차 15분

서건도
P.393
3

자동차 15분

조안베어뮤지엄
P.313
4

자동차 30분

5 서귀포매일
올레시장
P.310

COURSE 3 **가족**과 함께라면

1 상효원수목원
P.305

자동차 15~20분

2 정방폭포
P.300

자동차 10분

외돌개
P.302
3

자동차 20~25분

대포주상절리대
P.158
4

자동차 5분

5 여미지식물원
P.312

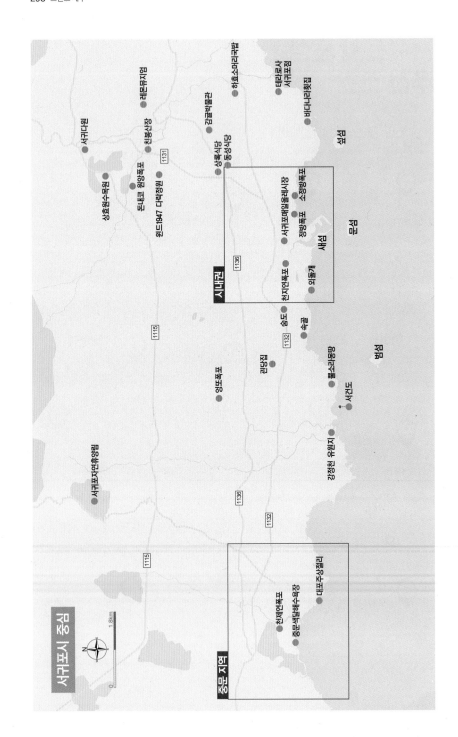

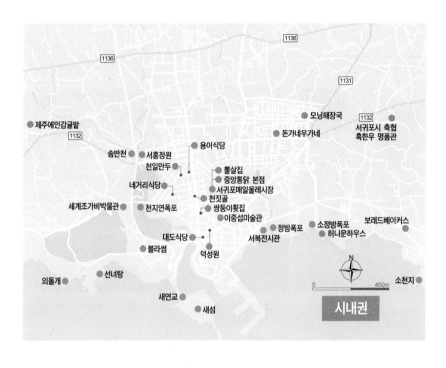

서귀포시 중심 볼거리

정방폭포 & 소정방폭포

국내에서 유일하게 바다로 바로 떨어지는 폭포로 높이가 23m에 이른다. 천제연폭포, 천지연폭포에 이어 제주 3대 폭포로 손꼽힌다. 거대한 주상절리 절벽 사이로 웅장하게 떨어지는 폭포수가 바다와 만나면서 흔히 볼 수 없는 장관을 이룬다. 정방폭포 주차장에서 올레길 6코스를 따라 동쪽으로 이동하면 소라의 성을 지나 소정방폭포가 나온다. 정방폭포처럼 바다로 바로 흘러 들어가는 작은 폭포라 해서 소정방이라고 불린다. 규모는 작아도 폭포 아래에서 물맞이도 가능하고 지척에서 들리는 파도 소리와 폭포 소리가 어우러져 경쾌한 합주를 연상시킨다. 정방폭포와 함께 필수 코스로 자리 잡았다.

지도 P.289-상단 **주소** 서귀포시 동홍동 277(정방폭포 주차장) **전화** 064-733-1530 **운영** 09:00~18:00 **요금** 성인 2,000원, 어린이 1,000원

SPECIAL PAGE

제주 3대 폭포 한눈에 보기

제주의 많고 많은 자연 경관 중에서도 단연 인기인 폭포! 특히 서귀포시 중심에는 제주를 대표하는 3대 폭포가 모두 모여 있다. 압도적인 스케일과 아름다운 주변 경관이 어우러져 폭포 그 자체만으로도 훌륭한 관광명소가 된다. 시원하게 떨어지는 물줄기를 바라보고 있노라면 시원한 사이다를 들이켠 것처럼 가슴속이 뻥 뚫리는 기분이다.

정방폭포 正房瀑布
하늘에서 흰 비단을 드리운 듯한 폭포

- 대한민국의 명승 제43호.
- 국내 유일 바다로 바로 떨어지는 해안 폭포
- 다른 폭포와는 다르게 폭포 바로 앞까지 접근할 수 있음
- 정방폭포에는 한자로 '서불과차'라는 글이 새겨져 있다. 중국 진시황과 신하 서불에 관련된 이야기로 폭포 옆 서복전시관에 자세한 정보가 있음. P.309 참고
- 높이 23m, 깊이 5m

입구 ⇨ 폭포 소요시간
도보 5분 정도

입장료
성인 2,000원, 어린이 1,000원

운영시간
09:00~18:00(17:20까지 입장 가능)

어린이·노약자 동반 시 주의사항
130여 개의 경사진 계단으로 이루어져 있어 어린이와 노인은 관람이 불편할 수도 있음

천지연폭포 天地淵瀑布
하늘과 땅이 만나 생긴 폭포

- 유일하게 야간 관람이 가능한 폭포
- 연못에는 무태장어가 서식하고 있으며, 무태장어 서식지로서 천연기념물 제27호로 등재되어 있음
- 폭포 옆쪽으로 숲이 울창한 산책로가 조성돼 있음
- 높이 22m, 깊이 20m

입구 ⇨ 폭포 소요시간
도보 10분 정도

입장료
성인 2,000원, 어린이 1,000원

운영시간
09:00~21:20

어린이·노약자 동반 시 주의사항
계단이 별로 없고 관람로가 평탄하게 되어 있어 어린이, 노약자, 유모차도 쉽게 갈 수 있음

천제연폭포 天帝淵瀑布
(일곱 선녀가 모시던) 하느님의 못

- 한라산의 중문천이 바다로 흐르면서 형성된 폭포
- 중문관광단지 내에 위치
- 총 3개의 폭포로 이루어진 3단 폭포
- 제1 폭포는 주상절리로 둘러싸인 에메랄드빛 호수에 가까움
- 입구(매표소) ▶ 제1 폭포 ▶ 제2 폭포 ▶ 선임교 ▶ 제3 폭포 순서로 관람.
- (제1 폭포 기준) 높이22m, 깊이21m. 우기에만 폭포 관람 가능, 제2·제3 폭포는 항시 관람 가능

입구 ⇨ 폭포 소요시간
도보 15~20분 정도

입장료
성인 2,500원, 어린이 1,350원

운영시간
09:00~18:00 ※마감 시간 변동 가능

어린이·노약자 동반 시 주의사항
제1 폭포에서 제3 폭포까지 모두 계단으로 관람로가 구성돼 있음

외돌개

용암이 만들고 파도가 조각하여 제주 바람으로 완성한 돌기둥이다.
20m가 넘는 대형 바위가 바다 위에 우뚝 솟아 있어 '외돌개'라 불린
다. 외돌개 위에는 몇 그루의 소나무가 자생하고 있어, 주변 해식동굴,
절벽과의 조화를 보고 있노라면 한 편의 수묵화가 연상된다. 외돌개
주차장에서 선녀탕, 폭풍의 언덕, 외돌개까지 이어지는 해안선은 하
나하나가 보물이다. 외돌개 하나만 보고 가기보다는 올레길을 따라
산책하듯 여유를 부리면 더 좋을 만한 곳이다.

지도 P.299-상단 **주소** 서귀포시 서흥동 780-1(외돌개 주차장) **전화** 064-760-3192

천지연폭포

'하늘과 땅이 만나 생긴 연못'이라는 뜻의 천지연폭포. 정방폭포, 천제연폭포와 함께 제주 3대 폭포로 불린다. 제주시에 비해 용천수와 폭포가 많은 서귀포 지역에서도 천지연폭포는 최고의 풍경을 자랑한다. 원래는 현재보다 더 바다 가까이에 있었으나 폭포의 침식 작용으로 지금의 위치까지 밀려났다고 한다.

폭포 아래 못에는 무태장어가 서식한다. 우리나라에서는 희귀한 무태장어의 서식지로 학술적 가치를 인정받아 천연기념물로 지정됐다. 입구에서 폭포까지는 동백나무, 산유자나무 등 난대성 식물들이 울창하게 우거진 명품 산책로가 펼쳐진다. 특히 다른 폭포들과는 달리 밤 9시 30분까지 관람이 가능하여 폭포 야경을 볼 수 있다.

지도 P.299-상단 **주소** 서귀포시 천지동 667-7 **전화** 064-733-1528 **운영** 09:00~21:30 **요금** 성인 2,000원, 어린이 1,000원

엉또폭포

평소에는 숨어 있다가 한바탕 비가 내리면 엄청난 소리를 내며 쏟아지는 폭포. 어지간한 비로는 그 모습을 볼 수가 없고 산간지역 강수량이 70mm 이상인 경우 폭포다운 모습을 보이기 시작한다. 강수량이 많을수록 그 위용이 점점 커지고 비 온 뒤 하루 정도면 다시 언제 그랬냐는 듯 사라지는 독특함을 가지고 있다. '엉또'는 작은 굴(엉)의 입구라는 뜻이다. 평소에는 굳이 찾아갈 만큼은 아니고 비가 오는 당일이나 비 온 뒤에는 50m 규모의 대형 폭포와 주변 천연난대림의 조화가 볼 만하다.

지도 P.298 **주소** 서귀포시 강정동 1561-1(엉또폭포 주차장)

서귀다원

제주시에서 서귀포시로 넘어가는 516도로에 있다. 인기 녹차 여행지인 오설록의 북적거림보다 한적한 녹차 밭 산책을 원한다면 서귀다원이 좋은 선택이다. 연녹색의 녹차 밭 뒤로 웅장하게 버티고 있는 한라산이 사진 속 배경이 되어 준다. 기본 입장료로 1인 5,000원을 내면 햇녹차와 구수한 맛이 일품인 발효 녹차, 그리고 함께 곁들일 정과를 내준다. 따끈한 녹차 한잔에 푸른 녹차 밭을 바라보며 여행에 쉼표를 찍어보자.

지도 P.298 **주소** 서귀포시 516로 717 **전화** 064-733-0632 **운영** 09:00~17:00 **요금** 녹차 1인 5,000원

소천지

구두미포구에서 올레길 6코스를 따라 제주대학교 연수원을 지나면 나온다. 삐쭉삐쭉 솟아오른 용암석 사이로 바닷물이 고여 언뜻 보면 백두산의 천지를 닮았다고 해서 '소천지'라고 불린다. 바람이 없고 맑은 날에는 소천지에 한라산의 모습이 투영되면서 독특한 사진을 남길 수 있어 찾는 이들이 많아지고 있다.

지도 P.299-상단 **주소** 서귀포시 보목동 1400

상효원수목원

한라산 중턱에 자리 잡고 서귀포 바다를 내려다보는 산록에 있는 8만 평 규모의 수목원. 1년 내내 꽃을 볼 수 있는 곳이다. 3월에는 튤립, 5월에는 루피너스 이어서 백일홍과 수국, 메리골드로 365일 꽃 축제가 이어진다. 탐라산수국과 비자나무 숲길 그리고 곶자왈 숨길까지 제주의 특성을 참 잘살려 놓았다. 걸음걸음마다 예쁘지 않은 곳이 없어 인생사진을 남기기에 좋은 곳이다. 수목원 전체를 돌아보는 데 1시간 30분 정도 소요된다.

지도 P.298 **주소** 서귀포시 산록남로 2847-37 **전화** 064-733-2200 **운영** 09:00~18:00(하절기 ~19:00) **요금** 성인 9,000원, 어린이 5,000원

감귤박물관

제주 하면 가장 먼저 생각나는 과일 감귤. 과도한 진상으로 인해 제주도민들에게 고통을 주는 나무이기도 하였다가, '대학나무'라고 불리며 가정 경제를 일으키는 원동력이 되기도 했던 감귤나무는 아직도 제주의 한 축을 이루고 있는 특산물이다. 상설전시관에서는 우리나라의 감귤 역사와 품종에 관한 이야기를 시각적으로 풀어놓았다. 이어지는 세계감귤 전시관에서는 세계 20여 개국 97가지 품종의 감귤나무가 전시되어 있다. 무엇보다 아이들을 위한 감귤쿠키, 감귤과즐 만들기 체험도 있어 아이들과 함께 하는 여행에서 빛을 발한다. 노지 감귤이 익는 11월부터는 직접 귤을 따서 가져갈 수 있는 귤 따기 체험도 운영된다.

지도 P.298 **주소** 서귀포시 효돈순환로 441 **전화** 064-760-6400 **운영** 09:00~18:00 **요금** 성인 1,500원, 어린이 800원

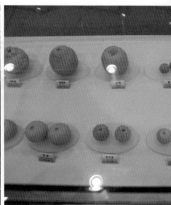

다양한 감귤의 세계

제주에서는 다양한 감귤들을 1년 내내 맛볼 수 있다. 알고 먹으면 더 맛있는 대표적인 감귤을 알아보자.

한라봉 12~3월

꼭지 부분이 한라산을 닮았다고 해서
붙여진 이름이다. 껍질이 두껍고
새콤한 맛이 강하다.

레드향 1~4월

한라봉과 서지향을 교배하여 만들어진 품종이다.
껍질이 붉은색을 띠어서 레드향이라고 부른다.
과육이 풍부하고 감귤보다 훨씬 달다.

천혜향 2~5월

향기가 천 리까지 퍼진다고 해서 천혜향이라고 한다.
오렌지와 귤을 섞어서 만들었다.

하귤 6~7월

여름에 난다고 해서 하귤이라고 한다.
열매 크기가 가장 크다. 시고 쓴맛이
강해서 설탕을 넣고 에이드나 차로 마신다.

황금향 10~12월

천혜향과 한라봉을 접목해 만들어진
품종이다. 두 품종의 특징을
모두 담아 향기가
깊고 새콤달콤
매력적인 맛이다.

이중섭미술관

화가 이중섭은 한국전쟁 당시 원산을 떠나 서귀포에 1년 정도 머물렀다. 비록 짧은 시간이었지만, 가족과 함께했던 그 시간을 가장 행복했던 순간으로 작품에 녹여냈다. 비운의 천재 화가로 평가받는 이중섭을 기념하기 위해 살았던 집을 복원하고 이중섭미술관을 설립했다. 미술관에는 서귀포 거주 시절 전후로 그려진 은지화 작품이 많이 전시되어 있다. 미술관 아래에는 이중섭 가족이 함께 거주했던 방이 복원돼 있다. 1명도 답답했을 법한 좁은 방에 1년 남짓 살을 부대끼며 살았다는 것이 믿기지 않는다. 미술관과 거주지가 있던 거리는 이중섭 거리로 지정되어 플리마켓과 여러 공방이 예술혼을 이어가고 있다.

지도 P.299-상단 **주소** 서귀포시 이중섭로 27-3 **전화** 064-760-3567 **운영** 09:00~18:00(하절기 ~20:00) **요금** 성인 1,500원, 어린이 400원

숨도

석부작박물관이 '숨이 모여 쉼이 되는 정원'이라는 의미로 '숨도'라는 이름으로 재탄생했다. 돌에 다양한 식물을 키우는 석부작은 제주와 잘 어울리는 정원 테마일 것이다. 화산 활동으로 돌이 많은 제주는 생명이 살아가기에 다소 척박한 곳이었지만, 생명은 그곳에서조차 싹을 틔우고 돌과 뿌리가 얽히며 지금의 제주가 되었으니 말이다. 3만여 평의 정원에는 석부작 2만여 점과 1,000여 점에 달하는 다양한 야생화들로 가득하다. 조용히 사색하며 걷기에 부족함이 없는 곳이다. 정원 한가운데 들어선 카페 숨도에서 '쉼 한잔'을 곁들여도 좋다.

지도 P.298 **주소** 서귀포시 일주동로 8941 **전화** 064-739-5588 **운영** 08:30~17:30 **요금** 성인 6,000원, 어린이 3,000원

세계조가비박물관

40년 넘게 세계 각지를 돌아다니며 모은 조개껍데기로 만든 작품들을 전시하는 박물관. 손톱만큼 작은 조가비부터 사람 머리보다 큰 조가비까지, 방금 바닷속에서 꺼낸 것처럼 섬세하고 아름답다. 어찌 보면 흔한 조개로 이렇게 뛰어난 예술작품을 만들 수 있다는 것이 더 신기하다. 제주 해변에 들르기 전 조가비박물관을 먼저 방문해보자. 성인 여성 및 아이들에게는 은침 진주 귀걸이 또는 조가비 목걸이도 증정하고 있어 일석이조나 다름없다(한정 수량, 할인쿠폰 사용 및 네이버 예약 고객 제외).

지도 P.299-상단 **주소** 서귀포시 태평로 284 **전화** 064-762-5551 **홈페이지** www.wsmuseum.co.kr **운영** 09:30~17:00 **요금** 성인 7,000원, 어린이 4,000원

서복전시관

진시황의 불로초 전설을 담고 있는 곳. 서복은 진시황의 방사였다가 불로장생의 약초를 찾으라는 지시에 따라 3,000명의 대선단을 이끌고 제주에 도착했다. 불로초는 찾지 못했지만, 영지버섯, 금광초 등의 약초를 찾아 서귀포를 거쳐 일본에 정착하였다. 정방폭포에는 '서불과지(서불이 이곳을 다녀감)'라는 한자가 쓰여 있는데, '서복이 돌아간 포구'라는 뜻에서 지금의 서귀포(西歸浦)라는 지명이 되었다고 알려져 있다. 서복전시관에는 서복과 진시황에 얽힌 이야기와 중국에서 기증받은 관련 전시물이 보관되어 있다. 박물관 앞으로 한 폭의 그림 같은 서귀포 앞바다 풍경이 펼쳐진다.

문섬과 섶섬 사이로 펼쳐진 서귀포 바다 풍경

전시관 옆으로 중국식 마터 정원이 이어진다

지도 P.299-상단 **주소** 서귀포시 칠십리로 156-8 **전화** 064-760-6361 **운영** 09:00~18:00 **요금** 성인 500원

서귀포매일올레시장

제주동문시장과 비교할 만큼 서귀포에서 가장 큰 시장이다. 서귀포에서 가장 오래된 시장답게 각종 식료품과 해산물, 특산품 및 생활용품까지 모두 갖추고 있다. 슬렁슬렁(설렁설렁) 걸으며 눈요기하고 각종 SNS와 TV에 소개된 문어빵, 귤하르방빵, 한라봉주스, 흑돼지꼬치와 같은 군것질거리를 찾는 재미가 쏠쏠하다. 하루 일정을 마치고 저녁의 출출함을 달랠 먹거리를 포장해가기 좋은 코스다.

지도 P.299-상단 **주소** 서귀포시 중앙로62번길 18 **영업** 07:00~20:00 **전화** 064-762-1949

☑ **TRAVEL TIP**
작가 추천 맛집
할머니떡집(오메기떡) |
새로나분식(모닥치기) |
우정회센타(꽁치김밥) |
게판5분전(딱새우회, 부채새우찜) |
마농치킨(치킨)

아프리카박물관

쉽게 경험해볼 수 없는 아프리카 문화와 생활을 간접적으로 체험할 수 있어서 꾸준하게 인기를 끌고 있다. 현생 모든 인류는 아프리카에서 시작되어 전 세계로 뻗어나갔다. 누발로 느리지만 꾸준하게 퍼진 그 시작점을 따라 거꾸로 여행을 떠나게 된다. 수천 년의 시간을 담고 있는 아프리카의 다양한 유물들이 전시되어 있다. 사람과 동물들을 조화롭게 형상화한 다양한 가구와 공예품도 한자리에서 만나볼 수 있다. 3,000년 전 아프리카 짐바브웨 모잠비크에서 시작된 전통 악기인 '칼림바' 만들기 체험도 곁들여 보자.

지도 P.299-하단 **주소** 서귀포시 이어도로 49 **전화** 064-738-6565 **운영** 10:00~19:00 **예산** 어른 10,000원 어린이 8,000원

제1 폭포(연못 형태)는 하천이 범람할 때만 폭포가 형성된다.

천제연폭포

한라산에서 시작된 중문천이 3단의 폭포를 만들고, 천상의 선녀들이 다녀갔다는 전설로 '천제연(天帝淵)'
이라는 이름을 얻었다. 3단의 폭포 중에서도 제1 폭포 아래의 못을 천제연이라 한다. 주상절리가 병풍처럼
둘러져 있고 그 아래로 영롱하게 빛나는 에메랄드빛 호수가 있다. 폭포는 비가 와서 수량이 늘어나면 생기
고 평소에는 폭포수가 떨어지지 않는다. 천제연에서 제2 폭포와 제3 폭포로 이어지며 협곡을 이루게 된다.
협곡은 선임교로 연결되어 있는데 여기서 내려다보는 풍경이 아찔하다. 옥황상제를 모시던 칠선녀들이 노
닐었다 해서 '칠선녀 다리'라고도 부른다. 3단 폭포를 모두 보려면 1시간 이상 잡아야 한다.

지도 P.299-하단   **주소** 서귀포시 천제연로 132(주차장) **전화** 064-760-6331 **운영** 09:00~18:00 **요금** 성인 2,500원, 어린이 1,350원

중문색달해수욕장

사계절 온화한 기후와 이국적인 풍광 덕분에 중문관광단지에서 제일 인기가 높은 곳. 여름 한철 물놀이를 즐기기도 하지만 파도가 높고 잦은 편이라 서퍼들이 더 많이 찾는다. 야자수 너머로 파도를 타는 모습만 보아도 설렌다. 이곳의 모래사장은 색이 독특하다. 검은색, 붉은색, 흰색과 회색이 섞여 있어 보는 시점에 따라 색이 달라 보인다. 모래사장을 따라 이어지는 올레길 8코스를 따라 걸어도 좋고 롯데호텔과 신라호텔로 이어지는 언덕 위 산책로에서 해변을 내려다보는 모습도 매력적이다.

지도 P.299-하단 **주소** 서귀포시 색달동 2950-3(주차장)

여미지식물원

1989년 개원하여 제주 관광 자원 중에서도 오래된 축에 속하지만 매년, 매일 새로 피어나는 식물 덕분에 언제 와도 새롭고 신선함이 묻어난다. 동양 최대 크기를 자랑하는 3,800여 평의 유리온실 안에서는 열대 및 아열대 식물들과 선인장, 수생식물들이 자라고 있다. 온실 중앙에 자리한 전망대에 오르면 중문 전체 풍경과 한라산이 눈앞에 펼쳐진다. 날씨가 좋은 날에는 멀리 가파도와 마라도까지 보이기도 한다. 온실 밖 3만 평의 야외 식물원도 빠뜨리면 아쉽다. 프랑스와 이탈리아, 일본 등 세계 각국의 정원을 재현해 놓았다. 전체를 다 보려면 1시간 30분 이상 걸리는데 식물원 입구의 관광열차를 이용하면 편리하게 관람할 수 있다.

지도 P.299-하단 **주소** 서귀포시 중문관광로 93 **전화** 064-735-1100 **홈페이지** www.yeomiji.or.kr **운영** 09:00~18:00 **요금** 성인 10,000원, 어린이 6,000원

테디베어뮤지엄

1902년 미국의 루스벨트 대통령이 사냥 중 어린 곰을 풀어준 이야기가 워싱턴 포스트지에 만화로 실리게 되었고, 그림 속 새끼 곰은 대통령의 애칭이 더해진 'Teddy's Bear'로 불리게 되었다. 테디베어뮤지엄은 국내 최대 규모의 테디베어 박물관으로, 근대 100년 역사를 테디베어로 재현해 놓은 역사관과 빈센트 반 고흐, 구스타프 클림트, 레오나르도 다빈치의 예술 작품들을 테디베어로 재탄생시킨 예술관으로 구성돼 있다.

지도 P.299·하단 **주소** 서귀포시 중문관광로110번길 31 **전화** 064-738-7600 **운영** 09:00~18:00 **요금** 성인 12,000원, 어린이 10,000원

조안베어뮤지엄

'조안 오'는 1980년대부터 테디베어에 빠져 직조공장을 설립하고 유학까지 다녀온 국내 얼마 안되는 테디베어 작가다. 기존 원단으로 인형을 만드는 다른 작가들과 달리 조안은 원단까지 직접 만들어 인형을 만든다. 조안베어뮤지엄은 조안의 작업실과 작품들을 만나 볼 수 있는 박물관이다. 네이버 예약을 이용하면 할인된 가격으로 입장권을 구입할 수 있다(2021년 4월 30일까지). 입장 시 작은 테디베어 인형을 하나씩 제공해 기쁨을 선사하기도 한다. 주인장이 장인정신으로 만들어낸 인형들과 사진도 찍고 인형이 만들어지는 과정도 볼 수 있다.

지도 P.299·하단 **주소** 서귀포시 대포로 113 **전화** 064-739-1024 **운영** 09:00~18:00 **요금** 성인 8,000원, 어린이 6,000원

서귀포시 중심 맛집

고집돌우럭

#제주 우럭 제대로 즐기기 #돌우럭조림 #낭푼밥

육지에서 흔히 말하는 우럭은 검은색의 '조피볼락'을 이야기하는데, 제주
에서 우럭은 사뭇 다르다. 남해와 제주에서 주로 잡히는 고급 어종인 쏨뱅이와
붉은쏨뱅이를 우럭 또는 돌우럭이라고 통칭한다. 제주 우럭은 육질이 쫄깃하며 특히 조림이나 매운탕에
잘 어울린다. 고집돌우럭에서는 제주 우럭으로 조림을 하고 옥돔구이에 해녀들의 밥상 '낭푼밥'으로 한 상
을 차려 나온다. 매콤달콤한 양념이 단단한 우럭 살과 찰떡궁합. 제주시 건입동과 함덕해수욕장 앞에도 지
점이 있다. 제주 향토음식을 두루 맛볼 수 있어 좋지만 그만큼 가격도 높은 편.

지도 P.299-하단 **주소** 서귀포시 일주서로 879(중문점) **전화** 064-738-1540 **영업** 10:00~21:30(브레이크타임 15:00~17:00) **예산**
런치A 24,000~, 저녁 알뜰 상차림 33,000~

'죽어도 삼뱅이(쏨뱅이)'라는 이야기가 있을 정도로
제주 사람들에게 사랑받는 어종이다.

네거리식당

#갈칫국맛집 #시원하고 칼칼한 국물

갈치구이를 잘하는 집은 많아도 갈칫국 맛집 찾
기는 쉽지가 않다. 네거리식당은 20년 넘게 갈치
요리로 도민들과 여행객들의 사랑을 받는 곳이
다. 호박을 같이 넣고 끓여 갈치 호박국이라고도
하는데, 신선한 갈치를 사용해서 비린 맛이 전혀
없고 시원하면서도 칼칼한 국물 맛이 일품이다.
갈치, 호박, 배추가 주재료로 단순한 조합이지만
나오는 맛은 단조롭지 않은 것이 특징. 매운 고추
를 듬뿍 넣어 먹어야 제맛이다.

지도 P.299-상단 **주소** 서귀포시 서문로29번길 20 **전화**
064-762-5513 **영업** 07:30~22:00 **예산** 갈칫국 15,000원,
갈치구이 25,000원

대도식당

#김치복국맛집 #아침 해장에 제격 #혼밥가능

복국 전문 식당으로 매운탕이나 지리도 좋고 김치
복국으로도 유명한 곳이다. 시원한 복국에 김치까
지 더해져 '깔끔하고 시원하다'라는 맛의 표현이
딱 맞는다. 개운한 국물 덕에 이른 아침부터 해장
하러 찾는다. 오후부터는 대기가 길어지기도 하고
재료 소진 시 일찍 문을 닫기도 한다. 전날 술로 달
렸다면 하루 일정의 시작으로 이 집을 찾아가보자.
매운 고추와 함께 나오는 갈치속젓도 일품.

지도 P.299-상단 **주소** 서귀포시 솔동산로
22번길 18 **전화** 064-763-1033 **영
업** 09:30~15:00, 일요일 휴무
예산 김치복국·복매운탕·
복지리 15,000원

덕성원

#꽃게짬뽕 #오래된 맛집 #탕수육도 별미

1945년부터 약 70년이 넘는 긴 시간 동안 3대가 맛을 이어오고 있는 중국요리집. 깊은 내공을 바탕으로
다양한 메뉴를 선보이는 중식당이라 딱히 특정 메뉴를 추천하기 쉽지 않지만, 덕성원 하면 다들 '꽃게짬뽕'
을 떠올릴 정도로 인기다. 먹기 좋게 손질된 꽃게가 듬뿍 들어가서 짬뽕 국물이 깔끔하면서도 깊은 맛을
낸다. 꽃게짬뽕 말고도 탕수육도 별미다. 바삭한 튀김옷 안에 고기 살이 가득 차 있다. 제주도 안에 여러 지
점이 있긴 해도 개인적으로 본점 국물 맛이 가장 으뜸이다.

지도 P.299-상단 **주소** 서귀포시 태평로401번길 4(본점) **전화** 064-762-2402 **영업** 11:00~21:00, 둘째 주 화요일 휴무 **예산** 꽃게짬
뽕 10,500원, 탕수육 17,000원

동성식당

#제주식 두루치기 #도민 맛집 #볶음밥 필수

제주시에서 서귀포로 넘어가는 516 도로를
따라가다 보면 나오는 토평동에서 알아주는
도민 맛집이다. 제주식 두루치기 전문점인데
1인 7,000원이라는 저렴한 가격인데도 불구
하고 흑돼지 생고기를 고집하고 있다. 자작
한 국물에 흑돼지, 감자, 버섯을 먼저 익히고
어느 정도 익으면 콩나물과 파채를 함께 볶
으면 된다. 기본도 좋지만, 추가 요금을 내고
흑돼지 오겹살로 업그레이드하면 더 고급스
럽게 즐길 수 있다. 자작한 국물을 남겨 마지
막에 밥을 볶아 먹어야 후회가 없다.

지도 P.298 **주소** 서귀포시 토평남로 109 **전화** 064-
733-6874 **영업** 10:00~22:00 **예산** 두루치기 7,000원
(공깃밥 별도)

듀크서프비스트로

#서퍼들의 아지트 #퓨전 술집 #타코맛집

서핑으로 인기 높은 중문해변의 해녀의 집 앞 서핑 포인트를 '듀크'라고 부른다. 서핑 마니아 주인장이 좋
아하는 해변 근처에 자리 잡아 가게 이름에도 '듀크서프'를 넣어 지었다. 토요일은 점심때부터 운영하지만,
평일에는 저녁 장사만 하는 퓨전 술집이다. 타코, 피시앤칩스부터 나시고랭까지, 통일성 없는 메뉴들의 조
합이지만 재료 하나만큼은 동네 시장에서 직접 선별한 신선한 식재료로 만든다. 인기 메뉴는 제주 생선으
로 만든 '피시타코'. 서핑보드 모양의 도마에 플레이팅되어 나오는 타코에서 주인장의 서핑 사랑이 엿보인
다. 관광객도, 도민도 아닌 외국인이 더 많이 찾는 요상한 식당.

지도 P.299-하단 **주소** 서귀포시 천제연로188번길 6-6 **전화** 070-8877-1251 **영업** 17:00~01:00, 일요일 휴무 **예산** 피시타코
13,000원, 피시앤칩스 16,000원, 제주나시고랭 12,000원

상록식당

#삼겹살 연탄구이 #군침도는 양념삼겹살 #가성비맛집

양념이 버무려진 삼겹살을 연탄불에 구워 먹는 맛, 상상만 해도 군침이 돈다. 상록식당은 누구에게는 신선한 맛이고 누구에게는 추억의 맛인 연탄 양념구이를 전문으로 하는 식당이다. 제주산 생고기도 저렴하지만 양념삼겹살이 주력 메뉴. 200g 1인분에 1만 2,000원이라는 매력적인 가격으로 도민과 여행객을 홀리고 있다. 연탄불 위에 올라간 묵직한 주물 석쇠 위로 양념이 버무려진 삼겹살이 지글거리면 여행의 피로도 함께 풀리는 것 같다. '하효처가집'이라는 이름으로 2호점도 운영하고 있다.

지도 P.298 **주소** 서귀포시 토평로 24 **전화** 064-762-4974 **영업** 11:00~21:30, 화요일 휴무 **예산** 양념삼겹살 12,000원, 제주산 목살 14,000원

수두리보말칼국수

#보말의 여왕 #시원한 국물 맛이 일품
#마무리는 보리밥

보말 중에서도 가장 맛있는 '수두리 보말'로 칼국수와 죽을 만든다. 삼각형 모양으로 생긴 수두리 보말은 쫄깃하면서도 깊은 맛이 나 보말의 여왕이라고도 불린다. 보말 내장으로 맛을 낸 칼국수의 국물이 멸치육수와 또 다른 시원한 맛을 선사한다. 톳을 넣고 직접 반죽한 면을 사용해서 색이 검고 일반 칼국수 면과도 차별화했다. 양이 부족하지는 않지만 시원한 국물에 무료로 제공되는 보리밥을 시켜 말아 먹어도 좋다.

지도 P.299-하단 **주소** 서귀포시 천제연로 192 **전화** 064-739-1070 **영업** 08:00~17:00, 첫째·셋째 주 화요일 휴무 **예산** 톳보말칼국수 10,000원, 성게전복죽 13,000원

쌍둥이횟집

#SNS맛집 #푸짐한 해산물 한 상 #끝없는 곁들임

서귀포 쪽 횟집을 추천해 달라고 하면 대부분 이 집을 꼽는다. 쌍둥이
수산이라는 작은 횟집으로 시작해서 'SNS 제주 횟집 추천'에서 항상
다섯 손가락 안에 들 정도로 규모가 커졌다. 인기 비결은 메인 메뉴와
다름없는 고급스러운 '곁들이 안주'들이 끊임없이 나오기 때문이 아
닐까 한다. 특 모둠스페셜 메뉴 기준으로 전복죽, 전복구이, 제주 돌
문어, 뿔소라회, 게우젓, 깅이볶음 등 제주에서 먹어봐야 하는 어지간
한 해산물은 거의 다 나온다. 여기에 전복회, 고등어회와 갈치회까지
곁들이면 어디까지가 메인이고 곁들임인지 구분이 어렵다.

마지막 매운탕과 초밥까지 먹고 나면 크게
대접을 받은 것 같은 만족감이 든다.

지도 P.299-상단 **주소** 서귀포시 중정로62번길 14 **전화** 064-762-0478 **영업**
11:00~23:30 **예산** 4인 특 모둠스페셜 130,000원

용이식당

#저렴한 가격에 #훌륭한 두루치기의 맛
#막걸리와 찰떡궁합

양념한 돼지고기를 먼저 익히고 콩나물, 무채, 파채
를 올려 같이 볶아 먹는 제주식 두루치기의 원조급
맛집이다. 야들야들한 제주산 돼지고기 식감에 아삭
한 야채가 풍성함을 더해준다. 1인분 8,000원이라는
가격에 양도 넉넉하다. 두루치기 외에 음료와 주류를
별도로 판매하지 않지만 가져와서 먹는 것은 문제가
없다. 식당 옆 가게에서 제주 막걸리를 미리 사서 가
는 것을 추천한다. 용이식당 두루치기가 먹고 싶은데
동선이 나오지 않는 경우 제주시 '천도두루치기(연수
로3길 23)'를 방문해보자. 가족이 운영하는 곳으로
동일한 맛을 보여준다.

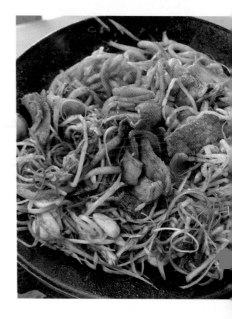

지도 P.299-상단 **주소** 서귀포시 중앙로79번길 9 **전화** 064-732-
7892 **영업** 08:30~22:00, 홀수 주 수요일 휴무 **예산** 두루치기
8,000원

연돈

#기다려볼만한 #백종원의선택 #끝판왕맛집

'골목식당'이라는 프로그램에서 찾은 보석 같은 식당이다. 서울 포방터시장에서 '돈카2014'라는 이름으로
영업하다가 TV 출연 이후 이름을 연돈으로 바꾸고 제주로 자리를 옮겼다. 제주 흑돼지로 만든 등심가스도
맛있지만 치즈가스가 이 집의 명물. 오랜 시간 두드려 얇게 만든 흑돼지를 두둑한 치즈로 감싸서 만든다.
막 나온 치즈를 젓가락으로 들어 올리면 그 끝이 없을 정도로 늘어난다. 글루텐 함량이 적은 수제 빵가루
로 만든 튀김옷이 선사하는 바삭한 식감은 말로 표현하기가 힘들 정도. 일단 맛을 보면 긴 시간 기다림은
아무것도 아니라는 생각이 든다. 매일 저녁 8시 '테이블링'이라는 애플리케이션으로 예약하면 되고, 예약
을 못했더라도 신메뉴인 수제볼카츠와 볼카츠샌드는 바로 구매할 수 있다.

(지도 P.299-하단) **주소** 서귀포시 일주서로 968-10 **전화** 064-738-7060 **영업** 12:00~20:00(브레이크타임 16:00~18:00), 월요일 휴
무 **예산** 등심가스 11,000원, 치즈가스 13,000원, 수제볼카츠 3,000원

하효소머리국밥

#제주고메위크가 인정한 #국밥 맛집
#뽀얀 국물이 일품

3년 연속 제주고메위크 맛집으로 선정될 정도로 뛰어난 맛을 자랑하는 국밥 맛집. 소의 머리 고기와 사골을 넣고 푹 고아 만든 뽀얀 국물이 마치 보약 같은 느낌이 든다. 국밥만큼이나 소머리수육도 강력 추천 메뉴다. 지방이 적으면서도 부드러운 식감이 뛰어난 우설(소의 혀)과 편육이 가득 올라간다. 모두 국내산 재료를 사용함에도 가격이 높지 않고 넉넉한 양도 마음에 든다. 하효동까지 가기 어렵다면 제주시 아라동(주소 제주시 인다4길 4)에도 분점이 있다.

지도 P.298 **주소** 서귀포시 효돈로 174 **전화** 064-732-2241 **영업** 07:00~21:00, 토요일 휴무 **예산** 소머리국밥 10,000원, 소머리수육(소) 30,000원

돈가네우가네

#도민 맛집 #가성비 좋은
#돼지고기 연탄구이

서귀포 관광지와 한 발 떨어져 있는 도민들이 주로 가는 고깃집이다. 양념갈비는 400g, 생고기는 200g에 1만 3,000원으로 저렴하게 제주산 청정 돼지고기를 맛볼 수 있다. 오겹살을 시킬지, 목살을 시킬지 고민하지 말고 그냥 '모둠구이'를 주문하면 삼겹살, 목살 그리고 항정살과 갈메기살이 고루 나온다. 워낙 회전이 빨라 고기도 신선하고, 연탄불에 은근히 구워져 고소한 맛이 배가 된다.

지도 P.299-상단 **주소** 서귀포시 동홍중앙로 52 **전화** 064-733-7233 **예산** 모둠구이(200g) 13,000원

중앙통닭

#마농치킨 #서귀포매일올레시장맛집 #마늘 듬뿍

서귀포매일올레시장 맛집 중 가장 많은 인기를 누리는 곳 중 하나. 프라이드 치킨 단일 메뉴만 파는데 마늘이 듬뿍 올라가는 것이 특징. 제주에서는 마늘을 '마농'이라고 해서 이름도 '마농치킨'이라고 부른다. 튀김옷이 두껍지 않으면서도 기름이 적당히 올라 고소하다. 여기에 은은한 마늘 향까지 더해져서 어느 정도 느끼함까지 잡아준다. 본점은 포장만 가능하고 근처 분점에서는 자리를 잡고 '치맥'도 가능하다. 주문이 밀려 있어 먼저 가서 예약하고 시장을 둘러보면서 기다리는 게 좋다.

지도 P.299-상단 **주소** 서귀포시 중앙로48번길 14-1(본점) **전화** 064-733-3521 **영업** 07:00~21:00(브레이크타임 16:00~17:30), 화요일 휴무 **예산** 프라이드 치킨 16,000원

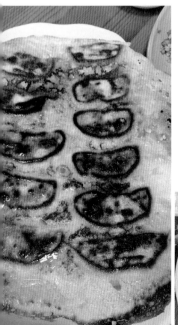

천일만두

#군만두맛집 #중국전통수제만두 #마파두부

시장 골목 한쪽에 중국식 전통 수제만두를 만드는 곳이 있다는 것이 놀랍다. 고기만두와 부추로 만든 군만두 두 가지 종류인데 부추만두가 인기가 높다. 겉은 바삭하고 속은 육즙이 가득 차 있으며, 은은한 부추 향과 새우 맛이 감미롭게 조화를 이룬다. 칭다오 맥주한 잔과 최고의 궁합을 보여주는 맛! 술 한 잔 기울이기에도 나쁘지 않고 마파두부, 물만두와 함께 한 끼 식사로도 손색이 없다.

지도 P.299-상단 **주소** 서귀포시 서문로 25 **전화** 064-733-9799 **영업** 10:00~21:00 (브레이크타임 14:00~17:00), 둘째·넷째 주 수요일 휴무 **예산** 군만두 8,000원

바다나라횟집

#보목포구 #자리돔 맛집

물회의 원조는 역시 자리 물회다. '작아도 자
리돔은 돔'이라는 말이 있다. 크기와 달리 참
돔, 옥돔, 돌돔 같은 생선처럼 맛있다는 말이
다. 제주 전역에서 잡히는 자리돔이지만 다 같
은 맛은 아니다. 모슬포 쪽 자리는 크기가 크
고 뼈가 억세서 자리구이에 최적이다. 반면 보
목포구 쪽 자리는 뼈가 부드럽다. 뼈째 썰어
먹는 자리 물회 특성상 보목포구 자리를 최고
로 친다. 된장이 기본이 되는 제주식 물회와
관광객의 입맛에 맞춰 새콤달콤한 물회를 선
택할 수 있다. 매년 5월 말에서 6월 초 사이 보
목포구에서 자리돔 축제가 열린다.

지도 P.298 **주소** 제주 서귀포시 보목포로 55 **전화** 064-
732-3374 **영업** 10:00~20:00 **예산** 자리물회 12,000원

칼초네화덕피자

#중문피자맛집 #칼초네피자 전문 #반달 모양의 피자

피자 도우에 여러가지 재료를 넣고 만두처럼 반달 모양으로 접어 오븐에 구운 피자를 이탈리아에선 '칼초
네(calzone)'라고 한다. 중문 화덕 피자로 알려진 칼초네화덕피자에서는 치즈와 제주산 불고기가 듬뿍 들
어간 칼초네 피자를 잘하는 집이다. 오븐이 아니라 고온의 화덕에 구워서 겉은 바삭하고 속은 촉촉한 것이
특징. 칼초네 말고도 일반 피자들도 수준급이다. 수제 토마토 페이스트 위에 치즈가 수북이 올라간 치즈피
자도 좋은 선택.

지도 P.299-하단 **주소** 서귀포시 예래로 115 **전화** 064-738-9387 **영업** 12:00~17:00(브레이크타임 15:00~17:00), 목요일 휴무 **예
산** 칼초네피자 25,000원

뽈살집

#흑돼지특수부위전문
#서귀포매일올레시장맛집

제주에 갔다면 꼭 먹어봐야 하는 흑돼지구
이. 하지만 비싼 가격에 부담이 되기도 하고
색다른 흑돼지구이를 먹고 싶다면 뽈살집을
눈여겨보자. 호텔 주방장 출신 주인장이 매
일 아침 도축장에 나가 흑돼지 특수 부위를
선별하여 손님상에 올리고 있다. 식당 이름
이기도 한 뽈살(뽈살)은 담백하고 고소한
맛이 강하고, 마리당 500g만 나온다는 눈
썹살, 참새구이 맛이 난다는 돈새살 등 6가
지 흑돼지 특수 부위를 맛볼 수 있다. 1인분
에 1만 원대로 가격도 저렴하거니와 어디서
도 먹기 힘든 맛 덕분에 주말에는 일찌감치
마감되는 경우도 많다.

지도 P.299-상단 **주소** 서귀포시 중정로91번길
37(본점), 제주시 한림읍 한림상로 194(한림점) **전
화** 064-763-6860(본점) **영업** 16:00~01:00 **예산**
모둠스페셜 2인 39,000원

모닝해장국

#진정한해장은아침에서시작된다
#도민들이애정하는맛집

여행에서 술은 빠질 수 없고, 다음 날 다
시 여행을 이어나가려면 해장도 잘해야 한
다. 이른 아침 모닝해장국에서 속 달래주는
해장국 한 그릇이면, 어제 아무리 달렸어
도 금방 얼굴에 화색이 돌 정도다. 오죽하
면 가게 이름부터 '모닝해장국'일까. 이 집
의 해장국은 여느 식당들처럼 간이 강하지
않고 슴슴해서 이른 아침에 먹기에도 부담
이 없다. 넉넉한 속 재료에 든든함은 덤!

지도 P.299-상단 **주소** 서귀포시 동홍남로 77 **전화**
064-732-9229 **영업** 06:00~14:00 **예산** 소해장국
8,000원, 뼈해장국 8,000원

서귀포시 중심 카페

허니문하우스
#신혼여행의 기억 #그림 같은 전망 #지중해 분위기

오래전 신혼여행 명소였던 파라다이스 호텔이 긴 휴식 기간을 거쳐 새롭게 시작했다. 숙소는 아직 문을 닫고 있지만, 바다가 내려다보이는 카페는 '허니문하우스'라는 이름으로 추억을 담았다. 유럽풍 건축물과 정원이 지중해 어딘가에 와 있는 듯한 분위기를 연출한다. 카페에 들어서는 순간 주문은 잊고 파노라마처럼 펼쳐지는 풍경에 이끌려 자꾸만 카페 앞마당으로 향하게 된다. 올레길 6코스와 바로 이어지는 곳으로 잠시 시간을 내서 산책하기도 좋다. 5분 거리의 소정방폭포, 소라의 성과 이어진다.

지도 P.299-상단 **주소** 서귀포시 칠십리로 228-13 **전화** 070-4277-9922 **영업** 09:30~18:30 **예산** 아메리카노 5,500원

블라썸

#한라산이 한눈에 #브런치카페 #다양한 메뉴

바다와 가까운 곳에 자리 잡고도 제주의 중심 한라
산을 향해 건물을 올렸다. 넓은 창과 루프톱을 통
해 한라산을 꽉 차게 눈에 담을 수 있다. 브런치카
페지만 어지간한 이탈리안 레스토랑보다 메뉴가
많다. 파스타와 리소토 종류만 10가지가 넘는다. 브
런치로는 에그베네딕트나 파니니에 커피 한 잔이
잘 어울린다. 인기 메뉴는 '제주화산송이 프라푸치
노'. 초코와 커피가 들어간 카페모카 맛의 프라푸치
노에 제주화산송이를 닮은 크런치가 올라간다.

지도 P.299-상단 **주소** 서귀포시 남성로 136 **전화** 064-732-
4045 **영업** 08:00~22:00, 화요일 휴무 **예산** 제주바구니
10,000원, 제주화산송이 프라푸치노 7,000원

달달 시원한 프라푸치노에
아삭하게 씹히는 식감이 재미난다.

서홍정원

#솜반천 옆 #도심 정원 #디저트맛집

천지연폭포의 원류인 솜반천 바로 옆에 위치한 디저트 카페. 야외 테이블에서 내려다보는 솜반천과 주
변 나무들이 마치 도심이 아닌 숲속 깊이 들어온 듯한 분위기를 전해준다. 매일 직접 만드는 베이커리도 수
준급이고 음료에도 차별화를 두려고 노력한 흔적이 곳곳에 보인다. 좁은 골목 끝자락에 자리 잡아 주차가
불편한 것이 유일한 단점. 큰길 건너에 있는 걸매생태공원 주차장에 차를 두고 걸어가는 것을 추천한다.

지도 P.299-상단 **주소** 서귀포시 솜반천로55번길 12-8 **전화** 064-762-5858 **영업** 11:00~22:00 **예산** 카푸치노번 6,000원

테라로사 서귀포점

#귤밭 전망 #커피 포토존 #커피맛집

쇠소깍에서 올레길 6코스를 따라 걷다 보면 바다를 향한 카페들이
많은데, 유독 등을 돌려 귤밭을 향해 큰 창문을 낸 카페가 있다. 국내
스페셜티 커피 문화를 선도하고 있는 커피 명가 테라로사의 제주 서귀
포점으로, 공간 자체를 문화로 만들려는 철학이 카페 곳곳에 묻어 있다. 대
형 창문 너머로 제주 감귤나무와 야자수나무가 깊은 숲속에 머무는 듯한 편안함을 선사한다. 분위기만 좋
은 것이 아니다. 강릉 커피 공장 테라로사의 명성답게 전문 바리스타가 내려주는 산지별 드립커피의 향이
카페 전체를 채우는데, 여행의 피로를 어루만져 주기에 충분하다.

지도 P.298 **주소** 서귀포시 칠십리로658번길 27-16 **영업** 09:00~21:00 **예산** 아메리카노 4,500원

레몬뮤지엄

#친환경 레몬 #상큼달콤 #레몬농장포토존

왁스 코팅이나 인공 착색을 하지 않은 친환경 무농
약 레몬을 직접 재배해서 음료와 디저트를 만든다.
시그니처 메뉴는 레몬 아이스크림과 레몬 무스. 레
몬 아이스크림은 커다란 생레몬 안에 직접 착즙해
서 만든 상큼하고 달콤한 아이스크림이 가득 들어
간다. 레몬 무스는 진짜 레몬이 아닌가 싶을 정도
로 뛰어난 비주얼에 스푼을 들기가 아까울 정도다.
매장 옆 레몬 농장도 둘러볼 만하다. 제주에서 흔
하게 보이는 감귤나무가 아닌 노란색과 녹색의 대
비가 선명한 레몬이 자라는 모습이
신선하다.

지도 P.298 **주소** 서귀포시 남원읍
하례로620번길 41 **전화** 064-733-
3001 **영업** 10:00~18:00 **예산** 제주
레몬무스 7,500원 제주레몬 아이스
크림 9,800원

제주에인감귤밭

#포토존 #감귤따기체험 #겨울에가면좋을

감귤이 주황색으로 물들어가는 11월 이후에 가면 특히 좋은 곳이다. 녹색의 잎들 사이로 주황색 귤들이 주렁주렁 달린 모습을 SNS에 올리면 순식간에 하트가 귤만큼 주렁주렁 달린다. 감귤 창고를 카페로 개조하고 감귤밭 곳곳에 포토존을 만들어 놓았다. 음료 가격은 다소 비싸지만 입장료라 생각하고 이해하는 것이 편하다. 노지 귤이 본격 적으로 익어가는 시즌에는 감귤 따기 체험을 별도로 진행한다. 카 페 내에는 넓은 주차장이 있긴 하지만 들어오는 길이 상당히 좁아 주의가 필요하다.

지도 P.299-상단 **주소** 서귀포시 호근동 693 **전화** 010-2822-1787 **영 업** 10:00~18:00, 비정기적 휴무 **예산** 라봉풍당에이드 7,000원

친봉산장

#벽난로 #불멍 #구운우유

영화 속에서나 보던 미국 서부 느낌 물씬 풍기는 인테리어가 시선을 끌고, 벽난로에서는 타닥타닥 장작이 분위기 있게 타 들어간다. '산장'이라는 이름이 너무나 잘 어울리는 카페. 하루 여행의 마지막쯤 들러 맥주나 와인 한잔과 함께 시간 보내기 그만이다. 가장 인기 있는 자리는 단연 벽난로 앞. 편하지 않은 작은 나무 의자

여도 벽난로 '불멍'에 한번 빠지면 헤어나오질 못한다. 친봉산장의 시그니처 음료인 구운우유 한잔을 손에 들고 여행을 마무리해보자.

지도 P.298 **주소** 서귀포시 하신 상로 417 **전화** 010-5759-5456 **영 업** 10:00~21:00 **예산** 아이리쉬커 피 10,000원 구운우유 8,000원

제주도의
숨은 보석

서귀포시 서부

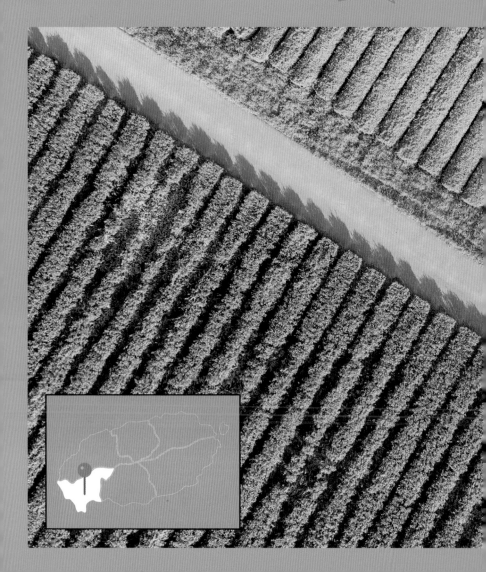

인기 관광지는 아니지만 항구 중심의 서귀포
시내와 중문 관광지보다 더 역사가 길다. 정의현(현
성읍민속마을)과 더불어 대정현은 제주 서쪽의
중심이기도 했다. 덕분에 오래된 맛집들이 많다.
일제 만행의 흔적도 많이 남아 있어 다크투어의
중심이 되기도 한다. 안덕면은 볼거리가 많고
대정읍은 노포 식당을 찾는 재미가 있다.

서귀포시 서부
베스트 여행지

BEST 1

박수기정 **P.334**

#샘물이 솟아나는 절벽 #해안절벽
#석양질 때 풍경이 아름다운 곳

BEST 2

안덕계곡 **P.334**

#제주 최고의 계곡 풍경
#진한 여운이 남는 곳 #가을 강추

BEST 3

산방산 **P.159, P.335**

#설문대할망설화
#제주 서쪽 랜드마크

BEST 4

용머리해안 **P.159, P.336**

#제주를 대표하는 지질공원
#하멜표류기 #물때 확인

BEST 5

오설록 티뮤지엄 **P.338**

#제주 여행 필수 코스 #그림 같은
녹차밭 #녹차아이스크림은 꼭 먹기

BEST 6

본태박물관 **P.337**

#건축가 안도 다다오 작품 #본래의
아름다움 #무한거울방

서귀포시 서부 추천 코스

※ 당일 여행 코스 기준입니다.

COURSE 1 친구 또는 연인과 함께라면

5 사계리해변 P.66

3 원앤온리 P.350

1 안덕계곡 P.334
자동차 5분
2 화순곶자왈 생태탐방숲길 P.155
자동차 5분
자동차 20분
4 오설록 티뮤지엄 P.338
자동차 20분

COURSE 2 아이와 함께라면

4 제주항공우주박물관 P.71

2 바이나흐튼 크리스마스박물관 P.337

3 1727노리터 P.350
자동차 10분

1 세계자동차& 피아노박물관 P.339
자동차 5분
자동차 5분
자동차 10~15분
5 무민랜드제주 P.342

COURSE 3 가족과 함께라면

3 추사관 P.341

송악산 진지동굴 P.167

1 박수기정 P.334
자동차 20분
2 용머리해안 P.159, P.336
자동차 10분
자동차 10분
4

① 가파도: 운진항으로 이동(자동차 5분)+배 15분
② 마라도: 운진항(자동차 5분) 또는
산이수동항으로 이동(도보 10분)+배 30분

5 가파도 P.388
또는 마라도 P.389

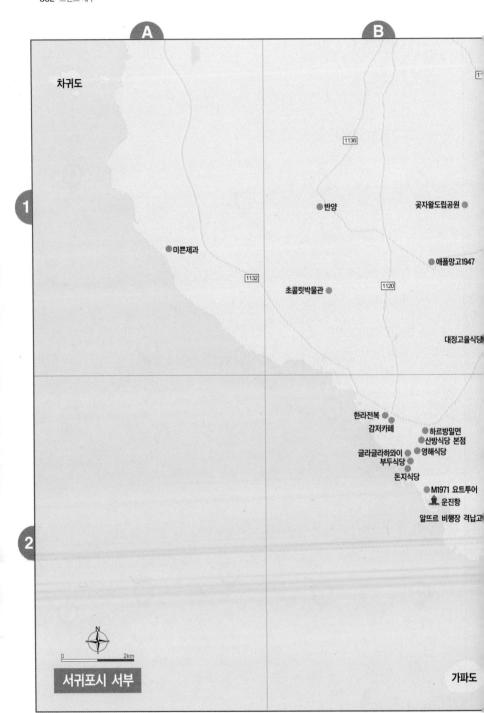

A

B

차귀도

1136

1

● 반양

● 곶자왈도립공원 ●

● 미쁜제과

● 애플망고1947

1132

초콜릿박물관 ●

1120

대정고을식당

한라전복 ●

감저카페

● 하르방밀면
● 산방식당 본점

글라글라하와이 ● ● 영해식당
부두식당 ●

돈지식당 ●

● M1971 요트투어
🏮 운진항

알뜨르 비행장 격납고

2

N

0 ━━━━ 2km

서귀포시 서부

가파도

C

D

제주메밀식당

바램목장&카페
무민랜드제주
더 고팡
방주교회
본태박물관
디아넥스호텔

오설록 티뮤지엄
제주항공우주박물관
제주그림카페
제주신화역사공원
(신나락 만나락)
바이나흐튼 크리스마스박물관
모모언니 바다간식

헬로키티아일랜드
카멜리아 힐
세계자동차&피아노 박물관

1

1136

모크하우스인구억
1135

1727노리터

화순곶자왈 생태탐방숲길

안덕면사무소

안덕계곡

마노르블랑

군산오름

1132

추사관(추사유배지)

월라봉 진지동굴

소랑제

산방산
산방굴사
원앤온리
화순 금모래해수욕장 수영장

제주삼거리농원
사계생활
미도식당
춘미향식당
용머리해안
사계제과
토끼트멍
하멜기념비
사계리해변

박수기정

갈오름 일제동굴진지&고사포진지

하늘꽃
형제섬

송악산화덕피자
산이수동항
송악산 진지동굴
송악산

2

서귀포시 서부 볼거리

박수기정

대평포구에서 올레길 9코스를 따라 서쪽으로 조금만 따라가면 엄청난 크기의 절벽이 등장한다. 박수기정이라는 해안절벽으로 '샘물이 솟아나는 절벽'이라는 뜻이다. 100m에 이르는 벼랑 높이로 병풍같이 펼쳐진 절경에 감탄사가 절로 나온다. 올레길을 따라 박수기정 위로 올라가서 대평포구를 내려다보는 풍광도 시원스럽다. 포구에서 바라보는 박수기정의 방향이 서쪽이라서 해 질 녘에 가면 더욱 아름답다.

지도 P.333-D2 **주소** 서귀포시 안덕면 감산리 982-6(대평포구 주차장)

안덕계곡

발걸음 발걸음마다 숨 막히는 강렬한 인상을 남긴다. 제주 계곡 풍경 중 TOP3에 들어가는 곳이다. 깊은 골짜기 사이 평평한 암반 위로 조용히 물이 흐른다. 제주도 계곡이 대부분 평소에는 물이 없다가 비가 오면 물이 흐르는 건천인 데 반해, 안덕계곡은 사시사철 물이 흐른다. 트레킹할 수 있는 구간이 짧긴 해도 계곡을 둘러싸며 굽어진 풍광이 진하고 길게 여운을 남기는 곳. 계곡 주변으로 천연기념물로 지정된 난대 원시림이 있어 여름과 가을에 특히 아름답다.

지도 P.333-D1 **주소** 서귀포시 안덕면 감산리 346(안덕계곡 주차장)

산방산

서귀포시 서부권의 랜드마크인 산방산. 해발 395m의 산방산은 제주도 서부권 어디서든 한눈에 보일 정도로 우뚝 솟아 있다. 산 전체가 거대 용암덩어리라고 보면 되는데, 다른 오름들과 달리 점성이 높은 진득한 용암이 흘러나오면서 옆으로 퍼지지 않고 위로 솟은 형태의 모양이 되었다.

산방(山房)이란 이름은 '굴이 있는 산'이란 뜻으로 이름처럼 산 중턱 작은 굴에 불상을 안치에 놓은 산방굴사가 있다. 정상까지 오르지 않아도 산방굴사에서 용머리해안과 형제섬이 한눈에 들어온다. 산방산 바로앞에는 인기 여행지인 용머리해안이 있어 함께 둘러보기 좋다.

지도 P.333-C1 **주소** 서귀포시 안덕면 사계리 164-1 **전화** 064-794-2940 **운영** 09:00~18:00 **요금** 성인 1,000원, 어린이 500원

용머리해안

산방산이 해안으로 뻗어나가는 모양의 절벽. 용이 바다로 들어가는 모습을 닮았다고 해서 용머리해안이라는 이름이 붙었다. 한 바퀴를 도는데 약 30분 정도 소요되는데, 둘레를 따라 걷다 보면 수천만 년 동안 켜켜이 쌓여 온 지질활동의 흔적을 볼 수 있다. 제주에서는 보기 힘든 사암층으로 만들어진 절벽의 모습에서 파도의 흔적을 느낄 수 있다. 압도적인 웅장함 덕분에 CF의 배경지로도 자주 등장하곤 한다. 만조 때가 되면 일부 길이 막히고 파도가 들이치기 때문에 통제가 된다. 근처에는 하멜 표류를 기념하는 하멜상선전시관이 있다.

지도 P.333-C2　**주소** 서귀포시 안덕면 사계리 118 **전화** 064-760-6321 **운영** 09:00~17:00 **요금** 성인 2,000원, 어린이 1,000원

바이나흐튼 크리스마스박물관

매년 12월이면 가장 핫해지는 곳. 개인이 만든 박물관으로 크리스마스를 좋아해서 독일까지 날아가 모아온 소장품들이 한가득 전시되어 있다. 원래 소정의 입장료를 받았었는데, 무료로 바뀌었다. 무인으로 운영되며 편하게 구경하고 설레는 추억에 잠겨보면 된다. 오후 1시와 4시에는 박물관장이 직접 설명하는 도슨트 프로그램이 열린다. 박물관 옆에는 토마스하우스라는 소품 숍도 있다. 독일에서 직접 수집한 도자기 골무, 접시 등 다양한 빈티지 소품들이 가득하다.

지도 P.333-C1 **주소** 서귀포시 안덕면 평화로 654 **전화** 010-2236-6306 **운영** 10:30~18:00, 연중무휴 **요금** 무료

본태박물관

노출 콘크리트의 대명사인 일본인 건축가 안도 다다오가 돌담과 기와를 더해 설계한 작품이다. 본래의 형태라는 뜻의 본태(本態)는 한국 전통 공예와 문화의 아름다움을 알리기 위해 설립되었다. 전시품 하나하나가 대단하지만 제4관에 전시된 우리나라 전통 상례 문화를 전시해 놓은 <피안으로 가는 길의 동반자>라는 전시가 눈에 띈다. 지금은 거의 볼 수가 없는 상여 관련 부속품인 꼭두들과 원형이 보존된 전통 상여가 잔잔한 여운을 남겨준다. 제3관에는 설치 미술가 구사마 야요이의 <펌킨>과 <무한 거울방>이라는 유명 작품도 영구 설치돼 있다.

지도 P.333-D1 **주소** 서귀포시 안덕면 산록남로762번길 69 **전화** 064-792-8108 **운영** 10:00~18:00 **요금** 성인 20,000원, 미취학아동 10,000원

오설록 티뮤지엄

2001년 개관 이래 매년 150만 명 이상이 다녀가면서 명실공히 제주 여행의 필수 코스가 되었다. 간단하게 차의 역사와 해외 차 문화에 대한 전시가 있긴 하지만 박물관이라기보다는 다양한 차를 저렴하게 구매하고 녹차로 만든 아이스크림과 음료를 먹으며 쉬어가기 좋은 곳으로 보면 된다. 오설록과 마주하고 있는 서광다원의 녹차밭 사이로 포즈를 잡고 인생사진 남기려는 관광객으로 언제나 북새통을 이룬다. 티뮤지엄과 함께 있는 이니스프리 제주도 함께 들러보자. 식사를 겸한 카페와 비누 만들기 체험도 가능하고 제주 한정판 굿즈도 판매하고 있다.

지도 P.333-C1 **주소** 서귀포시 안덕면 신화역사로 15 **전화** 064-794-5312 **운영** 09:00~18:00 **예산** 녹차 아이스크림 5,000원

송악산

송악산은 제주에서 가장 남쪽에 있는 산이다. 산이라고 하기엔 워낙 나지막해 오름이라 부르는 것이 더 나을 것 같다. 섬과 이어져 있는 일부를 제외하고 바다를 향해 기암절벽이 파노라마처럼 펼쳐진다. 산을 빙 둘러 이어지는 3km 정도의 둘레길은 제주에서도 손꼽히는 해안 절경을 보여준다. 한가로이 풀을 뜯는 말, 야트막한 오름, 송림 사이로 펼쳐지는 바다의 풍경. 1시간가량 걸리는 둘레길만 걸어도 제주의 풍경을 압축해서 보는 듯한 느낌이 든다.

지도 P.333-C2 **주소** 서귀포시 대정읍 상모리 179-4(송악산 주차장)

방주교회

노아의 방주를 형상화하여 만든 교회. 유명 건축가 이타미 준의 작품으로 각종 건축상을 수상하였다. 방주를 닮은 교회 주변으로는 연못을 꾸며놓아 마치 배가 물 위에 떠 있는 듯한 분위기를 풍긴다. 근처 포도호텔과 핀크스 골프장 클럽 하우스도 이타미 준이 설계했다. 안도 다다오의 건축물과 함께 제주 건축 여행의 필수 코스로 자리 잡았다. 내부는 예배가 없는 시간에만 개방하고 있지만, 종교적인 장소인 만큼 주의가 필요하다.

지도 P.333-D1 **주소** 서귀포시 산록남로762번길 113 **전화** 064-794-0611 **운영** 외부 개방시간 09:00~18:00(하절기 ~19:00)

세계자동차&피아노박물관

아이들을 위해서 갔지만 막상 올드카를 보고 어른들이 더 흥분하는 관광지다. 개인이 이렇게 많은 올드카를 수집하고 박물관까지 만들었다는 것이 그저 놀랍다. 재력도 부럽지만 하나에 이렇게 몰입할 수 있는 열정이 더욱 대단하게 느껴진다. 전시장을 둘러보고 나면 실제 운전이 가능한 미니 자동차 운전 체험도 준비돼 있다. 체험이 끝나면 아이들 사진이 들어간 모형 운전면허증도 만들어 준다. 원래 자동차 박물관이었다가 자동차와 피아노 박물관으로 바뀌었다. 올드카만큼 오래된 피아노도 상당히 많이 수집해 놓았다. 박물관 주변으로 곶자왈 산책로가 조성돼 있어 함께 둘러보기 좋다.

지도 P.333-D1 **주소** 서귀포시 안덕면 중산간서로 1610 **전화** 064-792-3000 **운영** 09:00~17:30 **요금** 성인 13,000원, 어린이 12,000원

헬로키티아일랜드

자동차박물관이 남자아이들이 좋아하는 아이템이었다면 여긴 여자아이들이 좋아할 아이템이 가득하다. 1975년 만들어진 최초의 헬로키티 지갑부터 방대한 인형과 로고 제품들을 모아 놓았다. 헬로키티를 콘셉트로 하는 실내 놀이기구와 포토존이 곳곳에 배치되어 있다. 심지어 화장실까지 핑크핑크하다. 관람 후 마지막에 등장하는 기념품 코너를 조심하자. 아이를 핑계로 어른이 지갑을 여는 경우가 다반사이니 말이다.

지도 P.333-D1 **주소** 서귀포시 안덕면 한창로 340 **전화** 064-792-6114 **운영** 09:00~18:00 **요금** 성인 14,000원, 어린이 11,000원

신나락 만나락

'신나락 만나락'은 신과 인간이 만나 함께 즐거워한다는 뜻으로, 제주신화역사공원에 있는 탐방로의 이름이다. 탐라국의 역사를 품은 제주는 여러 전설과 신화가 전해 내려오는 곳이기도 하다. 제주를 만든 설문대할망 이야기에서부터 고씨, 양씨, 부 씨 세 면의 산신인 이야기 등 총 둘레 2.3km의 숲길 곳곳에 제주를 이끌어온 다양한 신화와 전설을 담아 두었다. 다른 관광지에 비해 많이 알려지지 않아 한적하게 걸으며 제주 역사를 알아갈 수 있는 언택트 관광지다.

지도 P.333-C1 **주소** 서귀포시 안덕면 서광리 산 39

추사관

추사 김정희도 제주에서 8년간 유배 생활을 했다. 영조 사위의 증손자였기에 어려움을 모르고 자랐던 김정희에게 정쟁으로 시작된 유배 생활은 견디기 힘든 시간이었다. 가시 울타리 안에서만 지낼 수 있는 '위리안치'형에 처해 집 밖으로 나갈 수 없었던 이 시기에 추사체를 완성하고 '세한도'를 남겼다. 세한도는 겨울이 되어서야 소나무와 잣나무가 푸르다는 것을 알게 된다는 의미로, 어려운 환경에 처한 자기를 잊지 않고 책을 구해다 주는 이상적에게 보답으로 남겼다. 추사관에는 세한도 영인본과 추사 현판, 편지 등이 전시되어 있다. 세한도의 배경이 된 초가집을 본 떠 만든 추사관 뒤로는 김정희가 머물던 집도 복원되어 있다.

지도 P.333-C1 　주소 서귀포시 대정읍 추사로 44 전화 064-710-6803 운영 09:00~18:00, 월요일 휴관 요금 무료

초콜릿박물관

세계 10대 초콜릿 박물관으로 이름을 올린 곳. 초콜릿의 역사와 다양한 제조 방법, 그에 얽힌 스토리가 전시돼 있다. 전 세계 700개가 넘는 초콜릿 관련 박물관, 공장, 숍을 다니면서 수집한 다양한 소품들이 전시돼 있다. 초콜릿 만들기 체험도 해볼 수 있는데, 체험료는 2만 5,000원 정도로 저렴하진 않지만 1층 숍에서 판매하는 초콜릿을 구매하면 체험비를 따로 내지 않아도 된다.

지도 P.332-B1 　주소 서귀포시 대정읍 일주서로3000번길 144 전화 064-792-3121 운영 10:30~18:00 요금 성인 7,000원, 어린이 5,000원

초콜릿은 기분 전환은 물론 폴리페놀 함유가 높아 노화 방지에도 도움이 된다.

M1971 요트투어

돌고래 요트 투어를 하는 카페 겸 클럽하우스. M은 모슬포를 의미하고 모슬포항이 1971년에 만들어졌던 것을 따서 이름을 지었다. 카타마린 형태의 대형 요트를 타고 운진항에서 출발하여 30분 정도 차귀도 방향으로 이동하며 조용히 남방큰돌고래를 찾는다. 90% 확률로 돌고래를 만날 수 있는데, 돌고래 대여섯 마리가 요트로 와서 한껏 애교를 부린다. 시원스레 바다 위를 항해하며 돌고래까지 볼 수 있는 투어는 약 70분간 진행된다. 카페도 겸하는데, 인기 메뉴는 돌고래라테다.

지도 P.332-B2 **주소** 서귀포시 대정읍 최남단해안로 116 **전화** 064-794-5001 **요금** 성인 60,000원, 어린이 40,000원

바다를 닮은 아이스 라테 위에 작은 돌고래 얼음이 올라간다.

돌고래를 만나는 순간 감동과 함께 힐링하는 기분을 느낄 수 있다.

무민랜드제주

국내 최초 토베 얀손의 캐릭터 '무민'을 테마로 전시관을 꾸몄다. 토베 얀손은 핀란드의 국민 작가로 그녀가 쓴 무민 이야기는 50개국에 출간되었을 정도다. 75년 넘도록 사랑 받는 무민의 이야기를 바탕으로 전시관 안에는 무민의 집을 만들고 각종 체험 시설들을 갖추고 있다. 각종 체험 시설과 아이들 놀이 시설에 신경을 많이 쓴 흔적이 보인다. 입장객만 들어갈 수 있는 북카페가 압권. 앞으로는 서귀포 바다가, 뒤로는 한라산이 한눈에 들어오는 파노라마 뷰에 토베 얀손의 책들을 편하게 읽을 수 있도록 준비되어 있다.

지도 P.000-D1 **주소** 서귀포시 안덕면 상천리 470 11 **전화** 064 794 0420 **운영** 10:00 -19:00 **요금** 성인 15,000원, 어린이 12,000원

서귀포시 서부 맛집

대정고을식당

#돔베고기_고기국수맛집 #진한 제주 사투리 가득

점심시간이면 꽉 찬 손님들의 구수한 제주 사투리가 식당을 가득 채우는 곳. 돔베고기와 고기국수 단 2가지 메뉴이지만, 맛과 가성비가 좋아 언제나 북새통을 이룬다. 도톰하게 썰어 나오는 돔베고기는 특제 소스에 찍어 쌈을 싸 먹으면 감칠맛이 폭발한다. 여기에 멜젓까지 더하면 제주의 향이 입안 가득 퍼진다. 고기국수도 사골로 우려낸 요즘 방식이 아니라 전통 방식 그대로 고기국물을 사용한다. 맑고 깊은 맛이 특징. 양도 상당히 많은 편이라 돔베고기를 시키려면 인원수보다 국수를 적게 시키는 편이 좋다. 재료가 소진되면 일찍 문을 닫는다.

지도 P.332-B1 **주소** 서귀포시 대정읍 일주서로 2258 **전화** 064-794-8070 **영업** 11:00~15:00 **예산** 돔베고기 14,000원, 고기국수 7,000원

더고팡

#수비드 조리법으로 요리한
#문어요리 #아침식사 가능

일정한 온도의 물로 은근히 조리하여 식감이 부드러운 것이 특징인 수비드 전문 식당. 수비드 방식으로 조리한 제주 흑돼지 목살스테이크와 문어 덮밥이 대표 메뉴다. 육류를 수비드 방식으로 조리하는 곳은 많이 봤어도 문어를 수비드 방식으로 요리하는 곳은 드물다. 문어의 식감이라고는 도저히 믿기지 않을 만큼 부드러운데, 버터 향 가득 머금은 먹물 리소토와 문어의 조합이 환상적이다. 영업시간은 오전 11시부터지만 미리 예약을 하면 9시부터 아침 식사도 가능하다.

지도 P.333-D1 **주소** 서귀포시 안덕면 신화역사로 863 **전화** 010-6703-3050 **영업** 11:00~19:30, 비정기적 휴무 **예산** 수비드 목살스테이크 27,000원, 문어덮밥 18,500원

미도식당

#옥돔정식 강추 #1인 1옥돔 #산방산 아래

커다란 주차장에 대형 관광버스를 보고 평범한 관광지 식당이겠거니 생각하면 큰 오산이다. 40년 넘게 산방산 아래에 자리 잡은 옥돔 맛집으로 제주에서 한 번쯤은 먹어봐야 할 옥돔구이정식을 맛볼 수 있다. 1인당 1만 5,000원으로 옥돔정식치고는 가격이 비싸지 않음에도 1인당 한 마리씩 옥돔이 나온다. 짭쪼름하면서도 쫄깃한 옥돔에 제육볶음도 함께 나와 입맛대로 골라 먹을 수 있다. 함께 나오는 성게미역국과 한치숙회, 게장도 모두 수준급. 제주 맛집 중 점심부터 하는 곳들이 많은데, 아침부터 집밥처럼 든든히 채울 수 있도록 해줘서 감사할 따름이다.

지도 P.333-C2 **주소** 서귀포시 안덕면 사계남로216번길 11 **전화** 064-794-0642 **영업** 08:00~16:00 **예산** 옥돔한정식 17,000원

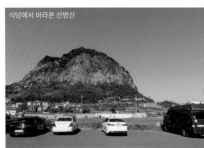

식당에서 바라본 산방산

부두식당

#갈치조림맛집 #자리돔 먹은 방어회 #로컬맛집

모슬포항에서 1964년부터 대를 이어 운영되는 로컬 맛집이다. 제주특별자치도에서 인정하는 제1호 대물림 맛집이라는 명판이 이를 증명하듯 입구에 떡 하니 자리 잡고 있다. 매운맛과 달곰한 맛의 조화가 매력적인 갈치조림을 잘 한다. 물회나 고등회 등 제주 토속음식도 대부분 있다. 겨울쯤에는 자리돔을 듬뿍 먹어 기름이 오른 자리방어회로도 인기. 일행이 3명 이상인 경우 고등어회(또는 계절에 따라 방어회)와 갈치조림 세트 메뉴도 좋은 선택이다.

지도 P.332-B2 **주소** 서귀포시 대정읍 하모항구로 62 **전화** 064-794-1223 **영업** 08:30~21:30, 목요일 휴무 **예산** 왕갈치조림 65,000원

산방식당

#50년 넘게 사랑받은 #밀면맛집
#수육과 막걸리 추가

멸치로 맛을 낸 시원하고 깊은 맛의 육수와 쫄깃한 굵은 면발이 특징이다. 더운 날씨가 다가오면 시원한 밀면을 먹기 위해 언제나 문전성시를 이룬다. 물밀면도 좋고 비빔밀면을 시켜 반쯤 먹고 냉육수를 부어서 먹으면 물과 비빔을 모두 맛볼 수 있다. 여기에 야들야들한 수육과 제주생막걸리를 추가해보면 왜 거의 50년간 한결같은 사랑을 받고 있는지 이해가 된다. 인심도 좋지, 수육을 시키지 않고 막걸리만 시켜도 기름기 없는 수육을 준다. 퍽퍽한 살이긴 해도 공짜라 그런지 아니면 수육을 잘 삶아서인지는 몰라도, 막걸리와 썩 잘 어울린다. 제주 시내에도 분점이 있다.

지도 P.332-B2 **주소** 서귀포시 대정읍 하모이삼로 62(본점), 제주시 구남로8길 10-5(분점) **전화** 064-794-2165 **영업** 11:00~18:00, 수요일 휴무 **예산** 밀냉면 9,000원, 수육 17,000원

송악산화덕피자

#수제 피자 #제주를 담은 피자 #쌈찹 강추

제주만의 특별한 재료로 만든 수제 피자를 선보이는 곳. 흑돼지 불고기피자, 한치 전복피자, 둘을 반반 섞은 형제섬피자가 대표 메뉴이고 계절에 따라 선택이 달라지는 황금향/천혜향/한라봉 피자도 인기다. 꼭 먹어봐야 하는 메뉴는 '쌈찹'이라는 생소한 이름의 메뉴다. 치즈 가득한 칼초네 스타일의 피자에 찹스테이크와 야채를 싸 먹는 음식이다. 화덕에서 구운 도우는 부드러움과 쫄깃함, 그리고 치즈의 고소함을 품고 있고 스테이크까지 곁들여지니 그 풍미가 대단하다. 가격은 조금 나가는 편이지만 두고두고 생각나는 맛이다.

지도 P.333-C2 **주소** 서귀포시 대정읍 송악관광로 392 **전화** 064-792-4758 **영업** 10:00~19:00(하절기 ~20:00) **예산** 쌈찹피자 25,000원, 한라봉피자 21,000원

제주메밀식당

#메밀음식 맛집 #셀프 제분 셀프 제면

'한라산 아래 첫 마을'이라는 수식어를 가진 '안덕면 광평리'는 제주에서 가장 높은 곳에 있는 작은 마을이다. 마을 사람들이 모여 만든 조합에서 직접 재배한 메밀을 제분하고 면을 만들어 다양한 메밀 음식을 선보인다. 대표 메뉴인 비비작작면은 메밀면에 제철 나물을 올리고 들기름과 특제소스를 듬뿍 담아낸 요리다. '비비작작'은 아이들이 낙서하듯 그림을 그리는 모습을 뜻하는 제주어다. 전체적으로 간이 강하지 않고 건강한 맛에 호감이 간다.

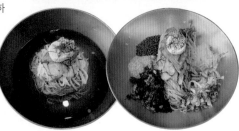

지도 P.333-D1 **주소** 서귀포시 안덕면 산록남로 675
전화 064-792-8245 **영업** 10:30~18:30(동절기 ~18:00)
(브레이크타임 15:30~16:00), 월요일 휴무 **예산** 비비작작
면 12,000원, 물냉면 12,000원

영해식당

#1954년부터 #소고기찌개 #밀면맛집

제주 노포 맛집을 꼽자면 빠지지 않는 영해식당은 60년이라는 어마어마한 시간 동안 대정읍을 지켜온 도민 맛집이다. 주요 메뉴로는 몸국과 밀면, 수육과 소고기찌개가 있다. 날씨가 쌀쌀할 때는 몸국이, 선선한 계절이면 시원한 밀면이 주로 나간다. 밀면은 기본 양으로도 많은 편으로 함부로(?) 대 사이즈를 시키면 곤란해질 수 있다. 진한 국물의 소고기찌개와 수육도 인기 메뉴. 수육은 한 접시에 6,000원이라는 가격이 매력적이다. 곁들임 메뉴로 안성맞춤.

지도 P.332-B2 **주소** 서귀포시 대정읍 하모상가로 34-2 **전화** 064-794-2262 **영업** 11:00~20:00 **예산**
밀냉면(소) 8,000원, 소고기찌개 9,000원

제주삼거리농원

#솥뚜껑 닭볶음탕 #불 향 가득

담양 인기 맛집인 삼거리농원이 제주 산
방산 아래에 새로운 둥지를 지었다. 혼자
서는 감히 들지도 못할 대형 솥뚜껑에 토
종닭으로 볶음탕을 끓여낸다. 겹겹이 쌓
아 올린 장작불은 커다란 솥뚜껑 밖으로
빨간 혓바닥을 날름거리듯 강력한 화력
을 자랑한다. 덕분에 삼거리농원 닭볶음
탕은 은은하게 불 향이 배어나온다. 부드
러운 살을 발라먹으면서 라면사리를 추
가하거나, 마무리로 볶음밥까지 더하면
식사로도 안주로도 최고. 조리시간이 30
분 이상 걸리기 때문에 예약을 하고 시간
맞춰 방문해야 일정에 차질이 없다.

지도 P.333-C2 **주소** 서귀포시 안덕
면 사계남로 235 **전화** 064-792-
0636 **영업** 11:00~21:00, 매주
화요일 휴무 **예산** 삼거리닭볶
음탕 75,000원

춘미향식당

#산방산맛집 #제주 토속음식을 한상에 #현지인 추천

제주도민이 추천하는 산방산 근처 맛집. 식사 시
간이면 두루치기와 고기정식을 저렴하게 먹기 위
해 도민들이 많이 찾는다. 가격은 약간 부담되더
라도 제주의 색을 가득 담은 춘미향정식을 추천한
다. 제주산 목살이 두툼하게 구워지고 보말이 들
어가 진한 맛의 보말미역국이 나온다. 그리고 먹
기 좋게 손질된 밥도둑 딱새우장에 옥돔이 곁들여
나온다. 무른 생선인 옥돔은 튀겨서 탕수어 형태
로 나온다. 제주 토속음식을 먹기 위해 여기저기
발품 팔 필요 없이 한 번에 해결되어 여행이 한결
가벼워지는 느낌이다.

지도 P.333-C2 **주소** 서귀포시 안덕면 산방로 382 **전화** 064-
794-5558 **영업** 11:30~20:30(브레이크타임 15:00~17:30),
수요일 휴무 **예산** 춘미향정식 23,000원, 고기정식 8,000원

하르방밀면
#밀면보다 만두맛집 #진한 보말칼국수

밀가루가 제주에 들어온 지 얼마 되지 않았기 때문에 밀면은 토속음식이라고는 할 수 없지만, 저렴한 가격에 도민들에게 꾸준한 사랑을 받아온 서민 음식으로 자리 잡았다. 산방식당 근처 하르방밀면도 저렴한 가격과 맛으로 사랑을 받으며 모슬포 본점에 이어 제주시에 2곳의 분점을 운영 중이다. 밀면집이긴 한데 보말칼국수와 왕만두가 더 인기다. 톳을 넣어 만든 칼국수 면은 식감과 건강까지 생각했고 보말 내장과 미역이 들어간 국물은 깊은 속까지 편안하게 달래주는 맛이다. 직접 만드는 수제 왕만두도 강추 메뉴. 만두를 싫어하는 사람도 이 집 만두는 계속 생각난다는 평이다.

지도 P.332-B2 **주소** 서귀포시 대정읍 동일하모로 229 **전화** 064-794-5000 **영업** 11:00~20:00 **예산** 순메밀면 10,000원, 왕만두 7,000원

스모크하우스인구억

#수제 버거 #수제 맥주

한때 마늘을 보관하던 창고가 180도 전혀 다
른 미국식 수제 버거집 겸 펍으로 변신했다.
대표 메뉴는 패티와 치즈가 2장씩 들어간 더
블쿼터버거로 묵직한 고기 맛을 자랑한다. 미
국식 바비큐의 대표 메뉴 격인 풀드포크로 만
든 샌드위치도 인기. 장시간 그릴에서 익혀 부
드러우면서도 입안 가득 불 향이 퍼진다. 먹다
보면 시원한 수제 맥주 한 잔 시키지 않을 수
가 없다. 짭조름한 맥앤치즈와 버펄로 윙도 추
천 메뉴.

지도 P.333-C1 **주소** 서귀포시
대정읍 보성구억로 223 **전
화** 070-7776-8217 **영업**
11:30~21:00(브레이크타임
15:00~17:00), 월요일 휴
무 **예산** 더블쿼터파운
드 10,000원 풀드포크
샌드위치 9,000원

한라전복

#전복돌솥밥맛집 #저렴한 가격에 푸짐한 전복 양

전복이 가득한 음식들이면서도 가격이 저렴해서 더 인기인 곳. 보통 인기 있는 식당의 전복돌솥밥이 1만
5,000원 정도 하는 것에 비하면 전복돌솥밥, 전복뚝배기 그리고 전복이 들어간 물회와 죽 모두 1만 원으
로 가성비가 으뜸이다. 대정중앙시장에서 오랜 기간 영업을 하다가 최근 지금의 위치로 확장 이전했다. 기
본 메뉴인 전복돌솥밥은 그릇에 덜어 마가린과 부추 간장을 넣고 비벼 먹으면 된다. 전복 내장과 마가린이
섞여 고소하면서도 진한 맛이 난다.

지도 P.332-B2 **주소** 서귀포시 대정읍 대한로 33 **전화** 064-792-1313 **영업** 09:00~20:00(브레이크타임 15:00~17:00) 첫째·셋째
주 월요일 휴무 **예산** 전복돌솥밥 12,000원, 전복뚝배기 12,000원

서귀포시 서부 카페

원앤온리
#풍경맛집 #대충 찍어도 작품 #황우치해변

용머리해안에서 화순항까지 이어지며 제주에서 가장 길고 한적함을 자랑하는 황우치
해변을 앞마당 삼고 뒤로는 산방산을 배경 삼아 자리 잡은 덕에 제주 최고의 풍경
맛집으로 주가를 올리고 있다. 카페에서 내다보는 바다도, 마당에서 바라보는
카페와 산방산의 조화도 사각 프레임에 담기만 하면 그림이 된다. 브런치와
음료 모두 '헉' 소리 나는 가격이지만 날씨가 좋은 날에는 풍경만으로도 충
분히 들러볼 만한 가치를 주는 곳이다.

지도 P.333-C1 주소 서귀포시 안덕면 산방로 141 **전화** 064-794-0117 **영업** 09:00~21:00 **예
산** 원앤온리 브런치 18,000원, 아메리카노 7,000원

1727노리터
#아이들이 좋아하는 곳 #놀거리 가득 #아이는 방전

빡빡한 일정 중간에 끼워 넣으면 생기를 잃어가던 아이들도
젖 먹던 힘까지 짜내서 놀게 되는 곳이다. 여러 동의 숙소 사
이에 아이들이 좋아할 만한 놀이기구를 놓고 공원형 카페로
변신했다. 입장료 겸 음료 가격인 1인 7,000원을 내고 원하는
음료를 받아 야외 아무 곳에나 사리 집으면 된다. 대형 튜브
썰매와 트램펄린, 모래 놀이와 같은 놀이
시설과 포토존이 곳곳에 있다. 야외
인 만큼 비 오는 날이나 더운 여름
에는 거르는 것이 좋다.

지도 P.333-C1 주소 서귀포시 안덕
면 덕수서로 228-31 **전화** 010-7788-
0289 **영업** 10:00~19:00 **예산** 모든 음료
7,000원

제주그림카페

#이색 카페 #사진 찍기 좋은 #그림 속 주인공

제주항공우주박물관 4층에 있는 이색 카페. 하얀 배경에 검은색으로만 그림을 그린 덕에 웹툰 속에 들어와 있는 듯한 느낌을 준다. 단색의 배경 속에서 나만 색을 가지고 있는 느낌은 이렇게 찍으나 저렇게 찍으나 이색 사진으로 남게 된다. 제주 인기 관광지인 오설록 티뮤지엄에서 5분 거리로 4층에서 내려다보는 녹차 밭 풍경은 덤이다. 항공우주박물관 입장과 상관없이 카페만 이용할 수도 있다. 음료 가격은 다소 비싼 편.

지도 P.333-C1 **주소** 서귀포시 안덕면 녹차분재로 218 **전화** 064-794-9224 **영업** 09:00~18:00 **예산** 그림아인슈페너 7,500원

바램목장&카페

#먹이 주기 체험 #양과 함께 찰칵 #날씨 좋은 날 추천

사람들에게 길들여진 양은 먹이를 먹기 위해 기꺼이 카메라 앞에서 포즈를 취한다.

'바라다'라는 뜻으로 지은 이름인 줄 알았는데, 'Baa'라는 양이 우는 소리의 영어식 표기에 Lamb을 붙여 BaaLamb(바램)이라고 지었단다. 주인의 센스가 엿보인다. 바램은 양을 방목하여 키우며 먹이 주기 체험이 가능한 목장 겸 카페. 넓은 목장에서 아이들과 함께 먹이 주기 체험과 사진 찍기 그만이다. 입장료 대신으로 1인 1메뉴를 시켜야 하며, 나이가 어린 경우(4~5세) 음료 대신 입장료 3,000원으로 대신해도 된다. 비가 오면 체험이 어려워 카페도 함께 쉰다.

지도 P.333-D1 **주소** 서귀포시 안덕면 신화역사로 611 **전화** 010-2098-6627 **영업** 10:00~17:00(하절기 ~18:00), 월요일(동절기), 우천 시 휴무 **예산** 아메리카노 6,000원, 먹이 2,000원

하늘꽃

#초대형 온실카페 #산방산 전망 #꽃보며 힐링

제주 최대 규모의 온실 카페. 카페 전체가 유리로 되어 있어 어디를 보나 제주가 눈에 담긴다. 테이블 사이사이로 꽃길이 이어지고 하늘에도 꽃이 늘어지며 눈을 편안하게 해준다. 자연 속에 안겨 편안하게 쉬는 느낌이 매력적이다. 음료 가격이 높은 것이 유일한 단점이다.

지도 P.333-C2 **주소** 서귀포시 대정읍 상모리 1450-1 **전화** 064-792-9111 **영업** 10:00~21:00 **예산** 아메리카노 7,000원

제주시 서부

제주 인기 관광지들이 모여 있는 곳. 애월읍부터
한림읍을 지나 한경면까지 이어진다. 해안도로가
잘 되어 있어 제주 도착 후 가장 먼저 향하는
지역이기도 하다. 애월은 SNS를 주름잡는 인기
카페와 맛집들이 즐비하고, 한림읍에서는 최고
인기 여행지 협재, 금능해수욕장이 관광객을
유혹한다. 한경면은 해넘이가 아름답기로 최고다.

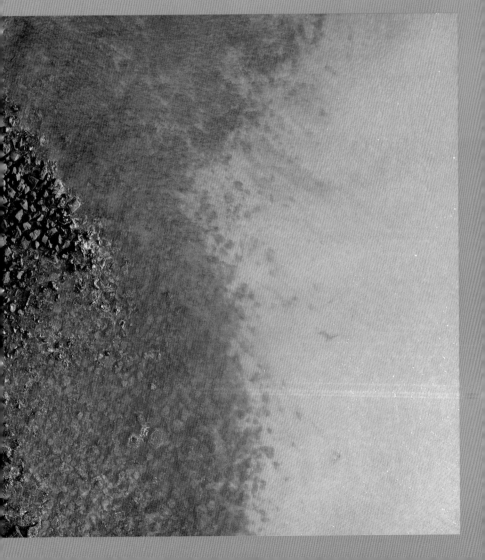

제주시 서부
베스트 여행지

BEST 1

한담해안산책로 P.358

#아름다운 해안산책로
#발걸음을 붙잡는 포인트가 가득

BEST 2

곽지해수욕장 P.47, P.359

#괴물아닌 괴물
#용천수가 솟아나는 해변

BEST 3

협재해수욕장 & 금능해수욕장 P.47, P.363

#제주에서 가장 유명한 해변
#비양도가 보이는 #쌍둥이해변

BEST 4

한림공원 P.365

#제주의 특징을 모두 담은 #테마파크
#쌍용동굴과 협재동굴이 핵심

BEST 5

신창풍차해안도로 P.188

#드라이브 추천 #풍차를 닮은 풍력발전기
와 #해안선이 만들어내는 그림 같은 풍경

BEST 6

새별오름 P.147, P.360

#억새명소 #정월대보름 들불축제
#제주 서쪽 대표 오름

제주시 서부
추천 코스

※ 당일 여행 코스 기준입니다.

COURSE 1 **친구 또는 연인**과 함께라면

한담해안산책로
P.358

─ 자동차 10분 ─

아르떼뮤지엄
P.361

─ 자동차 10~15분 ─

9.81파크
P.362

─ 자동차 10분 ─

성이시돌 목장
P.366

4

─ 자동차 15~20분 ─

협재해수욕장
P.47, P.363

5

COURSE 2 **아이**와 함께라면

구엄리 돌염전
P.361

─ 자동차 10~15분 ─

곽지해수욕장
P.359

─ 자동차 15분 ─

3

명월국민학교
P.83

─ 자동차 5~10분 ─

4

금능해수욕장
P.47, P.363

─ 자동차 20분 ─

5

수월봉
P.160

COURSE 3 **가족**과 함께라면

1

항파두리
항몽유적지
P.164

─ 자동차 15분 ─

2

새별오름
P.147, P.360

─ 자동차 20분 ─

3

한림공원
P.365

─ 자동차 15~20분 ─

4

신창풍차해안도로
P.188

자구내포구로 이동(자동차 10분)+배 10분

5

차귀도
P.391

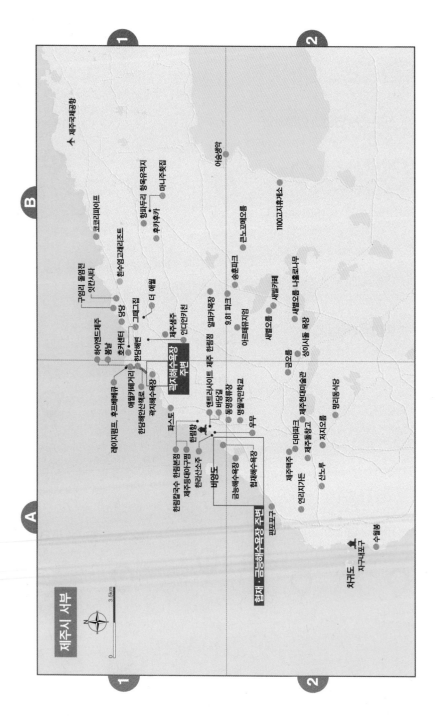

제주시 서부

제주국제공항

N
0 3.5km

구엄리 돌염전
잇안시타
코그리파이프
애월더하이엔드제주
봄날
한수엄고래리조트
당당
후거센터
한담해안산책로
그때그집
레이지펌프, 후포베케큐
더 애월
애월카페거리
한담해안
곽지해수욕장
제주샘주
인디언키친
항파두리 항몽유적지
후가추가
마나르핫칩

B

곽지해수욕장
주변

아르떼뮤지엄
9.81 파크
새별오름
송당파크
성이시돌 목장
새별오름 나홀로나무
새별카페
큰노꼬메오름
1100고지휴게소
어승생악

한담해안
엔트러사이트 제주 헌림점
헌림건
암파가옥장
파스토
비양길
동경장류장
우무
명월국민학교
금오름
제주현대미술관
명리동식당
자지오름

헌림5일장 헌림본점
제주등대야구장
한라산소주
헌림항
바양도
다이파크
산노루
제주옥주
언리지가든
제주돌창고
제주비자든

금능해수욕장
협재해수욕장

협재·금능해수욕장 주변

판포포구

차귀도
자구내포구
수월봉

A

1
2

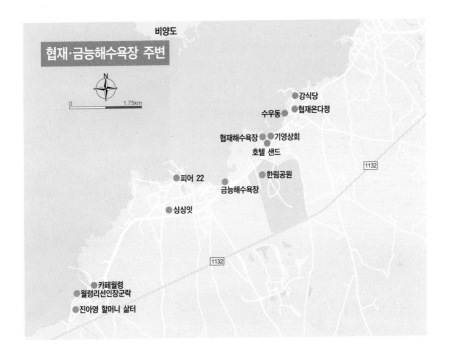

비양도

협재·금능해수욕장 주변

0   1.75km

강식당
수우동
협재온다정
협재해수욕장
기영상회
호텔 샌드
피어 22
한림공원
금능해수욕장
싱싱잇
1132
1132
카페월령
월령리선인장군락
진아영 할머니 삶터

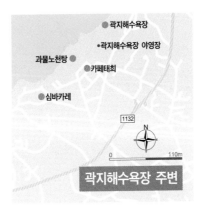

곽지해수욕장
곽지해수욕장 야영장
과물노천탕
카페태희
심바카레
1132

0   110m

곽지해수욕장 주변

제주시 서부 **볼거리**

한담해안산책로

애월 카페거리에서 시작해 곽지해수욕장까지 이어지는 1.5km
의 해안산책로다. 올레길 15-B코스 중 일부이며 제주에서 바다
를 따라 걷는 산책로 중 가장 인기가 높다. 연녹색의 바다와 검
은 돌이 굽이굽이 이어지고 중간중간 프라이빗한 미니 해변이
발걸음을 자꾸만 붙잡는다. 카페들이 있는 쪽은 항상 주차가 어
려울 정도로 붐비는 곳이다. 차가 있다면 곽지해수욕장 끝에 주
차를 하고 산책을 시작했다가 카페를 들른 후 되돌아오는 코스
가 좋다. 아이들과 함께라면 수건 한 장을 챙겨서 가보자. 미니
해변을 두고 그냥 지나치기 힘들 테니.

지도 P.356-A1 **주소** 제주시 애월읍 곽지리 1359

곽지해수욕장(곽지과물해수욕장)

'곽지', '곽지과물'이라 불리는 독특한 이름 덕분에 '곽지괴물'이라는 농담을 던지게 되는 해변이다. '과물'이란 용천수를 받는 물통을 말하는데, 용천수는 한라산에서 흘러내린 물이 땅속으로 스며들면서 흘러 내려온 것이다. 바다로 흘러나가기 전 이 용천수를 과물이라는 물통에 가두어 곽지마을 사람들은 그 물로 목욕을 하거나 빨래를 하고 채소를 씻는 등 수도시설로 이용하곤 했다. 수도시설이 제대로 갖춰지지 않았던 옛날, 마을 사람들에게 이 용천수는 중요 식수원이었던 것. 곽지해변에서는 한 곳이 아닌 여러 곳에서 1년 내내 맑은 용천수가 뿜어져 나온다. 지금은 목욕이나 빨래, 채소를 씻는 사람보다는 해수욕을 즐기는 사람들이 대부분이다. 특히 이곳의 물은 맑디맑은 용천수라는 입소문 덕분에 알음알음 찾아오는 사람들이 많다.

지도 P.357-하단 　주소 제주시 애월읍 곽지리 1565

새별오름

제주 서쪽의 대표 오름으로, '초저녁에 외로이 떠 있는 샛별' 같다고 하여 새별오름이란 이름이 붙었다. 오래전 새별오름에서는 가축을 방목하여 길렀고 매년 해충과 묵은 풀을 없애기 위해 들불을 놓았는데, 이 때문에 오름은 무성한 풀숲보다는 깎아놓은 밤톨마냥 보드랍다. 지금도 1년에 한 번 새별오름에서는 정월 대보름을 전후해 들불축제를 연다. 오름 전체에 들불을 놓아 1년 농사와 안녕을 빈다. 가을이면 오름 전체가 억새로 뒤덮이는데, 제주를 대표하는 억새 명소로도 손꼽힌다.

지도 P.356-B2 **주소** 제주시 애월읍 봉성리 산 59-3

저지오름

예전부터 제주 초가집에 올라가던 새(띠)를 생산하던 오름이었다가, 마을 사람들이 심은 나무들이 자라 이제는 아름다운 숲 전국대회에서 대상을 차지할 정도로 울창한 숲이 되었다. 제주시 서부의 대표적인 오름으로 오름 주변 둘레길, 정상 산책로가 뛰어나고 굼부리(분화구)로 내려가 볼 수 있도록 관찰로가 있다.

지도 P.356-A2 **주소** 제주시 한경면 저지리 산52(북쪽 주차장)

구엄리 돌염전

구엄포구 옆 바다와 맞닿은 평평한 돌 위를 보면 군
데군데 물이 고이도록 만들어 놓은 모습을 볼 수 있
다. 서해처럼 바닷가 너른 땅이 없었던 제주에서는
이렇게 평평한 현무암 위에 물을 가둘 수 있도록 하
여 천일염을 만들었다. 제주에서는 '소금빌레'라고
도 불렀는데, 빌레는 너른 바위라는 뜻이다. 솥에
바닷물을 끓여 자염을 만들어 사용하기도 했지만,
돌염전에서 생산된 돌소금이 맛이 뛰어나 인기가 높았다고 한다. 구엄포구는 바닥이 모래 지형이라 바다색
이 예쁘다. 파도 걱정 없는 포구 안쪽에서 카약 체험을 즐겨 보는 것도 좋다.

지도 P.356-B1   **주소** 제주시 애월읍 애월해안로 713

아르떼뮤지엄

거대한 파도가 치는 듯한 느낌의 몰입형 전시 'WAVE'라는 작품을 코엑스에 선보인 d'strict가 제주에 몰입형
미디어아트 전시관을 만들었다. 스피커를 만들었던 공장이 이제는 바다와 폭포 등 다양한 자연을 실감나게
보여주는 곳이 되었다. 초대형 스크린으로 만나는 세계 명화 속 자연과 제주의 사계절은 특히나 몰입도가
정말 대단하다. 입장료와 별개인 아르떼 티 바(Tea Bar)도 추천 아이템. 주문한 음료 위로 꽃이 피는 미디어
아트가 보여진다.

지도 P.356-B2   **주소** 제주시 애월읍 어림비로 478 **전화** 064-799-9009 **운영** 10:00~20:00 **예산** 성인 15,000원, 어린이 10,000원

9.81 파크

엔진을 사용한 카트레이싱이 아니라 높이 차에 의한 중력으로 달리는 카트레이싱 및 실내게임 테마파크다.
엔진 특유의 시끄러움이 없이 조용하면서도 빠른 스피드를 즐길 수 있다. 주변 풍경도 좋아서 레이싱하면서
비양도와 제주 앞바다를 한눈에 담을 수 있다. 세 가지 난이도가 있고 1인과 2인 모드가 있다. 핸드폰에 애플
리케이션을 깔면 달린 속도와 등수가 나와 같은 일행과 경주도 가능하다. 시간상으로 짧은 것이 아쉬운데
보통 2회에서 3회권을 추천한다. 실내에는 양궁, 야구, 축구, 승마에 컬링 등 체험형 게임존도 있다.

지도 P.356-B2 **주소** 제주시 애월읍 천덕로 880-24 **전화** 1833-9810 **운영** 09:20~19:20 **요금** 3회권 38,000원

알파카목장

알파카는 안데스 산악지대에 사는 초식동물로, 고급 의류 소재로 사용되면서 우리에게 익숙한 동물이다.
알파카목장은 생김새가 귀엽고 국내에 흔하지 않아서 아이들이 좋아할 만한 관광지다. 알파카목장이라고
알파카만 있진 않고 토끼와 말, 염소 등의 동물 먹이 주기도 할 수 있다. 어른들한테는 별거 아닌 것 같아도
귀여운 알파카를 처음 보는 아이들에게는 호기심 가득한 곳이다. 알파카는 침 뱉기 선수다. 자신을 보호하
기 위해 위험이 닥치면 속 깊은 곳에서부터 끌어올린 침을 뱉는다. 침이 뭐라고 방어가 될까 싶지만, 일반
적으로 음식을 먹을 때 생성되는 침이 아니라 생각보다 냄새가 지독하다고 하니 주의하자.

지도 P.356-B1 **주소** 제주시 애월읍 도치돌길 293 **전화** 010-3382-6909 **운영** 10:00~18:00 **요금** 10,000원

협재해수욕장 & 금능해수욕장

제주의 서쪽에서 가장 인기있는 해변. 서로 이어져 있는 두 해변
은 마치 쌍둥이 같다. 속이 훤히 보이는 푸른색의 투명한 바닷물
과 고운 입자의 백사장, 멀리 비양도가 보이는 아름다운 풍경…
두 해수욕장의 특징이 꼭 닮아 있다. 수심이 얕은 편이라 남녀
노소 물놀이를 즐기기에도 좋다. 편의시설을 찾는다면 협재해
수욕장으로, 한적한 곳을 찾는다면 금능해수욕장을 추천한다.
두 해수욕장의 사이에는 소나무 숲이 있는데, 여기에 야영장이
있어 캠핑을 즐길 수도 있다(여름 성수기에만 유료로 운영).

지도 P.357-상단 **주소** [협재해수욕장] 제주시 한림읍 협재리 2447-22(주차장),
[금능해수욕장] 제주시 한림읍 협재리 2696-1(주차장)

☑ **TRAVEL TIP**
협재해수욕장을 방문한 맥주 덕후라면 '기영상회'를 기억하자. 제주에서 가장 많은 종류의 수입 및 수제 맥주를 보유한
보틀숍이다. 제주의 향을 담은 탐라에일, 맥파이 브루어리, 제주맥주를 비롯한 전 세계 다양한 크래프트 맥주를 보유하고
있다. 취향에 맞는 맥주를 추천받아 해변을 거닐며 한 병 기울여 보는 것은 어떨까. 단, 성인에 한해서.
지도 P.357-상단 **주소** 제주시 한림읍 한림로 345 **전화** 064-796-4715

금오름

금악오름이라고도 불리는 서부 지역의 대표적인 오름. 정상은 해발 400m 정도고 화구호가 있다. 예전에는 수량이 많았다고 하는데, 요즘에는 비가 온 뒤 잠시 생겼다가 사라진다. 차가 정상까지 올라갈 수 있는 오름이지만 지금은 걸어서만 갈 수 있다. 크기는 작아도 정상으로 오르는 숲길이 아름답고 정상에서 바라보는 주변 경관이 뛰어나다.

지도 P.356-A2 **주소** 제주시 한림읍 금악리 1210(주차장)

월령리선인장군락

선인장 하면 흔히 사막을 떠올리기 쉬운데, 독특하게도 해안가에 선인장이 자라난다. 월령리 해안가의 바위틈으로 '손바닥 선인장'이라고 불리는 노팔 선인장이 군락으로 자리 잡고 있다. 어쩌다가 이곳에 선인장이 자라났을까 싶은데, 멕시코 유카탄반도 쪽이 원산지인 노팔 선인장의 씨앗이 해류를 타고 흘러흘러 제주까지 밀려와 해안가에 기탁한 것으로 전해진다. 노팔 선인장은 약재로도 쓰이고 뱀이나 쥐가 집으로 들어오는 것을 막기 위한 용도로 담벼락 주변에 옮겨 심기도 했다. 여름이면 노란 꽃이 피고 겨울에는 보라색 열매가 열린다. 백년초라 불리는 열매는 눈에 보이지 않는 작은 털가시가 많아 함부로 만지면 안 된다.

지도 P.357-상단 **주소** 제주시 한림읍 월령리 359-4

진아영 할머니 삶터

월령리 선인장마을 옆에 진아영 할머니 삶터가 있다. '무명천 할머니'라고 불린 진아영 할머니는 제주 4·3
사건 당시 토벌대의 총에 맞아 아래턱이 없이 살아남게 됐다. 긴 여생 동안 무명천을 턱에 감고 가족도 없
이 살아간 할머니의 삶을 추모하기 위해 생가터를 남겨 놓았다. 처참했던 트라우마 때문에 할머니는 잠시
라도 문을 열어놓지 않았다고 한다. 지금도 이중 삼중으로 잠그던 잠금장치가 그대로 있다. 집 안에 할머니
를 추모할 수 있는 공간과 살아 생전 방송에 나왔던 다큐멘터리도 시청할 수 있게 준비해 두었다.

지도 P.357-상단 주소 제주시 한림읍 월령1길 22

한림공원

1971년 불모지였던 한림 일대 모래밭 위
에 야자수와 관상수를 심어 조성한 테
마파크. 매년 100만 명 넘는 관광객들이
다녀가는 제주 서부의 대표 관광지다.
공원 안에는 모래밭 아래에서 발견된 쌍
용동굴과 협재동굴도 있어 공원을 둘러
보는 데만 2~3시간이 소요될 정도로 규
모가 어마어마하다. 야자수길, 아열대
식물원과 계절별 꽃길 등 제주의 특징을
담은 9개의 테마 중에서도 협재굴과 쌍
용굴은 한림공원의 핵심이다. 천연기념
물 236호로 지정된 두 동굴은 용암동굴
위로 조개의 석회 성분이 빗물에 녹아
흐르면서 용암동굴과 석회동굴의 특징
을 모두 가지고 있다.

 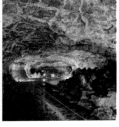

지도 P.357-상단 주소 제주시 한림읍 한림로
300 전화 064-796-0001 홈페이지 www.
hallimpark.com 운영 08:30~18:00(3~9월
~19:00) 요금 성인 12,000원, 어린이 7,000원

성이시돌 목장

한림읍에 자리한 목장으로 테시폰이라는 독특한 건축양식의 건물을 볼 수 있어 의미가 있다. 2,000여 년 전 바그다드 테시폰이라는 지역에서 시작된 건축양식이라 하여 동일한 이름으로 불리는데, 독특한 지붕 구조로 지진이나 바람에 특히 강하다고 한다. 특이한 외형 덕에 사진 배경으로 많이 찾는 곳이다. 목장과 함께 있는 우유부단 카페도 필수 코스. 성이시돌 목장에서 생산하는 유기농 우유로 만든 아이스크림과 밀크티 등의 메뉴를 선보인다. 신선한 재료로 만든 만큼 시원하고 진한 우유 맛이 인상적이다.

지도 P.356-B2 **주소** 제주시 한림읍 산록남로 53

더마파크

제주의 상징인 말을 주제로 한 테마파크다. 몽골 출신 기마 공연단이 말을 타고 기예를 부리는데, 단순한 곡예가 아니라 주제를 가지고 한편의 짧은 드라마를 보여준다. 2008년부터 이어진 공연은 현재 고구려의 왕 광개토대왕의 일대기를 마상 공연으로 선보이고 있다. 아슬아슬한 공연이 이어질 때마다 관중들의 탄성이 터져 나온다. 기마 공연 외에도 승마체험과 실내 동물원도 함께 운영된다.

지도 P.356-A2 **주소** 제주시 한림읍 월림7길 155 **전화** 064-795-8080 **운영** 09:00~17:30 **요금** 성인 20,000원, 어린이 15,000원

제주현대미술관

저지문화예술인마을 중심에 자리한 제주현대미술관은 한국 현대미술 1세
대 작가로 평가 받는 김흥수의 작품을 중심으로 조각, 사진, 영상 등 다양한
형태의 현대미술을 선보이고 있다. 본관 입장료만으로 분관과 김흥수 아틀
리에까지 모두 관람할 수 있다. 곳곳에 설치된 조각품을 따라 산책로를 걷
는 것만으로도 잔잔한 감동을 받는다. 시간에 여유가 있다면 미술관 주변
예술인 마을을 이루고 있는 개인 갤러리와 전시관 관람도 곁들여 보자.

지도 P.356-A2 **주소** 제주시 한경면 저지14길 35 **전화** 064-710-7801 **영업** 09:00~18:00,
월요일 휴무 **예산** 어른 2,000원, 어린이 500원

☑ **TRAVEL TIP**
문화예술공공수장고
제주도 내 공립미술관의 미술품 관리 전용 수장고인데, 보유하고 있는 미
술품과 제주 자연을 주제로 한 실감 미디어 아트 영상관을 함께 운영하고
있다. 대형 스크린에 비친 미술작품이 마치 살아 움직이는 듯하다. 현대미
술관 관람료와는 별도로 어른 4,000원, 어린이 1,000원의 입장료가 있다.

큰노꼬메오름

해발 800m에 이르는 북서쪽 중산간의 대표 오
름으로 족은(작은)노꼬메오름과 이어져 있다. 제
법 가파른 정상에 오르면 뒤로는 한라산이, 앞으
로는 제주 바다가 선명하게 보인다. 오름 오르기
는 궷물오름 주차장에서 시작하는 것이 좋다. 노
꼬메오름 주차장이 따로 있긴 하지만, 궷물오름
주차장에서 오름으로 향하는 숲길이 훨씬 아름
답다. 화장실과 식수대 시설도 궷물오름 쪽이 더
잘 되어 있다. 큰노꼬메오름만 다녀오면 2시간
정도 걸리고, 일정에 여유가 있다면 궷물오름과
족은노꼬메오름을 함께 둘러봐도 좋다.

지도 P.356-B2 **주소** 제주시 애월읍 유수암리 1191-2(궷물
오름주차장), 제주시 애월읍 소길리 산255-4(노꼬메오름주
차장)

제주시 서부 맛집

강식당

#강호동의 강식당 아님 #등뼈고기국수 #별미 함박스테이크

이름 때문에 TV프로그램 '강식당'과 관련 있냐는 오해를
가끔 받는다. 프랑스 유명 요리학교인 르 꼬르동 블루 출신
의 셰프가 운영하는 곳으로 함박스테이크와 고기국수를
메인으로 하는 포구 앞 작은 식당이다. 고기국수는 돔베고
기가 아니라 뼈 해장국에 들어가는 등뼈로 만들었다. 묵직
하고 깊은감 있는 국물이 특징. 뼈에 붙은 살을 발라 먹는
재미는 덤이다. 함박스테이크도 별미인데, 자작한 국물소
스에 담겨 나오는 고기를 풀어서 찍어 먹
으면 깊은 감칠맛이 돈다.

지도 P.357-상단 **주소** 제주시 한
림읍 협재1길 30 **전화** 064-796-
0778 **영업** 11:00~20:00(브레이크
타임 15:00~17:00), 화·수요일 휴
무 **예산** 매운 고기국수 12,000원,
함박스테이크 정식 16,000원

더 애월

#두루치기 #흑돈김치찌개 #저렴한 가격에 솥밥까지

사진 명소로 유명한 하가리의 더럭초등학교와 연화지 근처에 있는 두루치기와 김치찌개 맛집. 얇게 저민
양파가 한가득 올라간 양돈 두루치기는 매콤한 불맛이, 파가 잔뜩 올라간 파돈 두루치기는 단짠단짠한 맛
이 매력적이다. 흑돼지 고기가 듬뿍 들어간 흑돈 김치찌개는 8,000원이라는 가격에 솥밥까지 함께 나온
다. 센 불에 오래 끓여 졸아들면 개인 접시에 덜어서 밥을 말아 먹는 것을 추천한다. 한경면 저지리에 분점
이 생겼다.

지도 P.356-B1 **주소** 제주시 애월읍 하가로 159 **전화** 064-799-8522 **영업** 11:00~20:00(브레이크타임 15:00~17:00), 일요일 휴
무 **예산** 흑돈 김치찌개 9,500원, 양돈 두루치기 11,000원

당당

#수플레 맛집 #더맛있는파스타

'홍쓰팜'이라는 이름으로 새별오름 앞에서 푸드트
럭을 운영하다가 지금의 자리에 브런치 카페를 열
었다. 주력 메뉴는 촉촉하고 부드러운 맛의 수플
레. '부풀어 오른'이라는 뜻의 프랑스어인 수플레는
거품을 낸 달걀흰자에 여러 재료를 넣어 구워낸 프
랑스 대표 디저트다. 수플레와 함께 구운 바나나와

과일 그리고 아이스크림이 같이 나와 간단한 한 끼로도 충분하다. 수플레만큼 인기인
파스타도 꼭 먹어봐야 한다. 직접 뽑은 생면 파스타에 3가지의 버섯 그리고 송로버섯
오일로 맛을 냈다. 파스타 전문점으로 업종 변경을 해도 역시나 인기를 끌 만한 깊은 내공이 느껴진다.

지도 P.356-B1 **주소** 제주시 애월읍 중엄안1길 25 **전화** 070-4159-0327 **영업** 10:30~17:00, 화·수요일 휴무 **예산** 당당수플레
13,000원, 파스타 트레이 17,000원

명리동식당

#흑돼지 자투리 고기 #김치전골맛집

제주산 자투리 고기와 김치전골 맛집으로 소문
난 집이다. 흑돼지 삼겹살과 목살은 200g에 1만
8,000원으로 다른 식당들과 가격이 동일하지만
자투리 고기는 250g에 1만 4,000원으로 상대
적으로 저렴하다. 가격은 낮더라도 품질은 전혀
떨어지지 않는다. 연탄불에 구워진 고기는 바삭
함 안에 육즙이 가득하다. 100g에 5,600원 꼴
이니 가성비가 최고다. 이 집의 또다른 인기 비
결은 김치전골. 고기가 듬뿍 들어가 진한 맛이
일품이다. 한경면의 본점 외에 구좌읍과 애월읍
에도 분점이 있다.

지도 P.356-A2 **주소** 제주시 한경면 녹차분재로 498(본점)
전화 064-772-5571 **영업** 11:30~21:00, 월요일 휴무 **예산**
흑돼지 자투리 고기(200g) 15,000원, 김치전골 7,000원

인디언키친

#정통 인도 요리 #정원이 아름다운
#현지인 셰프 #인도요리

네팔인 남편과 제주 토박이 아내
가 만드는 정통 인도 요리 전문점
이다. 난과 커리, 탄두리 치킨 같은
기본적인 인도풍 요리와 비니아니
(쌀 요리), 초우민(면 요리)같이 쉽
게 접해보지 못하는 요리까지 다
양하게 준비되어 있다. 탄두리 화
덕에서 바로 나온 난은 고기를 씹
는 듯 쫄깃함이 대단하다. 식물 키
우기가 취미인 주인장이 하나하나
직접 키워내는 식당 정원도 빠트
리지 말고 둘러보자.

지도 P.356-B1 **주소** 제주시 애월읍 애원로 191 **전화** 064-799-5859 **영업** 11:30~21:00 **예산** 양고기커
리 17,000원, 난 3,000원

수우동

#대기가 길어요 #수요미식회 #환상적인 전망

자작냉우동이 TV프로그램에 소개되면서 인기가 높아졌다. 자작한
에 우동과 반숙 달걀 그리고 어묵튀김이 올라탄다. 달고 짭짤한 국
에 반숙 달걀 튀김을 터트려 섞으면 짠맛이 중화되면서 맛이 깊어진
다. 대기가 상당해서 맛에 대한 평가가 나뉘기도 한다. 30분 단위로
나눠진 대기표에 이름을 올리고 해당 시간에 맞춰 가면 된다. 호불호는
갈리지만 '전망 맛집'이라는 점에는 이견이 없다. 창문 너머로 협재 바다와
비양도가 파노라마처럼 펼쳐진다.

지도 P.357-상단 **주소** 제주시 한림읍 협재1길 11 **전화** 064-796-5830 **영업** 10:30~18:30(브레이크타임 15:30~17:00), 화요일 휴
무 **예산** 수우동 9,000원, 자작냉우동 12,000원

심바카레

#통창으로 보이는 곽지해변 뷰 #카레맛집

곽지해수욕장 끄트머리에 있는 일식 카레 전문점. 넓은
창을 통해 곽지해변 파노라마 뷰가 시원하게 펼쳐진다.
추천 메뉴는 돈카츠 카레 우동. 장시간 끓여 걸쭉하고 부드
러운 카레 속에 통통한 우동면이 쫄깃하다. 돈카츠가 조연이
아닌가 싶은 우동과 카레의 조화가 인상 깊다. 그냥 먹어도 맛있는 바
나나를 튀겨 카레와 함께 나오는 이색 메뉴도 있다. 심바는 주인이 키우는 강아지의 이름이다.

지도 P.357-하단 **주소** 제주시 애월읍 금성5길 44-16 **전화** 064-799-4164 **영업** 10:30~20:00, 수요일 휴무 **예산** 돈카츠 카레 우동
13,000원, 계란 카레 12,000원

싱싱잇

#인더스트리얼 인테리어 #펍인가 식당인가

금능해수욕장 인근에 자리한 힙한 펍. 귤 창고를
개조한 인테리어를 배경으로 묘한 분위기를 풍
긴다. 밤에 즐길거리가 부족한 제주에서 칵테일
한 잔 기울일 수 있는 곳. 오후 5시부터 시작해
서 새벽 4시까지 영업한다. 가게 이름이 말해주
듯 분위기와 어울리는 음악이 흐르고 때에 따라
디제잉이 곁들여진다. 젊은 여행객들이 많이 찾
지만 그렇다고 노키즈 존은 아니다. 파스타와 로
스트 치킨으로 요기를 겸해서 술 한
잔 기울이기에도 좋다.

지도 P.357-상단 **주소** 제주
시 한림읍 한림로 181 **영업**
17:00~04:00 **예산** 흑돼지 바베
큐 25,000원

마니주횟집

#가성비 맛집 #4인이 넉넉하게

온통 바다에 둘러싸여 있긴 해도 제주 횟집 어딜 가나 대부분 양식 회를 먹게 된다. 어차
피 같은 양식장에서 키워진 횟감이라면 가성비라도 따져보자. 마니주횟집은 3~4인 기준 한 상
차림이 4만 9,000원인데도, 참돔회를 시작으로 갈치구이, 초밥, 전복죽까지 기대 이상으로 많이 나온다.
회 자체는 양이 많지 않지만, 워낙 같이 나오는 곁들임 메뉴들이 푸짐해서 4명이 먹어도 넉넉한 편이다. 우
럭이 통으로 들어간 매운탕에 수제비 반죽을 넣다 보면, 메뉴판 가격이 맞는지 의심이 들기도 한다.

지도 P.356-B1 **주소** 제주시 애월읍 광령2길 102 1~2층 **전화** 064-743-0721 **영업** 11:30~21:00, 매 홀수 주 수요일 휴무 **예산** 한상
차림 2인 29,000원부터

카페태희

#피시앤칩스맛집 #버거에 맥주 #곽지해변맛집

이효리 맛집으로도 알려진 곽지해변 앞 맛집이다. 피시앤칩스가 메
인으로 바다를 바라보며 간단하게 맥주를 곁들이기에 제격이다. 창
문을 통해 들어오는 시원한 바닷바람을 안주 삼아 먹는데 뭔들 맛
이 없을 수가 있으랴. 겉은 바삭하고 속은 촉촉한 이 집만의 피시앤
칩스는 어딘가 다른 내공이 느껴진다. 식사를 하고 싶다면 수제버거
도 나쁘지 않다. 묵직하게 썰어 튀긴 감자튀김과 찰떡궁합.

지도 P.357-하단 **주소** 제주시 애월읍 곽지3길 27 **전화** 064-799-5533 **영업**
09:00~21:00 **예산** 피시앤칩스 16,000원, 체다버거 9,000원

코코리파이프

#사회적기업 #뷰맛집 #SNS자랑템

공장의 한쪽은 사회적 기업 제주클린산업
이, 나머지는 코코리파이프가 차지했다. 제주
클린산업은 친환경 감귤 추출물로 소독제 등을 만드는
곳으로 식당 역시 천연소독제로 항상 깨끗함을 유지한다. 저크치킨 매시
포테이토와 머시룸 크림소스 함박이 인기 메뉴다. 부드럽고 달콤한 매시
포테이토에 빵 한 입 찍어 먹은 후, 치킨 한 조각을 함께 먹으면 절로 미
소가 지어진다. 사진이면 사진, 맛이면 맛, SNS에 최적화된 맛집이다.

지도 P.356-B1 **주소** 제주시 애월읍 하귀6길 22 **전화** 010-4007-0884 **영업**
10:00~19:00, 화요일 휴무 **예산** 저크치킨 매시 포테이토 20,000원, 머시룸 크림소스 함
박 18,000원

송훈파크

#초벌 훈연된 흑돼지 #베이커리 카페도 함께

송훈 셰프가 운영하는 흑돼지 전문 식당 '크라운
돼지'와 베이커리 카페 '하이드브레드'가 함께 있
다. 크라운돼지에서는 제주 재래 흑돼지로 개발
한 신품종 '난축맛돈'이 미리 초벌 훈연되어 나온
다. 스모크 향이 진하게 배어 있어서 풍미가 뛰어
나다. 난축맛돈은 불포화지방산이 많아 지방도
걱정 없이 먹을 수 있고, 재래 돼지 유전자를 이
어받아 해외 로열티가 나가지 않는다는 것도 장
점. 식사 후에는 함께 운영하는 하이드브레드 카
페 앞 너른 잔디밭도 거닐어 보자. 캠핑 의자에
앉아 자연이 주는 편안함을 느끼고, 아이들은 마
음 놓고 뛰어놀 수 있게 배려하고 있다.

지도 P.356-B2 **주소** 제주시 애월읍 상가목장길 84 **전화**
070-4036-5090 **영업** 12:00~21:00 **예산** 오겹살 16,500원
쫄데기살 16,500원

바당길

#톳보리밥 #방문 전 전화 필수

해조류 '톳'을 이용해 만든 면으로 칼국수를 끓인다. 톳에는 철
과 칼슘 같은 무기염류가 많이 들어있어 건강에 좋은 편이
다. 식전에 함께 나오는 톳보리밥이 압권. 주인장이 심혈을
기울여 직접 만드는 흑돼지 비빔장을 살짝 올려 비벼 먹으
면, 보리밥의 고슬고슬함에 톳의 톡톡 터지는 식감까지 더해
져 식탐을 자극한다. 이 보리밥이 생각나 자주 찾는 단골이 많을
정도도. 늦은 점심시간에 가면 식재료가 떨어지는 경우가 왕왕 있으니
미리 전화로 확인하는 편이 좋다.

지도 P.356-A1 **주소** 제주시 한림읍 한림서길 18 **전화** 064-796-1658 **영업** 08:00~15:30, 목요일
휴무 **예산** 톳칼국수 9,000원 보말칼국수 8,000원

한림칼국수 한림본점

#보말 듬뿍 칼국수 #막걸리를 부르는 맛

전복 못지않은 영양과 맛을 가지고 있는 보말로 칼
국수와 죽을 요리한다. 다른 토속 음식점과 달리
여기 보말칼국수에는 매생이가 들어가 더욱 시원
하고 깊은 맛이 난다. 두툼한 면발의 식감도 좋고
꼬둑꼬둑 씹히는 보말도 넉넉하게 들어간다. 매생
이는 식용유와 음식 궁합이 좋은 편으로, 보말과
매생이를 넣고 만든 매생이 보말전도 곁들여 보자.

지도 P.356-A1 **주소** 제주시 한림읍 한
림해안로 141 **전화** 070-8900-
3339 **영업** 07:00~16:00,
일요일 휴무 **예산** 보말
칼국수 9,000원, 영양
보말죽 9,000원

협재온다정

#흑돼지 맑은 곰탕 #온가족 입맛 저격 #아침해장 추천

'맑고 깔끔하다', '속이 편안하다', '정성이 가득한 한 끼를 대접받은 느낌'. 협재온다정의 유일한 메뉴인 흑돼지 맑은 곰탕을 먹고 난 후기다. 맑은 국물에 종잇장처럼 얇은 흑돼지 살코기가 켜켜이 올라간다. 조미료를 쓰지 않은 맑은 곰탕 국물은 매일 제주산 돼지고기와 모자반으로 육수를 만든다. 된장과 멜젓을 함께 섞은 비법 소스를 조금 얹어 고기 한 점 입에 넣으면 식감이 살아 있으면서도 부드럽게 넘어간다. 양파가 듬뿍 섞인 분홍색의 저염명란도 추천 메뉴.

지도 P.357-상단 **주소** 제주시 한림읍 한림로 381-4 **전화** 064-796-9222 **영업** 09:00~21:00(브레이크타임 15:00~17:00) **예산** 흑돼지 맑은곰탕 9,000원, 저염명란 4,000원

후카후카

#숨은 맛집 #히레카츠 강추 #정통일식라멘

샛길을 따라 한참을 들어가야 하고, 작은 입간판 하나뿐이라 그냥 지나치기 쉬운 곳에 있다. 일식 돈코츠라멘 맛집으로 소문이 났지만 여기 두툼한 히레카츠가 명품이다. 다른 집의 2.5배는 되어 보이는 두툼한 살에 얇게 튀김 옷을 입혔다. 두꺼워도 식감은 부드러워 입에서 녹는 느낌이다. 돈카츠 소스도 어울리지만, 녹차 소금에 살짝 찍어 히레카츠 본연의 맛을 느껴보길 추천한다. 국물 없이 비벼 먹는 마제소바도 인기. 면 위에 가득 올라간 토핑과 면을 함께 비벼 먹으면 된다.

지도 P.356-B1 **주소** 제주시 애월읍 항파두리로 148 **전화** 064-799-1103 **영업** 11:00~18:00, 수요일 휴무 **예산** 히레카츠 13,000원, 마제소바 10,000원

후프바베큐

#정통 훈연 바비큐 #텍사스 느낌 물씬

강한 연기 때문에 도심에서는 쉽게 맛보기 힘
든 정통 바비큐를 선보인다. 미국 텍사스 느낌
이 물씬 나는 건물에 가까이 가기도 전, 고기
익어가는 향이 코를 자극한다. 메인 메뉴인
플래터에는 장작 향이 깊게 밴 비프립과 풀드
포크, 치킨롤리팝 그리고 직접 만든 소스와 구운 야채가 가득 올라간다. 장작으로 훈연하여 장시간
조리한 덕분에 상당히 부드럽고 깊은 맛이 느껴진다. 예약(전화 또는 네이버 예약)이 필수다.

지도 P.356-A1 주소 제주시 애월읍 애월북서길 69 전화 070-8648-3380 영업 12:00~22:00 예산 후프플래터(2~3인) 109,000원

제주등대아구찜

#푸짐하고 맛있는 #볶음밥 필수

바로 옆 한림항에서 공수된 신선한 해산물과 아귀
로 찜을 만든다. 콩나물만 잔뜩 들어있고 아귀는
몇 조각에 불과한 여느 아귀찜을 떠올리면 큰 오
산이다. 작은 사이즈를 시켜도 3명이 넉넉하게 먹
을 만큼 양이 많고, 맛 또한 타의 추종을 불허한다.
아삭아삭하게 씹히는 콩나물만 한 입 먹어봐도 주
인장의 실력이 보통이 아님을 알게 된다. 콩나물과
양념을 다 먹기 전에 미리 볶음밥을 주문해야 후회
가 없다.

지도 P.356-A1 주소 제주시 한림읍
한림해안로 145-2 전화 064-796-
0710 영업 10:00~22:00, 화
요일 휴무 예산 아귀찜
(소) 40,000원, 해물찜
(소) 50,000원

제주시 서부 카페

레이지펌프

#SNS 인기 카페 #찍는 족족 작품 #펌프장이 카페로

아무도 거들떠보지 않던 건물이 이제는 SNS에서 핫한 곳이 되었다. 양식장에 물을 대주던 펌프장이 카페로 변신한 것이다. 원래의 공간을 살리면서도 층마다 다른 분위기를 연출했다. 빨간 네온사인이 인상적인 1층은 동남아 야경 느낌이 살짝 나고 2층은 시원한 제주 바다를 담았다. 여기의 핵심은 바로 3층. 바닷물을 담고 있던 저수조에 창을 내서 바다와 하늘을 끌어들였다. 벽에는 따개비와 같은 작은 바다 생물들이 살았던 흔적이 고스란히 남아 있다.

지도 P.356-A1 **주소** 제주시 애월읍 애월북서길 32 **전화** 010-2936-8732 **영업** 09:00~20:00 **예산** 프렌치 뱅쇼 7,000원, 제주말차크리미 6,500원

봄날

#드라마 맨도롱또똣 촬영지 #바다 배경이 펼쳐지는 전망 맛집

한담해안산책로의 시작점이자 애월 카페거리에서 가장 먼저 생긴 원조 카페. 지금이야 셀 수 없을 정도로 많은 카페가 저마다 다양한 콘셉트 경쟁을 하고 있지만, 당시에는 봄날이 유일했다. '맨도롱또똣'이라는 드라마를 비롯해 여러 TV 예능프로그램의 배경이 되기도 했다. 바다와 맞닿은 덕에 카페 창문을 통해 에메랄드빛 파도가 넘실거린다. 날씨가 좋으면 카페 뒤편 야외 자리 쟁탈전이 심해진다. 커피 맛보다는 분위기로 가는 곳.

지도 P.356-A1 **주소** 제주시 애월읍 애월로1길 25 **전화** 064-799-4999 **영업** 09:00~21:30 **예산** 아메리카노 5,000원

새빌카페

#리조트 아님 #새별오름 전망 #크루아상은 꼭

분명 '새빌카페'를 내비게이션에 찍고 왔는데, 허름한 리조트가 나와서 당황하는 경우가 많다. 예전 리조트 호텔을 리모델링했는데 카페 입구에는 예전 호텔 명이 남아 있어 그렇다. 매일 만드는 신선한 베이커리로 승부하는 카페로, 특히 크루아상이 맛있다. 프랑스산 고메버터와 뉴질랜드 앵커버터를 쓰고 치즈는 스위스산을 사용하는 등 최고의 재료를 고집해서 만든다. 주변 경관도 인기 비결 중 하나. 2층 높이의 대형 창으로 새별오름과 하늘의 푸르름이 함께 담긴다.

지도 P.356-B2 **주소** 제주시 애월읍 평화로 1529 **전화** 064-794-0073 **영업** 09:30~20:00 **예산** 아메리카노 5,500원, 크루아상 4,000원

동명정류장

#밭담 뷰 #버스는 서지 않아요 #편안한 분위기

정이 흐르는 카페라는 뜻으로 '정류장(情流場)'이라 정하고 카페가 있는 '동명리'에서 이름을 따서 동명정류장이라 지었다. 비어 있던 마을회관은 이제 정류장이 되어 마을 사람과 관광객의 정이 흐르는 공간이 되었다. 아담한 분위기에 카페에서 밖으로 내다보이는 밭담의 라인이 선명하다. 이에 착안하여 시그니처 메뉴도 '밭담라테'로 정했다. 크림 위에 초콜릿 크런치로 현무암을 표현했고, 작은 잎을 꽂아 밭을 표현했다. 잠시 멈추는 정류장처럼 여행 중 잠시 쉬어가기 좋은 카페다.

지도 P.356-A2 **주소** 제주시 한림읍 동명7길 26 **전화** 070-8865-0511 **영업** 11:00~18:30, 목요일 휴무 **예산** 밭담라테 6,500원

산노루

#녹차전문카페 #노키즈존 #말차라테

중국의 황산, 일본의 후지산에 이어서 세계 3대 녹차로 손꼽히는 제주 녹차, 그중에서도 유기농 고품질 녹차를 전문으로 다루고 있다. 2주 정도 햇빛을 차단하여 재배한 잎을 찌고 말려 만든 '말차'로 만든 음료와 제주 옥로차, 제주 홍차 등을 판매한다. 카페 옆에는 직접 생산한 녹차를 판매하는 곳이 함께 있다.

지도 P.356-A2 **주소** 제주시 한경면 낙원로 32 **전화** 070-8801-0228 **영업** 10:00~19:00 **예산** 말차라테 6,500원

앤트러사이트 제주 한림

#공간재생 #전분 공장의 재탄생 #SNS 감성 가득

60년이 넘은 폐 전분 공장이 앤트러사이트를 통해 SNS 감성이 풍부한 카페로 재탄생했다. 멀리서 보면 여기가 정말 카페가 맞나 싶을 정도로 손을 대지 않았다. 심지어 간판이 없어 자칫 지나치기도 쉽다. 하지만 막상 안으로 들어가면 탄성이 절로 나온다. 갈라진 지붕 사이로 빛이 들어오고 그 빛을 따라 초록의 싱그러움이 자라고 있다. 전체적인 분위기를 살리려는 듯 편안함보다는 단순함에 집중한 의자와 테이블 덕분에 오래 쉬면서 차 한 잔 즐기기에는 불편함이 있다.

지도 P.356-A1 **주소** 제주시 한림읍 한림로 564 **전화** 064-796-7991 **영업** 09:00~19:00 **예산** 아메리카노 5,000원

제주돌창고

#SNS에서 한 번쯤 본 그곳 #제주다움이 가득

푸른색 풀장 위, 그네를 타는 이국적인 사진으로 SNS에서 핫한 카페. 풀장에 발을 담그고 음료를 마시기도 하고, 선베드에 앉아 있기만 해도 해외 호텔에 있는 듯한 느낌을 주어 연일 문전성시를 이룬다. 이 집의 매력은 여기서 끝나지 않는다. 50년 된 방앗간을 카페로 개조하면서 돌창고의 외관을 그대로 살린 점이 이색적이다. 이뿐만 아니라 쉰다리, 보리개역, 지름떡 등 제주의 전통 음식을 메뉴에 담아내 제주다움을 지키고자 한 노력이 카페 곳곳에서 느껴진다. 인기 메뉴로는 직접 만들어 먹는 금능바다빙수가 있다. 푸른 바다를 연상시키는 실타래 얼음에 야자수, 선베드 장식을 올리고 물고기 모양 젤리가 더해진다. 맛을 떠나 여행하는 기분을 배가시켜주는 재미가 있는 곳이다.

지도 P.356-A2 **주소** 제주시 한경면 조수리 113-6 **전화** 064-773-1972 **영업** 09:30~18:00, 금·토요일 13:00~21:00, 일요일 휴무 **예산** 쉰다리 6,000원, 보리개역 5,000원, 금능바다빙수 14,000원

하이엔드제주

#바다뷰 끝판왕 #제주 특징을 살린 #베이커리

제주 최고 바다 전망으로 통하는 카페로 역시 한담해변 근처 애월 카페거리에 있다. 바다를 향해 열린 통 창문 덕에 어디 자리를 잡든 제주 바다를 바라보게 된다. 서쪽 방향으로 자리 잡아 특히나 해 질 녁 분위기 가 최고조에 이른다. 가격은 다소 비싼 편이지만 다양한 베이커리도 인기. 현무암을 닮은 빵, 한라산 눈꽃 을 표현한 빵에서부터 우도땅콩곡물호떡 등 제주의 특징을 살린 독창적인 빵류가 많다. 인기만큼이나 항 상 사람들이 북적거리는 점은 미리 감안하고 갈 것. 3층 루프톱에서는 대충 찍어도 인생사진이 나온다.

`지도 P.356-A1` **주소** 제주시 애월읍 애월북서길 56 **전화** 070-4548-4433 **영업** 09:00~22:00 **예산** 아메리카노 6,000원, 우도땅콩 라테 7,500원

호텔 샌드

#이국적인 분위기가 넘치는 #카페 겸 펍

애월 여행 중 날씨가 받쳐준다면 호텔 샌드에서 잠시 시간을 보내보자. 제주에서도 명품 해변으로 손꼽히는 협재해수욕장과 어깨를 나란히 하고 자리 잡은 카페 겸 펍이다. 자리를 어디에 잡느냐에 따라 만족도가 극과 극을 달리기도 하지만 동남아 해변 느낌이 물씬 나는 선베드에서 푸른 바다와 비양도를 느긋하게 바라보는 기분은 여기서만 느낄 수 있다. 해가 강하지 않은 오전 시간도 좋고, 저녁 시간 간단하게 맥주 한잔하며 협재 해변의 낙조를 감상하기에도 더할 나위 없이 좋다. 야외 베드는 이용 시간 제한(1시간)이 있다.

`지도 P.357-상단` **주소** 제주시 한림읍 한림로 339 **영 업** 10:00~22:00 **예산** 아메리카노 5,500원

섬 속의 섬을 찾아서
제주도 부속 섬

우도   가파도   마라도   비양도   차귀도   새섬   서건도

우도

[성산포항 종합여객터미널] **주소** 서귀포시 성산읍 성산등용로 112-7 **전화** 064-782-5671
[우도도항선 대합실] **주소** 제주시 구좌읍 해맞이해안로 2281 **전화** 064-782-7719
입도 요금 성인 10,500원, 차량 21,600~

제주도의 부속 섬 중에서 가장 인기 있는 섬이다. 소위 제주도 좀 여행해봤다 하는 여행객들은 우도에 숙박하면서 여행할 정도로 인기가 높은 여행지다. 실제로 만나질 징도 가볍게 여행하려고 들르지만, 하루를 꼬박 돌아도 우도의 매력을 전부 보기에는 부족할 정도로 큰 섬이기도 하다.

제주도에서 우도로 가기 위해선 성산항과 종달항을 통해야 들어갈 수 있다. 성산항에서는 아침 7시 30분부터 30분 간격으로 배가 다녀서 오래 기다리지 않고 우도로 들어갈 수 있다. 종달항에서는 성산항보다 띄엄띄엄 배가 운영된다. 다만 성산항에서는 하

루 주차비가 높은 반면 종달항은 무료로 주차할 수 있어 효율적이다. 물때와 날씨에 따라 운항 시간이 달라지거나 취소되는 때도 있으니 미리 전화로 확인하고 가는 것이 좋다.

우도 둘러보기 섬이 꽤 크기 때문에 도보로 둘러보는 것은 무리다. 보통 섬 안에서는 스쿠터나 전기자전거를 대여해서 섬을 둘러보거나 버스기사님이 직접 가이드하면서 섬의 주요한 여행지를 도는 관광용 순환버스(1회 1,000원, 1일권 5,000원)를 이용한다. 우도를 찾는 사람들이 많아지면서 렌터카를 가지고 우도를 들어가는 기준도 생겼다. 6세 미만 아동이나 임산부, 65세 이상의 사람이 함께하거나 우도에서 1박을 하는 경우를 제외하고는 렌터카를 가지고 들어갈 수 없다.

홍조단괴해변

얼마 전까지 산호사해변이라고 알려져 왔으나, 산호처럼 보였던 새하얀 조각들이 해안가에 서식하는 홍조류가 만들어낸 홍조 단괴라고 밝혀졌다. 홍조류는 김과 우뭇가사리같이 붉은빛을 띤 해조류이다. 고운 모래 해변과는 사뭇 다르게 지중해 어딘가에 와 있는 듯한 이국적인 풍경을 자아낸다. 국내에서 드문 현상으로 천연기념물 제438호로 지정되어 반출이 불가하다.

지도 P.384 **주소** 제주시 우도면 연평리 2565-1

로뎀가든

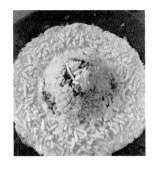

서빈백사해변 바로 옆 주물럭과 볶음밥이 맛있는 식당이다. 한치와 흑돼지 주물럭이 메인 메뉴. 먹고 나서 볶음밥을 주문하면 사계절의 한라산을 닮은 볶음밥 만들어 준다. 볶음밥을 만들어 한라산을 만들고 달걀로 제주도를 표현한다. 계절별 색상을 표현하기 위해서 뿌려지는 날치알 씹히는 맛이 재미를 더해 준다.

지도 P.384 **주소** 제주시 우도면 우도해안길 264 **전화** 064-782-5501 **영업** 09:00~18:00, 풍랑주의보 시 휴무 **예산** 한치·흑돼지주물럭 17,000원, 한라산볶음밥 4,000원

하하호호

우도에서 시작해서 본섬까지 진출한 수제버거 맛집. 우도 바닷가 구옥을 개조해서 자리 잡았다. 구좌 마늘, 우도 땅콩, 딱새우를 이용해서 어디서도 맛보지 못한 색다른 수제버거를 선보인다. 특히 매콤 흑돼지 버거가 인기. 탑처럼 쌓아 올린 버거는 종업원이 와서 먹기 좋게 손질해준다.

지도 P.384 **주소** 제주시 우도면 우도해안길 532 **전화** 010-2899-1365 **영업** 11:00~16:00 **예산** 수제버거 각 11,000원

검멀래해변&동안경굴

우도 선착장에서 반대편으로 넘어가면 모래가 검다고 해서 '검멀레'라 불리는 해변이 나온다. 한 쪽은 하얀 산호사의 해변이 있고, 다른 한편은 검은 모래라니. 작은 섬이지만 다양한 색을 지녔다. 검멀래해변 안쪽으로 걸어 들어가면 썰물 때 동굴이 나온다. 동굴 안쪽으로 조금 더 들어가면 또 다른 동굴로 이어진다. 바로 우도 8경 중 하나인 '동안경굴'이다. 매년 가을이면 동굴음악회가 열리는 곳으로, 웅장하고 시원한 풍경을 배경으로 멋진 사진을 남길 수 있다.

지도 P.384 **주소** 제주시 우도면 연평리 317-11

우도보트

검멀래해변에서 보트를 타고 우도를 즐기는 것도 색다른 방법이다. 검멀레해변에서 서빈백사해변까지 우도를 반 바퀴 정도 도는데, 우도의 아름다운 해안선을 둘러보고 쇠머리오름에 대한 전설과 배경에 대해서 설명도 해준다. 25~30분 정도 소요된다. 바다가 조각한 해안선과 해식동굴 '주간명월'은 배를 타야만 볼 수 있는 비경이다. 우도 8경 중 1경인 주간명월은 해가 바다에 반사되어서 천장에 달이 뜬다고 해서 붙여진 이름이다. 검머레해변 쪽에 여러 보트 회사가 있어 골라서 타면 된다. 요금은 성인 1만 원, 어린이 5,000원 정도다.

주간명월 위에서 본 모습

쇠머리오름(우도봉)

우도는 소가 누워 있는 모습과 닮았다 하여 붙여진 이름이다. 우도의 머리 부분에 해당하는 가장 높은 곳을 쇠머리오름 또는 우도봉이라 부른다. 우도에 들어와서 해안만 돌아보고 가는 경우가 많은데, 이는 우도 절반만 본 것과 다름 없다. 우도봉에 올라 우도와 제주도를 두 눈에 담아야 비로소 나머지 반도 모두 봤다고 할 수 있다. 해안선이 제주 어느 곳과 비교해도 뒤지지 않는다. 정상에는 우도 등대가 있고, 오르는 길목에 세계에서 유명한 등대를 미니어처로 만들어서 야외 전시를 해 놓았다. 우도 등대 내부에 있는 미니 박물관도 볼 만하다.

지도 P.384 **주소** 제주시 우도면 연평리 산 18-2

가파도

지도 P8

[운진항] 주소 서귀포시 대정읍 최남단해안로 120
요금 성인 왕복 14,100원, 어린이 7,100원 **전화** 064-794-5491

우리나라 최남단의 섬 마라도로 가는 길목에 있는 섬이다. 마라도에 밀려 주목을 받지 못했지만, 청보리와 함께 각광받는 여행지가 되었다. 매년 4~5월이면 가파도는 청보리의 녹색 물결로 뒤덮인다. 바람에 따라 흔들리는 청보리와 돌담, 그 뒤로 펼쳐지는 바다를 배경으로 사진을 남기기 위한 여행객들이 이곳을 찾는다. 가파도 해안 산책로는 총 5km 성도로, 한 바퀴 도는 데 1시간 30분 정도 걸린다. 서귀포시 운진항에서 가파도와 마라도로 가는 정기 여객선을 타고 갈 수 있다.

마라도

배편 요금 성인 왕복 19,000원, 어린이 9,500원
지도 P.8 [운진항] **주소** 서귀포시 대정읍 최남단해안로 120 **전화** 064-794-5491
지도 P.8 [산이수동항] **주소** 서귀포시 대정읍 상모리 **전화** 064-794-6661

우리나라 최남단에 자리한 섬이다. 서귀포시 운진항이나 산이수동항에서 배로 30분 거리에 있으며, 섬 전체가 천연기념물로 지정돼 있다. '짜장면 시키신 분!'을 외치던 TV광고 덕분에 마라도가 우리나라에 널리 알려지게 됐는데, 그 때문인지 마라도에 오면 짜장면을 꼭 먹고 가야 할 것 같다. 섬을 한 바퀴 둘러보고 마라도의 명물인 해물 짜장 한 그릇까지 먹는 데 2시간이면 충분하다. 마라도는 짜장면보다도 아름다운 자연으로 더 유명한데, 일정에 여유가 있다면 하루쯤 섬에 묵으면서 마라도의 진면목을 마주해보길 추천한다. 사람들이 썰물처럼 밀려 나간 섬에는 요란한 자동차 소리도 없고 타인의 고성도 없다. 오로지 바람과 파도 소리만 들릴 뿐. 휴식이 필요한 사람에게 이 순간만큼 힐링이 되는 곳도 없다. 나오는 배에 한꺼번에 몰리는 것을 막기 위해 들어가는 왕복 배편을 함께 끊어야 하며 나오는 배 시간도 미리 정해진다.

비양도

지도 P.8
[한림항 도선대합실] 주소 제주시 한림읍 한림해안로 196 **전화** 064-796-7522
요금 성인 9,000원, 어린이 5,000원

협재, 금능 해수욕장에서 보이는 작은 섬. 《신증동국여지승람》에 의하면 서기 1002년 바다 한가운데에서 화산이 폭발하면서 섬이 만들어졌다고 한다. 우도, 가파도, 추자도에 이어 네 번째로 큰 유인도이기도 하다. 제주시 서쪽의 인기 관광지인 협재해수욕장에서 바라보이는 덕분에 SNS 사진 속에서도 심심찮게 만나볼 수 있는 명소다. 한림항에서 하루 4번 왕복으로 운항되는 배를 타면 15분 만에 비양도로 들어갈 수 있다. 섬 전체를 조망할 수 있는 비양봉에 오르거나 섬을 한 바퀴 둘러보면 좋다. 하루에 4번만 배가 운항되다 보니 두 가지를 모두 하기에는 빠듯하다.

차귀도

지도 P.8

[차귀도 유람선] 주소 제주시 한경면 노을해안로 1163 전화 064-738-5355
요금 성인 16,000원, 어린이 13,000원

제주도 부속 섬 중 가장 큰 무인도. 크고 작은 세 개의 섬이 바다와 어우러져 빼어난 경관을 자랑하는데, 특히 해가 질 무렵 석양과 섬의 모습이 무척 아름다워 이곳을 찾는 사람이 많다.
예전에 대나무가 많아 죽도라 불리는 대섬과 지실이섬, 와도를 묶어 차귀도라 부른다. 예전에는 7가구 정도가 농사를 지으며 살았었는데, 현재는 모두 떠나고 집터만 남아 있다. 마라도처럼 섬 전체가 천연기념물로 지정돼 있다. 때 묻지 않은 자연 그대로의 모습을 간직하고 있어 아름다운 정취를 뽐내며, 우리나라에서는 보기 힘든 아열대 동식물이 서식하고 있어 생물학적 가치도 높은 곳이다. 돔, 자바리 등이 잘 잡혀 낚시꾼들이 많이 찾는 섬이기도 하다. 차귀도포구(자구내포구)에서 유람선을 타고 들어갈 수 있으며, 섬에 도착하면 1시간 정도 산책할 시간이 주어진다. 유람선을 타고 섬 주변을 돌며 섬에 얽힌 스토리도 들려준다.

새섬

지도 P.8

주소 서귀포시 서홍동 707-1

제주도 부속 섬 중 유일하게 배를 타지 않고 걸어서 들어갈 수 있는 섬. 2009년 개통된 새연교를 따라 건너가면 섬을 둘러볼 수 있다. 제주에서는 옛날부터 초가지붕의 재료로 '새(띠)'를 많이 사용했는데, 바로 이 새(띠)가 많이 나던 곳이라 새섬이라는 이름이 붙여졌다. 새연교가 놓이기 전에는 물이 빠지는 간조 때만 섬을 들어가고 나갈 수 있었으나 다리가 놓이면서 접근성이 더욱 좋아졌다. 1.2km의 산책로를 따라 걷다 보면 나무 사이사이로 푸른 바다와 인근 섬인 범섬, 문섬, 섶섬 등이 바라보이는 모습이 아름답다. 섬 전체를 도는 시간 30분이 짧게만 느껴진다.

서건도

지도 P.8
주소 서귀포시 강정동 752-1

조수간만의 차로 물이 빠지면 들어가고 나올 수 있는 자그마한 섬. 바닷속 수중화산으로 생겨났다.
오래전 큰 고래가 죽어서 섬으로 떠내려 온 적이 있는데, 고래 사체가 썩어서 썩은섬 → 써근섬 →
서건도로 이름이 변화했다고 전해진다. 섬의 규모가 작지만 둘레길을 따라 한 바퀴 둘러볼 만하다.
고고학 유물이 섬에서 발굴되면서 고고학계의 주목을 받기도 했다.

PART 4

제주 숙박

ACCOMMODATION

제주 숙소 정보

최근 제주 숙소는 양극화가 심해지고 있다. 중국인 관광객을 바라보고 지은 호텔과 오피스텔이 급격하게 늘어나면서 공급은 많아졌지만, 외국인 관광객이 급격하게 줄 어든 탓에 가격 경쟁이 심해졌다. 숙박 가격 비교 사이트에만 들어가도 원하는 가격 대에 위치까지 입맛대로 나오기에 일반적인 숙소는 추천 자체가 굳이 필요 없을 정 도다. 일일 생활권이라 할 수 있을 정도로 육지에 비해 작은 섬이기에 동선에 따라 숙소를 이동하거나, 시내에 저렴한 호텔을 베이스캠프 삼아 여행을 이어가도 좋다.

다만 가성비만 너무 따지다 보면 '아차!' 하는 상황이 오기도 한다. 급격하게 호텔 들이 들어서면서 수준 이하 호텔들이 다수 생겼기 때문이다. 생각 외로 방이 좁아 여행용 가방 하나도 완전히 펼치지 못하는 곳도 있고, 겨울 내내 문을 닫고 있다가 여름 반짝 장사하는 곳에는 곰팡이 냄새가 나기도 한다. 건축비가 육지보다 높아 지은 지 오래된 펜션이나 호텔은 겉만 번지르르하고 속은 여관방보다 못한 곳도 종 종 보인다. 가격만 볼 것이 아니라 후기도 꼼꼼히 챙겨야 한다.

**제주
인기 숙소
키워드**

가격보다 숙소 자체가 하나의 여행이 되어주며 특별한 여행 추억
을 만들어 줄 '제주 인기 숙소 키워드'를 알아보자.

고급호텔&리조트

해외여행의 대안으로 다시금 떠오르는 제주에서 고급 호텔들이 덩달아 인기를 누리고 있다. 사계절 온수 풀
만 있다면 계절과 상관없이 주말마다 예약 행렬이 이어진다. 밤늦게 입실하고 아침 일찍 다음 일정을 시작
하는 바쁜 일정에 끼워 넣기보다는 여행 마지막 제주의 품에 안겨 푹 쉬며 재충전하고 싶을 때 추천한다.

풀빌라

우리만의 별장 느낌을 누릴 수 있는 독채형 펜션이 늘어나면서 독립된 풀장까지 갖춘 경쟁력 좋은 '풀빌
라'들도 여럿 생겼다. 따뜻한 온수 풀장에 몸을 담그고 바라보는 야자수 풍경은 해외 부럽지 않은 만족감
을 준다.

아이와 함께 여행하는 일정에서 하루쯤 아이들의 시선에서 쉬는 것을 추천한다. 놀이터와 트램펄린 등 각종 놀이 시설과 멋진 사진을 남기기 위한 포토존으로 차별화하기도 했다.

제주 전통 가옥은 안거리(안채), 밖거리(바깥채)가 기본이 되고 모커리(별채)가 추가되기도 한다. 각각은 독채로 되어 있어 한 세대가 거주하기도 하고 결혼 후 살림을 분리하기도 했다. 제주 전통 방식의 주거 형태를 살린 숙소가 최근 유행이다. 가격은 제법 비싸긴 해도 여러 가족이 함께 머물기도 좋고 제주의 독특한 감성이 묻어나서 찾는 여행객들이 늘고 있다.

추천 숙소

숲의 기운을 가득 담은
히든클리프호텔&네이처 　서귀포시 중심

커플들에게 최고 인기인 호텔이다. 히든클리프의 자랑 인피니티 풀에서 찍은 사진은 365일 SNS에 오르내리며 부러움을 사게 만든다. 파란색 풀장의 끝자락에 예래천이 흐르는 계곡 뷰가 이어진다. 원시림과 폭포가 만들어내는 색다른 분위기에 물놀이를 즐기는 사람보다 사진을 찍는 모습이 더 많이 보일 정도다. 사계절 온수풀로 운영되며 체크아웃 후에도 이용할 수 있도록 배려해준다. 호텔에서 출발하는 히든트레일은 예래천을 따라 바위와 숲길을 거닐며 한적한 순간을 선사한다.

지도 P.299-하단 **주소** 서귀포시 예래해안로 542 **전화** 064-752-7777 **홈페이지** www.hiddencliff.kr

제주 최고의 럭셔리 호텔
롯데호텔 　서귀포시 중심

중문관광단지 내에 500여 개의 객실을 가진 제주 최고의 럭셔리 호텔이다. 다양한 시설 및 사계절 온수풀이 있어 제주 가족 여행객이 꼭 머물고 싶은 호텔 중 항상 다섯 손가락 안에 든다. 남아프리카공화국의 인기 리조트 'The Palace of the Lost City'를 모델로 지어서 그런지 일반 호텔보다 더 이국적인 풍경을 만들어낸다. 호텔에서 산책로를 통해 바로 중문색달해수욕장으로 이어진다.

지도 P.299-하단 **주소** 서귀포시 중문관광로72번길 35 **전화** 064-731-1000 **홈페이지** www.lottehoteljeju.co.kr

우윳빛 온천 여행을 즐길 수 있는
디아넥스호텔 서귀포시 서부

세계적인 건축가 이타미 준이 설계한 포도호텔과 핀크스 골프클럽, 비오토피아와 함께 운영되는 호텔로
제주에서 유일하게 고온의 아라고나이트 온천이 나오는 곳이다. 육지 대부분의 온천이 34℃ 이하인 데 반
해 42℃ 고온의 나트륨 탄산천으로 당나라 현종의 후궁이었던 양귀비가 즐겼다던 중국의 서안 온천과 성
분이 유사하다. 투숙객에게는 실내 수영장과 노천 온수풀을 포함된 온천이 무료로 제공된다. 가족 단위로
물놀이와 함께 여행의 피로를 풀기에 그만이다.

지도 P.333-D1 **주소** 서귀포시 산록남로762번길 71 **전화** 064-793-6006 **홈페이지** www.thepinx.co.kr/annex/

아이들을 위한 키즈 펜션
흰수염고래리조트 제주시 서부

제주도 아이들을 위한 숙소를 고르려면 항상 세 손가락 안에 드는 숙
소다. 동물을 닮은 독채 펜션과 리조트 숙소가 있고 잔디광장에는 아
이들을 위한 놀이 시설이 가득하다. 아이들의 영원한 놀이기구 방방
이, 미니 기차, 유아 놀이터, 키즈 클라이밍 등 리조트 전체가 아이들을
위한 미니 놀이공원처럼 꾸며놓았다. 아이들 나이대에 맞추어 크기별
로 준비해 놓은 여러 개의 킥보드를 포함하여 리조트 내 대부분의 놀
이 시설을 추가 요금 없이 무제한으로 사용할 수 있다. 1층 카페에서
커피 한 잔하며 깔깔거리며 노는 아이들만 보아도 마냥 행복해진다.

지도 P.356-B1 **주소** 제주시 애월읍 일주서로 6818 **전화** 064-747-5553 **홈페이지**
jejubluewhale.com

온수풀이 제공되는 독채 펜션

소랑제 서귀포시 서부

제주 방언으로 '사랑이 가득한 집'이라는 뜻이다. 이름만큼이나 머문 시간 동안 가족 간의 웃음이 가득 담기는 곳이다. 아이들과 함께하는 가족 단위 독채형 펜션으로 8채가 옹기종기 모여 있다. 각 펜션에는 온수가 제공되는 독립 풀장이 있다. 한겨울에도 실내라서 바람을 막아주고 온수 덕분에 사계절 인기. 일반 여행자에게는 다소 부담되는 가격이긴 해도 특별한 순간을 위해 하루 정도 투자해 보는 것도 좋겠다. 구좌읍 평대리와 안덕면 사계리에도 지점을 운영하고 있다.

지도 P.333-D1 **주소** 서귀포시 안덕면 소기왓로 77 **홈페이지** www.fullstay.co.kr

가성비 높은 풀빌라

소랑풀빌라 제주시 동부

독립된 풀장을 가지고 있는 풀빌라. 리조트 형식으로 제법 큰 규모로 운영된다. 풀은 외부에 있어 제주의 푸른 공기 마시며 가족 또는 연인과 함께 단란한 시간을 보낼 수 있다. 풀은 30℃ 정도의 미온수로 제공된다. 소랑의 장점은 풀빌라치고는 가격대가 높지 않으면서도 간단한 조식이 제공된다는 것. 소규모 풀빌라와 독채 펜션에서 제공하지 못하는 서비스로, 대부분의 제주 식당이 오전 11시 이후에 문을 여는 곳이 많아 은근 여행 일정에 도움이 된다.

지도 P.238-A1 **주소** 제주시 조천읍 곱은달남길 216 **전화** 064-710-1000 **홈페이지** sorangjeju.com

300년 역사를 담은 고택에 묵다

임진고택 제주시 동부

조선 14대 왕 선조가 임진왜란이 일어났던 임진해에 제주도 입도 후 전쟁 때문에 육지로 가지 못하고 터를 잡고 지은 집이다. 300년간 가족들을 지켜주던 집이 건축가 주인의 손을 거쳐 이제는 제주를 여행하는 사람들에게까지 품을 열어주게 되었다. 돌담을 살려 개조한 집은 많이 봤어도 이렇게 나무 하나까지 살려서 리모델링한 고택은 흔하지 않다. 회벽의 흰색과 나무의 색감이 마치 한 폭의 동양화를 천장에 그려 놓은 것만 같다. 현대적인 감각의 에폭시 바닥은 천장의 아름다움을 그대로 투영한다. 이 집에서 태어나고 자란 건축가와 가구 디자인을 전공한 딸의 손에 고택은 다시 새로운 숨을 내쉬게 되었다. 호텔이 주지 못하는 감성과 게스트하우스가 주지 못하는 내 집 같은 포근함을 찾는다면, 분명 임진고택은 제주 여행을 완벽하게 만들어 줄 것이다.

지도 P.239-D1 **주소** 제주시 구좌읍 상도리 611 **전화** 010-7101-7985 **홈페이지** www.imjingotaek.com

가성비 높은 호텔급 펜션

북촌플레이스 　제주시 동부

가격은 펜션이나 게스트하우스 수준이지만 서비스는 호텔급인 고급화된 펜션도 다시 주목받고 있다. 함덕해변에서 차로 5분 거리인 조용한 마을 북촌리에 자리 잡아 이름도 북촌플레이스로 지었다. 깔끔한 숙소 창문을 통해 제주 바다와 서우봉 오름이 한눈에 들어온다. 1층에는 북카페도 함께 운영하는데 그래서인지 객실에도 인기 있는 신간들이 준비되어 있다. 방마다 바다가 보이는 테라스가 있어 조용히 차 한 잔하며 책 읽기 좋다. 어지간한 저가형 호텔보다 차라리 관리 잘 되는 펜션을 베이스캠프 삼아 제주를 여행하기에 좋은 선택이다. '한 달 살기'를 위한 숙소로도 운영된다.

지도 P.238-A1 **주소** 제주시 조천읍 일주동로 1437 **전화** 064-782-1785 **홈페이지** bookchonplace.com

조식이 맛있는 숙소

제주소요 　서귀포시 동부

제주 관광지 식당들이 일찍 문을 열지도 않거니와, 숙소에 다녀간 투숙객들이 굶고 다니지 않았으면 해서 시작한 조식 서비스가 제주소요로 여행객을 이끄는 자석이 되었다. 매일 아침 겹치지 않고 나오는 조식을 먹기 위해 볼거리 없는 이 조용한 남원읍으로 사람들이 모여든다. 조용한 동네를 닮은 듯한 4칸짜리 작은 숙소는 장자의 '소요유'에서 이름을 따왔다. 소요유는 마음이 가는 대로 자유롭게 거닐며 즐겁게 살아가는 것으로 어쩌면 요즘의 욜로(YOLO)와도 일맥상통한다. 하나뿐인 삶, 한 번뿐인 이 순간, 조용히 소요에서 쉬어 가도 좋다.

지도 P.270-A2 **주소** 서귀포시 남원읍 태위로 13 **전화** 010-8873-7692 **홈페이지** jeju-soyo.com

색다른 숙소를 원한다면

메이더카라반 제주시 동부

조금 더 이국적이고 색다른 숙소를 고민하고 있다면, 카라반에서 캠핑을 즐겨 보는 것도 좋다. 메이더카라반에서는 미국형 정통 대형 카라반을 체험할 수 있다. 평소에 견인하고 다니는 소형 크기가 아닌 대형 카라반이라 기본적으로 집에 있는 것은 모두 있다고 보면 된다. 침대, 냉장고, 오븐은 물론 화장실에 욕조까지 있다. 10m가 넘는 길이에 옆으로 확장되는 거실은 공간 효율이 뛰어나 6~7명 이상도 무리 없이 지낼 수 있다. 카라반 뒤쪽에 있는 2층 침대는 아이들의 최고 놀이터가 된다. 사다리를 타고 오르락내리락하다 보면 웃음이 끊이지 않는다. 카라반에 왔으니 조금 더 캠핑 분위기를 내기 위해 바비큐는 선택이 아닌 필수. 사전에 예약하면 바비큐를 할 수 있도록 불을 피워준다. 신선한 해산물이나 제주 흑돼지 오겹살을 입맛에 따라 직접 준비하면 된다.

지도 P.238-B1 **주소** 제주시 구좌읍 일주동로 1622 **전화** 064-783-2200 **홈페이지** meithecaravan.com

PART 5

여행 준비 &
실전 여행

BEFORE THE TRAVEL &
START TO TRAVEL

비행기는 미리, 숙소는 천천히

제주를 여행하기 위해 경비를 줄일 수 있는 실질적인 방법이다. 비행기는 일정이 다가오면서부터 점점 가격이 올라간다. 정확하게는 특가나 할인가 좌석이 판매 완료되거나 항공사에서 할인가 좌석을 일반으로 돌리기 때문이다. 서울에서 부산까지 KTX로 가면 편도 기준 6만 원 정도다. 비행기도 정상가 기준으로는 이 가격의 두 배가 넘어가기도 하지만, 저비용 항공사가 많이 생기면서 특가 또는 할인가를 적용하면 편도 기준 1~2만 원짜리 좌석도 많아졌다. 물론 평일 이른 시간이나 늦은 시간에 출발하지만, 미리 예약한다면 주말 전후에도 저렴한 가격에 좌석을 잡을 수 있다. 단, 추후 일정 변경이나 취소는 수수료가 많이 발생할 수 있다는 점을 유의해야 한다.

숙소는 반대로 봐야 한다. 미리 예약을 하면 할인이 어렵고 정상가인 경우가 많다. 그러다가 수일 전이나 심지어 당일에는 조식이 포함된 호텔들이 2인 기준 5만 원 이하 특가가 나오기도 한다. 물론 아이와 함께 또는 부모님을 모시고 하는 여행에서 모험을 할 수는 없다. 이럴 땐 예약을 하되 취소 수수료가 없는 객실로 우선 예약을 하고 여행 일정과 상황에 따라 호텔 예약 애플리케이션을 통해 특가를 잡고 기존 일정은 취소하는 방법도 있다. 중국 여행객이 많이 빠진 요즘, 미리 숙소를 예약하지 않았다고 해서 길에서 자야 하는 일은 거의 없을 정도로 빈 방이 많은 상황이다.

계절에 따른 여행지 선택

제주는 언제 찾아도 이색적인 분위기로 여행자들의 가슴을 시원스레 열어준다. 이른 봄도 좋고 바다를 몸소 즐길 수 있는 여름도 좋다. 차분한 억새가 일품인 가을과 눈 쌓인 한라산을 보기 위해 겨울에도 많이 찾는다. 여행의 목적에 따라 일정을 짜야 하겠지만 대체로 겨울에는 서귀포 쪽이 여행하기 좋고, 여름에는 제주시 쪽을 추천한다. 바람, 돌, 여자가 많다고 해서 삼다도라 불리는 제주에서 바람은 여행과 밀접한 관계가 있다. 겨울에는 차가운 북서풍이 불어 제주시권은 체감 온도가 낮고 바람 때문에 해안가를 다니기 불편하다. 반면 한라산으로 막힌 서귀포는 위도도 낮고 바람도 자주 불지 않아 한겨울에도 어지간해서는 기온이 영하로 떨어지지 않는다. 여름에는 정반대의 상황이 벌어진다. 습기를 잔뜩 머금은 남풍이 진하게 불어와 서귀포권은 습하고 덥다. 한라산을 타고 오르는 바람 때문에 구름 끼는 날도 서귀포권이 훨씬 많다. 대신 제주시권은 바람도 덜 불고 파도 또한 잔잔한 날이 많아 물놀이를 하기에도 좋다. 여행 출발 며칠 전 '윈디(Windy)'라는 웹사이트(windy.com) 또는 스마트폰 애플리케이션을 통해 1주일 치 바람의 강도와 방향을 미리 확인하여 일정에 고려하면 더욱 완벽한 여행이 될 것이다.

제주로 **들어가기**

비행기

제주로 들어가는 가장 일반적인 방법이다. 육지 대부분의 공항에서 제주국제공항으로 가는 비행기 편을 운영하고 있다. 국내선이라도 신분증이 없으면 탑승이 불가하니 미리 챙기도록 하자. 신분증이 없는 아이들은 해외여행과 달리 여권뿐만 아니라 가족관계증명원이나 등본, 건강보험증으로도 증빙이 가능하다.

❶항공권 예약
저비용 항공사가 많아져서 선택의 폭이 한층 넓어졌다. 인터파크항공, 스카이스캐너와 같은 항공권 가격 비교 사이트를 활용하여 가격을 비교한 후 일정을 먼저 정하고, 예약은 각 항공사 애플리케이션이나 홈페이지를 통해서 한 번 더 확인한 후 가격이 저렴한 곳에서 예약한다.

❷도착
렌터카를 예약한 경우에는 주차장으로 나가 오른쪽 방향에 있는 렌터카하우스 쪽에서 셔틀을 타면 되고, 예약을 하지 못한 경우는 도착 층 1번과 2번 게이트 사이에 있는 렌터카 부스에서 빌리면 된다. 버스를 타는 경우는 공항 1층 외부에서 노선에 맞게 탑승하면 된다.
지도 P.8 **[제주국제공항] 주소** 제주시 공항로 2 **홈페이지** www.airport.co.kr/jeju/

❸출발
제주국제공항 3층이 출발 층이다. 먼저 항공사에서 보내준 예약번호나 생년월일로 체크인을 하자. 대부분의 항공사가 셀프 체크인을 해야만 짐을 부칠 수 있도록 변경되었다. 3층 1번 게이트 쪽으로 가면 '마음샌드'를 판매하는 파리바게트와 제주 특산물 판매 코너가 있다. 일행 중 아이들이 있고 출발 시간에 여유가 있다면 4층 어린이 놀이방을 활용하는 것도 방법이다. 면세점 쇼핑을 위해서는 생각보다 일찍 체크인을 해야 여유가 있다.

선박(배)

비행기를 타고 렌터카를 빌려 여행하는 일반적인 방법 외에도 내 차를 타고 와서 제주를 여행하거나 캠핑이나 차박을 하는 경우도 점점 늘고 있다. 인구의 절반이 사는 수도권에서는 접근하기 쉽지 않은 방법이지만, 남쪽 지역에 거주하거나 장기간 여행하는 등 상황에 따라선 배편을 이용해 제주를 여행하는 것도 방법이다. 특히 목포나 완도 주변에서는 비행기를 타기 위해 근처 공항으로 이동하는 것보다 배를 타고 제주로 가는 것이 더 편리하기도 하다. 비행기보다는 배가 이동시간이 더 길긴 해도 객실이 대부분 넓은 방이나 침대로 되어 있어 새벽에 출발하여 아침 일찍 도착하는 방법으로 잠을 자며 이동하는 것도 가능하다.

❶제주로 향하는 여객선터미널
제주로 오는 배는 현재 기준으로 목포연안여객선터미널, 완도연안여객선터미널, 녹동신항연안여객선터미널, 여수연안여객선터미널, 부산항연안여객선터미널에서 가능하다. 예전에는 인천에서도 다녔지만, 2014년 세월호 사고 이후 사람은 타지 않고 화물선만 운항하고 있다.

❷제주항연안여객터미널

성산항과 애월항으로 들어가는 선박도 있지만 대부분 여객선은 제주항으로 오고 간다. 제1부두부터 제7 부두까지 있는 대형 규모로, 선박 예약 시 안내 받은 부두에서만 승선할 수 있다. 승선권 예약 후 안내 받은 부두 번호를 확인하자.

지도 P.8 **[제주항연안여객터미널] 주소** 제주시 임항로 111 **홈페이지** jeju.ferry.or.kr

❸승선권 예약

승객만 이용하는 경우는 초 성수기를 제외하고 예약이 어렵지 않다. 배 가 워낙 크고 매일 운항하다 보니 어지간해선 만석이 되는 경우가 없다. 대신 차를 가지고 가는 경우는 넉넉한 시간을 두고 예약하는 것이 좋다. 정기적으로 이동하는 화물차가 제법 많은 자리를 차지하기 때문이다. 예 약은 제주 배편 사이트를 이용하거나 각 업체 홈페이지를 이용하면 된다.

> **TRAVEL TIP!**
> **제주 배편 사이트**
> **제주배닷컴** www.jejube.com
> **배조아** www.vejoa.com
> **탐나오** www.tamnao.com
> **목포 씨월드고속훼리**
> www.seaferry.co.kr
> **완도, 여수 한일고속페리**
> www.hanilexpress.co.kr

❹차와 함께 입도

SUV 기준 편도 20만원 전후로 제법 높은 금액이지만, 제주에서 5일 이상 머문다면 나쁘지 않은 선택이다. 제주 한 달 살기 등 장기 여행에서는 꼭 필요한 부분이다.

제주로 입도하는 경우   ※ 2022년 8월 기준. 선박 정기 점검이나 물때에 따라 시간이 변경되거나 일정이 취소될 수 있다.

출발지	업체명	선박명	문의전화	출발시간	도착시간	운항시간	비고
목포항	씨월드고속훼리	퀸메리	1577-3567	매일 09:00	13:00	4시간	차량&여객
		퀸제누비아		화~토 01:00	06:00	5시간	
진도항		산타모니카		08:00,
14:30	10:00,
16:00	2시간,
1시간 30분	추자도 경유,
경유 없음
완도항	한일고속페리	실버클라우드
(블루펄)	1688-2100	일~토 02:30,
월~토 15:00	05:10,
17:40	2시간 40분	차량&여객
		송림블루오션		금~수 07:40	12:40	5시간	추자도 경유
녹동신항	남해고속	아리온제주	061-244-9915	매일 09:00	12:40	3시간 40분	
여수항	한일고속페리	골드스텔라	1688-2100	월~토 01:20	07:00	5시간 40분	
부산항	엠에스페리	뉴스타	1661-9559	월,수,금 19:00	익일 06:00	11시간	차량&여객
삼천포신항	현성MCT	오션비스타제주	1855-3004	화,목,토,일 23:00	익일 06:00	7시간	
인천항	하이덱스스토리지	비욘드트러스트	032-891-9007	월,수,금 20:00	익일 09:30	13시간30분	

제주에서 출도하는 경우   ※ 2022년 8월 기준. 선박 정기 점검이나 물때에 따라 시간이 변경되거나 일정이 취소될 수 있다.

출발지	업체명	선박명	문의전화	출발시간	도착시간	운항시간	비고
목포항	씨월드고속훼리	퀸메리	1577-3567	매일 17:00	21:00	4시간	차량&여객
		퀸제누비아		일~금 13:40	18:10	4시간 30분	
진도항		산타모니카		11:30,
17:30	13:00,
19:30	1시간30분,
2시간	경유 없음,
추자도 경유
완도항	한일고속페리	실버클라우드
(블루펄)	1688-2100	일~금 07:20,
월~토 19:30	10:00,
22:10	2시간 40분	차량&여객
		송림블루오션		목~화 13:45	18:45	5시간	추자도 경유
녹동신항	남해고속	아리온제주	064-723-9700	매일 16:30	20:10	3시간 40분	
여수항	한일고속페리	골드스텔라	1688-2100	일~토 16:50	22:20	5시간 30분	
부산항	엠에스페리	뉴스타	1661-9559	화,목,토 18:30	익일 06:00	11시간 30분	차량&여객
삼천포신항	현성MCT	오션비스타제주	1855-3004	월,수,금,일 14:00	21:00	7시간	
인천항	하이덱스스토리지	비욘드트러스트	032-891-9007	화,목,토 20:30	익일 09:00	12시간30분	

제주에서 **이동하기**

렌터카

장소의 제약 없이 원하는 일정대로 자유롭게 움직일 수 있어 가장 많이 이용하는 이동수단이다. 대부분 비행기를 이용해 제주국제공항에 내리면, 렌터카를 대여해 제주 여행을 시작한다. 과거에는 버스를 이용한 뚜벅이 여행이 유행하기도 했지만, 짧은 여행 일정으로 다니기에는 아직도 제주도의 대중교통 인프라가 다소 부족한 편이고, 렌터카 업체들이 많아지면서 가격 경쟁이 치열해져 대여료가 그리 높지 않아 단체 여행객을 제외하고는 대부분 렌터카를 이용해 제주를 여행하는 경우가 많다.

렌터카 예약 시 주의사항

렌터카를 예약할 때 '자차'에 대해서 쉽게 생각하고 저렴한 옵션을 선택하는 경우가 있다. 자차는 자기 차 손해 면책 제도의 줄임말로 사고가 났을 경우 내가 빌린 렌터카에 대한 보상을 얼마나 부담하는가에 대한 보험 옵션이다.

보통 제주는 '완전 자차'라고 홍보하며 이름만으로는 '사고가 나도 온전히 보호되겠지' 하고 쉽게 생각한다. 하지만 완전 자차라고 해도 꼼꼼하게 확인해야 할 부분이 '자차 한도'이다. 완전 자차에도 한도가 무제한인 옵션이 있고, 한도가 300~500만 원까지인 경우가 있다. 후자의 경우 만약 사고가 나서 1,000만 원의 피해가 생겼다면 700만 원을 본인이 부담해야 한다. 한도가 있는 경우와 무제한 옵션과 실제 요금 차이는 하루에 2~3만 원에 불과하다(차종에 따라 다름). 물론 여행 중 사고가 나지 않는다면 추가로 들어간 보험료가 아까울 수 있겠지만, 만일 빌린 차가 전기차 같은 고가의 차량이거나 사고가 크게 났을 경우 여행 자체를 망치는 경우가 발생할 수 있다. 가급적 완전 면책이 되고 자기 부담금이 낮거나 없는 게약을 하는 것을 추천한다. 업무상 또는 지인끼리 갔을 경우 추후 운전자만 피해를 보는 경우를 종종 보게 된다.

차량 인수하기

주로 제주국제공항 렌터카하우스에서 셔틀버스를 타고 업체로 이동해 차량을 인수하게 된다. 완전 자차를 선택한 경우는 크게 신경 쓸 부분이 없지만, 그렇지 않은 경우는 인수할 때 차량 외부를 휴대폰으로 꼼꼼하게 사진으로 남기는 것이 좋다. 차량에 내비게이션이 있긴 하지만 시시각각 변하는 제주의 신상 맛집과 카페가 반영되지 않은 경우가 많아서 스마트폰의 내비게이션을 활용하는 것이 편리하다. 카카오맵이나 네이버지도 등 지도 애플리케이션에는 이동하는 곳의 휴무 여부까지 나온다.

차량 반납하기

처음 차량을 인수했던 곳에서 반납한다. 도착 전에 주유를 직접하고 반납해야 추가 비용이 없다. 일정에 따라 추가 요금을 내고 제주국제공항이나 타 지역에서 반납하는 경우도 가능하다.

버스

적은 운행 수, 긴 배차 간격 등 육지에 비해 인프라가 부족한 편이었던 제주 버스가 2017년을 기점으로 한 층 업그레이드됐다. 용도에 맞게 급행, 간선, 지선 및 관광지 순환버스로 노선이 세분화되었고, 노선 간 환 승 제도도 적용되었다. 하차 후 40분 이내에 탑승하여야 하며 2번까지 환승 할인이 적용된다. 육지와 동일 한 교통카드와 티머니카드를 사용하며, 1,200원의 요금이 카드 이용 시 1,150원으로 할인된다(급행버스 2,000~3,000원). 버스에서 무료 Wi-Fi를 이용할 수 있으며 전용차로 운행으로 한결 편안한 버스 여행이 가 능해졌다.

※ 전체 버스 노선은 제주버스정보시스템 홈페이지(bus.jeju.go.kr) 또는 제주버스 애플리케이션을 통해 확인할 수 있다.

🚐 급행버스

주요 정류장을 빠르게 이동하는 급행노선. 제주국제공항과 제주버스터미널에서 시작하여 서귀포 주요 지 역을 돈다. 181번과 182번은 한 방향으로만 돌며 나머지 노선은 왕복으로 운행한다.

노선번호	출발지	도착지
600		서귀포칼호텔
181, 101		서귀포버스터미널
111, 112	제주국제공항	성산포항
121, 122		표선
132, 131		남원체육관
151, 152	제주버스터미널	운진항
102, 182		서귀포버스터미널

※ 101번, 102번은 일주도로를 따라 크게 우회하는 노선이다.

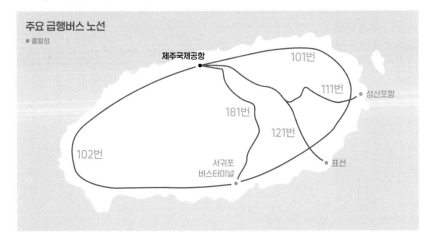

주요 급행버스 노선
● 출발점

제주국제공항
101번
111번 · 성산포항
181번
121번
102번
서귀포
버스터미널
· 표선

🚐 지선버스

제주시, 서귀포시 마을 위주로 다니는 단거리 노선이다. 여행객보다는 현지인들이 이용하는 버스다.

🚐 간선버스

급행보다 세분화하여 정차하는 장거리 노선이다. 여행객들에겐 201번과 202번이 가장 인기 있는 노선이다. 201번은 제주국제공항에서 출발하여 서귀포 버스터미널까지 제주 동쪽의 일주도로를 따라 주요 관광지를 모두 들른다. 202번은 동일한 출발점과 도착점이지만 서부의 일주도로를 따라 달린다. 201번 간선은 101번 급행과, 202번 간선은 102번 급행과 동선은 같고 정차하는 정류장 숫자가 달라진다.

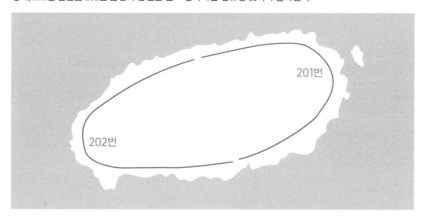

🚐 관광지 순환버스

제주 동부 주요 관광지를 순환하는 810번대와 제주 서부 주요 관광지를 도는 820번대 순환버스가 있다. 각각 -1번과 -2번이 있는데(810-1, 810-2번/ 820-1, 820-2번) 도는 방향이 서로 반대일 뿐 들르는 정류장은 동일하다. 1일 이용권(3,000원)을 구입하면 하루 동안 주요 관광지를 무제한으로 이용할 수 있다. 1시간 간격으로 운영되며 첫차는 오전 8시 30분, 막차는 오후 5시 30분까지 운행된다.

810번 주요 정류장
안돌오름 ▶ 아부오름 ▶ 다랑쉬오름 ▶ 용눈이오름 ▶ 제주레일바이크 ▶ 비자림 ▶ 메이즈랜드 ▶ 덕천리마을 ▶ 동백동산습지센터 ▶ 다희연 ▶ 선녀와나무꾼 ▶ 거문오름

820번 주요 정류장
헬로키티아일랜드 ▶ 세계자동차박물관 ▶ 소인국테마파크 ▶ 노리매 ▶ 제주평화박물관 ▶ 저지오름 ▶ 저지문화예술인마을 ▶ 환상숲곶자왈공원 ▶ 제주오설록티뮤지엄 ▶ 제주항공우주박물관 ▶ 신화역시공원

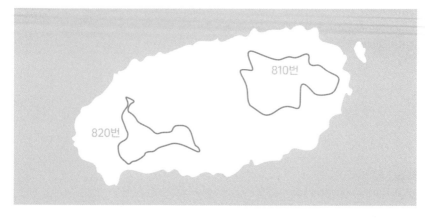

여행에 유용한 **애플리케이션**

카카오맵
스폿에 대한 리뷰와 전화 번호를 알 수 있고 바로 전화 걸기와 길 안내가 가능하다. 버스 노선과 도착 시간도 제공하며, 카카오택시와도 연동되어 편리하다.

네이버지도
카카오맵과 동일한 기능을 제공한다. 식당 운영시간 정보는 카카오맵보다 더 정확한 편이다. 네이버 예약과 바로 연동되어 편리하다.

카카오택시
제주에서는 시내권을 벗어나면 택시 잡기가 쉽지 않다. 제주 전역에서 사용 가능한 택시 예약 애플리케이션이다. 카카오맵과 연동하여 미리 요금을 예상해 볼 수도 있다.

제주버스
제주특별자치도에서 만든 애플리케이션으로 노선 검색과 버스 시간표를 제공한다. 노선 변경 등 공지사항이 비교적 빠르게 올라와 버스 여행자에게는 필수 애플리케이션이다.

윈디
바람의 영향을 많이 받는 제주에서 약 1주일 정도의 바람 예보를 미리 확인할 수 있다. 바람의 강도와 방향에 따라 여행 계획을 짜 보자.

비짓제주
제주관광공사에서 공식적으로 제공하는 애플리케이션이다. 제주 여행 정보와 지역 정보 등 방대한 양의 콘텐츠가 모여 있다.

탐나오 제주여행마켓
제주특별자치도 관광협회에서 운영하는 애플리케이션으로 비행기, 숙소, 렌터카 및 각종 제주 관광지에 대한 입장 할인도 지원한다.

카모아
제주에서 렌터카 이용 시 유용한 애플리케이션. 여러 렌터카를 한눈에 비교할 수 있다. 신규 가입 시 주는 쿠폰 혜택도 쏠쏠하니 꼭 챙기도록 하자.

TRAVEL TIP!

그 밖의 도움이 되는 정보

❶ 실시간 날씨 확인

제주 재난안전대책본부 홈페이지의 실시간정보 코너에서는 제주 주요 해안 지역 11곳의 실시간 CCTV 화면을 보여준다. 기상상황이 급변하는 제주 날씨 특성상 이동하려는 여행지의 기상상황을 미리 체크할 수 있어 좋다.

홈페이지 bangjae.jeju.go.kr(실시간정보-CCTV)

❷ 입장료 할인

한 달 살기 같은 장기 여행객은 주소지를 변경하여 '도민 할인'을 받는 것이 유리하다. 단기 여행일 경우에는 네이버 예약이나 브이패스 VPASS, 탐나오 제주여행마켓 등의 애플리케이션을 이용하는 방법이 있다.   할인 금액은 대부분 동일해서 어느 업체를 이용해도 큰 차이는 없다. 현장에서도 모바일 예약 후 바로 입장이 가능하니 일정을 보고 이동 중에 예약을 해도 늦지 않다. 다만, 사회적 거리 두기로 시간당 입장 인원을 제한하거나 단축 운영을 하는 곳이 늘고 있어, 출발 전 미리 전화로 확인하는 것이 좋다.

INDEX

MEMO

프렌즈 국내 시리즈 01
프렌즈 **제주**

발행일 | 초판 1쇄 2020년 11월 9일
　　　　개정 3판 1쇄 2022년 9월 1일

지은이 | 허준성

대표이사 겸 발행인 | 박장희
제작 총괄 | 이정아
편집장 | 조한별
책임 편집 | 문주미

디자인 | 김성은 · 김미연 · 변바희
지도 디자인 | 양재연
마케팅 | 김주희 · 김다은 · 심하연

발행처 | 중앙일보에스(주)
주소 | (04513) 서울시 중구 서소문로 100(서소문동)
등록 | 2008년 1월 25일 제2014-000178호
문의 | jbooks@joongang.co.kr
홈페이지 | jbooks.joins.com
네이버 포스트 | post.naver.com/joongangbooks
인스타그램 | @j__books

© 허준성, 2022

ISBN 978-89-278-6977-1 14980
ISBN 978-89-278-1301-9(세트)

중앙books는 중앙일보에스(주)의 단행본 출판 브랜드입니다.